中国国家标准汇编

500

GB 26297～26320

（2010 年制定）

中国标准出版社　编

中国质检出版社
中国标准出版社
北　京

图书在版编目（CIP）数据

中国国家标准汇编：2010年制定. 500：GB 26297～26320/
中国标准出版社编. —北京：中国标准出版社，2011
ISBN 978-7-5066-6491-2

Ⅰ. ①中… Ⅱ. ①中… Ⅲ. ①国家标准-汇编-中国-2010
Ⅳ. ①T-652.1

中国版本图书馆 CIP 数据核字(2011)第 187723 号

中国质检出版社
中国标准出版社 出版发行
北京市朝阳区和平里西街甲 2 号(100013)
北京市西城区三里河北街 16 号(100045)
网址：www.spc.net.cn
总编室：(010)64275323 发行中心：(010)51780235
读者服务部：(010)68523946
中国标准出版社秦皇岛印刷厂印刷
各地新华书店经销
*
开本 880×1230 1/16 印张 25.75 字数 640 千字
2011 年 11 月第一版 2011 年 11 月第一次印刷
*
定价 220.00 元

出 版 说 明

1.《中国国家标准汇编》是一部大型综合性国家标准全集。自1983年起，按国家标准顺序号以精装本、平装本两种装帧形式陆续分册汇编出版。它在一定程度上反映了我国建国以来标准化事业发展的基本情况和主要成就，是各级标准化管理机构，工矿企事业单位，农林牧副渔系统，科研、设计、教学等部门必不可少的工具书。

2.《中国国家标准汇编》收入我国每年正式发布的全部国家标准，分为"制定"卷和"修订"卷两种编辑版本。

"制定"卷收入上一年度我国发布的、新制定的国家标准，顺延前年度标准编号分成若干分册，封面和书脊上注明"20××年制定"字样及分册号，分册号一直连续。各分册中的标准是按照标准编号顺序连续排列的，如有标准顺序号缺号的，除特殊情况注明外，暂为空号。

"修订"卷收入上一年度我国发布的、修订的国家标准，视篇幅分设若干分册，但与"制定"卷分册号无关联，仅在封面和书脊上注明"20××年修订-1,-2,-3,……"字样。"修订"卷各分册中的标准，仍按标准编号顺序排列(但不连续)；如有遗漏的，均在当年最后一分册中补齐。需提请读者注意的是，个别非顺延前年度标准编号的新制定的国家标准没有收入在"制定"卷中，而是收入在"修订"卷中。

读者配套购买《中国国家标准汇编》"制定"卷和"修订"卷则可收齐上一年度我国制定和修订的全部国家标准。

3. 由于读者需求的变化，自1996年起，《中国国家标准汇编》仅出版精装本。

4. 2010年我国制修订国家标准共2 846项。本分册为"2010年制定"卷第500分册，收入国家标准GB 26297～26320的最新版本。

中国标准出版社

2011年8月

目　　录

ICS 71.100.10
Q 52

中华人民共和国国家标准

GB/T 26297.1—2010

铝用炭素材料取样方法 第1部分:底部炭块

Sampling of carbonaceous materials used for aluminium production—Part 1:Cathode blocks

(ISO 8007-1:1999,Carbonaceous materials used in the production of aluminium—Sampling plans and sampling from individual units—Part 1:Cathode blocks,MOD)

2011-01-14 发布　　2011-11-01 实施

中华人民共和国国家质量监督检验检疫总局
中国国家标准化管理委员会　发布

前　言

GB/T 26297《铝用炭素材料取样方法》分为六个部分：

——第1部分：底部炭块；

——第2部分：侧部炭块；

——第3部分：预焙阳极；

——第4部分：阴极糊；

——第5部分：煤沥青；

——第6部分：煅后石油焦。

本部分为GB/T 26297的第1部分。

本部分按照GB/T 1.1—2009给出的规则起草。

本部分使用重新起草法修改采用ISO 8007-1：1999《铝用炭素材料　取样方案和从单块上取样　第1部分：阴极炭块》。本部分修改采用ISO 8007-1：1999时，将其目录、前言、引言、规范性引用文件和定义删除。根据国内的具体情况和阴极块在电解槽的具体应用对其进行了技术性修改。同时，为了更便于取样操作，增加和修改了一些规定，这些规定用垂直单线标识在它们所涉及的条款的页边空白处。为方便对照，在附录A中列出了本部分的章条和对应的ISO 8007-1：1999章条的对照表以及技术性差异。这些修改和规定有：

——明确了供需双方可以协商确定其他取样方法；

——不带燕尾槽的底部取样改为在垂直于拟做为工作面的方向取样，删除了平行取样；

——删除了带燕尾槽的底部取样中有关额外长度的内容，取样方向改为垂直于拟做为工作面的方向取样，删除了平行取样；

——明确了单块炭块的取样位置；

——建议从每批炭块中随机抽取一块炭块，并在该炭块上取满足符合检验要求的试样量。

本部分由全国有色金属标准化技术委员会(SAC/TC 243)归口。

本部分负责起草单位：中国铝业股份有限公司郑州研究院、中国有色金属工业标准计量质量研究所。

本部分参加起草单位：郑州浩宇炭素材料有限公司、山东南山铝业股份有限公司。

本部分主要起草人：张树朝、郭永恒、席兆阳、黄华、陈泓均。

铝用炭素材料取样方法
第1部分:底部炭块

1 范围

GB/T 26297的本部分规定了底部炭块交货时的抽样及从单个底部炭块上的取样方法。

本部分适用于底部炭块交货时的抽样及从单个底部炭块上的取样。

2 取样工具

选用金刚石或其他超硬材料刀口的空心钻。

3 取样方法

3.1 步骤

按3.2、3.3和3.4的要求进行取样。在确定取样位置时,要区别对待带燕尾槽的底部炭块和不带燕尾槽的底部炭块,取样位置示意图见图1和图2。供需双方也可按协商确定的其他方法取样。

3.2 不带燕尾槽底部炭块的取样

为了保证取样后的底部炭块还可以继续使用,在不带燕尾槽的底部炭块上取样时,取样位置应是底部炭块要加工燕尾槽的部位,在垂直于拟做为工作面的方向取样。取样位置为:取样的中心离底部炭块表面的距离最少是60 mm,左右处于块的中间。取样位置示意图见图1。

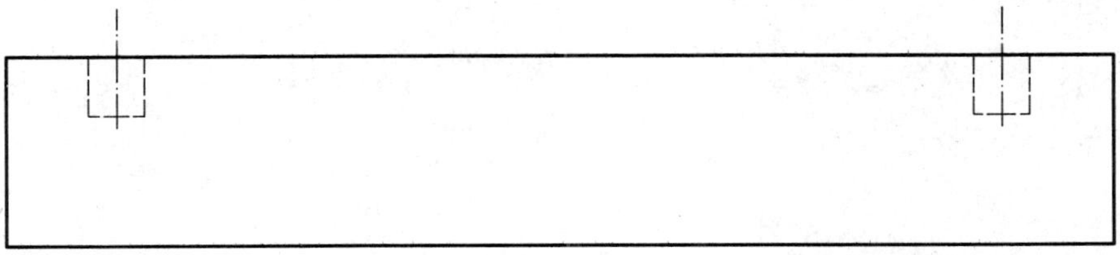

图1 不带燕尾槽底部炭块的取样位置示意图

3.3 带燕尾槽底部炭块的取样

应垂直于工作面,于距端部200 mm处钻取样品。取样位置示意图见图2。

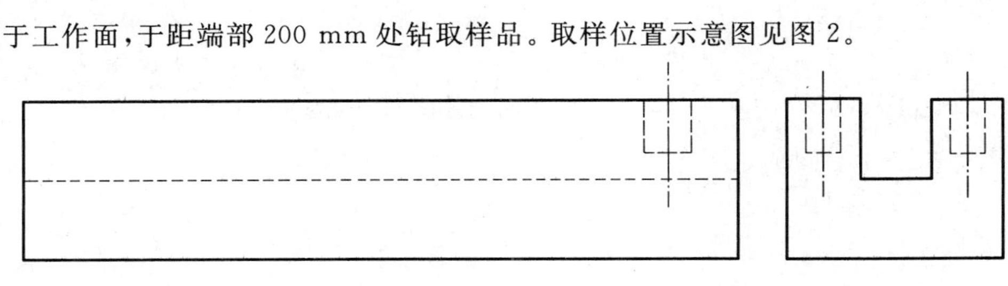

图2 带燕尾槽的底部炭块的取样位置示意图

3.4　样品的数量及试样的尺寸

3.4.1　从每批炭块中随机抽取一块，从该炭块上取一个样。再按照所要检测项目的要求确定从该炭块上取试样的数量。

3.4.2　试样的尺寸应当根据所检测项目的要求确定。但试样的最小尺寸(通常是直径)至少是干骨料最大颗粒尺寸的三倍。根据所检测项目对应的检测方法，确保从底部炭块上所取的试样具有合适的尺寸。如果对应的检测方法中未详细说明试样的尺寸，建议试样的最小直径为 50 mm 或 30 mm，试样的长度应至少是其直径的 1.5 倍。

试样的横断面应尽可能为圆形。如果需要从该试样制备横断面是平行四边形的试料，则试样的直径要能够满足此要求。在取样报告中注明试样的尺寸。

4　取样报告

取样报告应包括下列内容：

a)　供需双方的名称；

b)　产品批号及相关信息；

c)　本部分编号；

d)　取样日期和取样地点；

e)　取样操作过程的所有步骤；

f)　用于取样的底部炭块的比例和数量；

g)　标明取样位置和取样方向的草图；

h)　试样的尺寸；

i)　取样人员的详细情况(姓名、职业资格)。

附 录 A
（资料性附录）
本部分章条编号与 ISO 8007-1:1999 章条编号对照表以及技术性差异说明

本部分章条编号与 ISO 8007-1:1999 章条编号对照表以及技术性差异说明见表 A.1。

表 A.1

本部分章条编号	ISO 8007-1:1999 章条编号	技术性差异说明
1	1	为适应我国国家标准体例，增加了标准适用性的说明
—	2	删除了规范性引用文件
—	3	删除了定义
2	4	—
3.1	5.1	明确了供需双方也可按协商确定的其他方法取样
3.2	5.2	根据国内实际情况删除了有关平行取样的内容，只规定了垂直取样的内容，并且明确规定了取样位置
3.3	5.3	根据国内实际情况删除了有关“额外长度”的有关内容和平行取样的内容，只规定了垂直取样的内容，并且明确规定了取样位置
3.4.1	—	新增加内容“从每批炭块中随机抽取一块，并在该炭块上取满足符合检验要求的试样量”以适应具体情况
3.4.2	5.4	—
4	6	—

ICS 71.100.10
Q 52

中华人民共和国国家标准

GB/T 26297.2—2010

铝用炭素材料取样方法 第2部分:侧部炭块

Sampling of carbonaceous materials used for aluminium production—Part 2:Sidewall blocks

(ISO 8007-3:2003,Carbonaceous materials used in the production of aluminium—Sampling plans and sampling from individual units—Part 3:Sidewall blocks,MOD)

2011-01-14 发布　　2011-11-01 实施

中华人民共和国国家质量监督检验检疫总局
中国国家标准化管理委员会　发布

前　言

GB/T 26297《铝用炭素材料取样方法》分为六个部分：

——第 1 部分：底部炭块；

——第 2 部分：侧部炭块；

——第 3 部分：预焙阳极；

——第 4 部分：阴极糊；

——第 5 部分：煤沥青；

——第 6 部分：煅后石油焦。

本部分为第 2 部分。

本部分按照 GB/T 1.1—2009 给出的规则起草。

本部分使用重新起草法修改采用 ISO 8007-3：2003《铝用炭素材料　取样方案和从单块上取样　第 3 部分：侧部炭块》。本部分修改采用 ISO 8007-3：2003 时，将其前言、引言、规范性引用文件和定义删除，并根据国内的具体情况对其进行了技术性修改。同时，为了更便于取样操作，增加和修改了一些规定，这些规定用垂直单线标识在它们所涉及的条款的页边空白处。为方便对照，在附录 A 中列出了本部分的章条和对应的 ISO 8007-3：2003 章条的对照表以及技术性差异。这些修改和规定有：

——明确规定了垂直于大面方向取样；

——建议从每批炭块中随机抽取一块炭块，并在该炭块上取满足符合检验要求的试样量。

本部分由全国有色金属标准化技术委员会(SAC/TC 243)归口。

本部分负责起草单位：中国铝业股份有限公司郑州研究院、中国有色金属工业标准计量质量研究所。

本部分参加起草单位：山东南山铝业股份有限公司。

本部分主要起草人：褚丙武、赵春芳、李波、李荣柱。

铝用炭素材料取样方法
第2部分:侧部炭块

1 范围

GB/T 26297的本部分规定了侧部炭块交货时的抽样及从单个侧部炭块上取样的方法。

本部分适用于侧部炭块交货时的抽样及从单个侧部炭块上取样。

2 取样工具

选用金刚石或其他超硬材料刀口的空心钻。

3 从单个侧部炭块上的取样方法

3.1 总则

从单个侧部炭块上取样应当遵循一般取样原则以及3.2、第4章和第5章的要求。侧部炭块在完成取样后通常已经失去其原始用途,如果其不能用于其他的用途,则取样计划中应标明该侧部炭块作报废处理。

3.2 取样

取样位置应考虑不同侧块的尺寸大小和形状。供需双方应当在取样计划中就有关取样位置达成一致。一般垂直于大面方向取样。应当用草图标明取样的位置,并列入取样报告中。

4 样品的数量及试样的尺寸

4.1 从每批炭块中随机抽取一块,从该炭块上取一个样。再按照所要检测项目的要求确定从该炭块上取试样的数量。

4.2 试样的尺寸应当根据所检测项目的要求确定。但试样的最小尺寸(通常是直径)至少是干骨料最大颗粒尺寸的3倍。试样直径为50 mm,试样的长度应至少是其直径的1.5倍。

5 取样步骤

应当使用空心钻等工具在本部分所规定的取样位置,按照所规定的取样方向进行取样。

6 取样报告

取样报告应包含以下内容:

a) 供需双方的名称;

b) 产品批号及相关信息；

c) 本部分编号；

d) 取样日期和取样地点；

e) 标明取样位置草图；

f) 试样的尺寸；

g) 取样人员的详细情况（姓名、职业资格）；

h) 取样操作过程的所有步骤。

附　录　A
（资料性附录）
本部分章条编号与 ISO 8007-3：2003 章条编号对照表以及技术性差异说明

本部分章条编号与 ISO 8007-3：2003 章条编号对照表以及技术性差异说明见表 A.1。

表 A.1

本部分章条编号	对应的国际标准 ISO 8007-1：1999 章条编号	技术性差异说明
1	1	为适应我国国家标准体例，增加了标准适用性的说明
—	2	删除了规范性引用文件
—	3	删除了定义
2	4	—
3.1	5.1	—
3.2	5.2	根据国内实际情况删除了部分说明性的内容，并且明确规定了垂直于大面取样
4.1	—	新增加内容“从每批炭块中随机抽取一块炭块，并在该炭块上取满足符合检验要求的试样量”以适应具体情况
4.2	6	删除了部分说明性的内容和试样直径 30 mm 的规定
5	7	因为前面已经规定了取样方向，所以此处删除了有关各向异性的说明
6	8	—

ICS 71.100.10
Q 52

中华人民共和国国家标准

GB/T 26297.3—2010

铝用炭素材料取样方法 第3部分:预焙阳极

Sampling of carbonaceous materials used for aluminium production—Part 3:Prebaked blocks

(ISO 8007-2:1999,Carbonaceous materials used in the production of aluminium—Sampling plans and sampling from individual units—Part 2:Prebaked blocks,MOD)

2011-01-14 发布　　2011-11-01 实施

中华人民共和国国家质量监督检验检疫总局
中国国家标准化管理委员会　发布

前　言

GB/T 26297《铝用炭素材料取样方法》分为六个部分：

——第 1 部分：底部炭块；

——第 2 部分：侧部炭块；

——第 3 部分：预焙阳极；

——第 4 部分：阴极糊；

——第 5 部分：煤沥青；

——第 6 部分：煅后石油焦。

本部分为 GB/T 26297 的第 3 部分。

本部分按照 GB/T 1.1—2009 给出的规则起草。

本部分使用重新起草法修改采用 ISO 8007-2：1999《铝用炭素材料　取样方案和从单块上取样　第 2部分：预焙阳极》。本部分修改采用 ISO 8007-2：1999 时，将其目录、前言、规范性引用文件和定义删除。为了更具有操作性，本部分根据国内的具体情况增加和修改了一些规定，这些规定用垂直单线标识在它们所涉及的条款的页边空白处。为方便起见，在附录 B 中列出了本部分章条和 ISO 8007-2：1999 章条的对照表。增加或者修改的规定有：

——抽样基数修改为阳极块数(见表 1)；

——增加了“供需双方也可以依据各自的情况协商制定其他抽样方案”(见 2.6)；

——增加了“对于仲裁检验，每批预焙阳极炭块只抽取其中的一块炭块，并在该炭块上只取一个试样，再按照所要检测项目的数量确定从该试样上取试料的数量”(见 3.2.1)；

——增加了“供需双方也可协商确定取样的位置和方向”(见 3.3)。

本部分采用了 ISO 8007-2：1999 中的附录 A 作为本部分的附录 A，举例说明如何依据合格质量水平(AQL)进行抽样。

本部分由全国有色金属标准化技术委员会(SAC/TC 243)归口。

本部分负责起草单位：中国铝业股份有限公司郑州研究院、中国有色金属工业标准计量质量研究所。

本部分参加起草单位：山东南山铝业股份有限公司、山东晨阳炭素股份有限公司。

本部分主要起草人：张树朝、郭永恒、于益如、黄华、陈泓均、于易如。

铝用炭素材料取样方法
第3部分：预焙阳极

1 范围

GB/T 26297的本部分规定了大宗或成批交货时预焙阳极的抽样方案的制定和实施，以及从单块预焙阳极上取试样的最佳位置选择。

本部分适用于大宗或成批交货时预焙阳极抽样方案和单块预焙阳极的取样。

2 大宗或成批交货时的抽样方案

2.1 总则

只要有关各方都同意依据合格质量水平(AQL)来确定抽样方案，则可从本部分所述的各种抽样方案中选择一种有关各方都认可的方案作为实施方案。有关各方还应确定要测定的各项性能(如密度和电阻率)，这样该抽样方案才能达到为随后的性能检测提供最具有代表性试样的最终目的。

在有关各方变更了有关抽样方案(见表1、表2、表3和表4)中所推荐的数值时，本部分所给出的步骤仍然适用。

当 n/N 小于10%时，抽样方案的效率完全取决于抽样单元的数量(n，即样本大小)，而与该批产品的数量大小(N)无关。在实际所需要的代表性的基础上，用表1、表2、表3和表4来选择样本大小(n)。

如果经验表明生产方的产品质量符合协议要求，并且具有同等质量的各个批次产品曾经持续符合合同规定，则可以选择一个较低成本的抽样方案，即使用较小的抽样单元(n)。

如果其后的经验表明，用事先已达成的要求进行验收时，生产方的产品质量不符合这些要求，则必须重新使用原先更高效率的抽样方案。

另外，也可以用检测平均值(在允许偏差范围内)代替合格质量水平(AQLs)制定抽样方案。

在制定抽样方案时，推荐使用数理统计学或质量管理控制图作为处理工具。

2.2 抽样基数

供需双方应协商确定抽样基数。抽样基数的单位应是阳极块数。

2.3 依据合格质量水平(AQL)制定抽样方案

在依据这些表确定抽样方案之前，必须先确定下列参数：

a) 合格质量水平，即被认为可以接受的平均最低质量水平。

b) 不管是使用常规检查还是使用加严检查，最终的检测结果都是由所抽取的少数几批试样的分析结果所决定。按照2.5.2给出的原则选择使用常规检查还是使用加严检查。

c) 批量大小可以是同一生产批生产出的产品数量，也可以是连续1个月生产或交货的总量。

2.4 按照合格质量水平(AQL)实施抽样方案

2.4.1 表1给出了2.3所述三个参数的合适推荐值。如果有必要，供需双方可以用双方协商确定的值来代替这些推荐值，但必须在取样报告中注明。

表1 实施抽样方案的推荐值

合格质量水平(AQL)	常规检查或加严检查	批　　量
2.5	常规检查	整批产品的阳极块数

2.4.2 应用表1中双方协商确定的值，根据表2查出正确的样本大小代码(SSCL)。

a) 如果在质量控制或质量保证体系中是根据合格判定数AC和不合格判定数RE来判定一批产品的合格与否，则根据表3，用样本大小代码(SSCL)和合格质量水平(AQL)的数值，查出合格判定数AC和不合格判定数RE的数值。

b) 如果按照加严检查实施抽样方案，则根据表4查出合格判定数AC和不合格判定数RE的数值。

c) 一批产品是否合格是根据协商确定的抽样方案所取的试样的检验结果决定的。如果在既定的样本数量中发现不合格数(块数或吨数)不大于合格判定数AC，则判定该批产品合格。如果在既定的样本数量中发现不合格数(块数或吨数)不小于不合格判定数RE，则判定该批产品不合格。

注1：这种情况下，供需双方应当协商一个可行方案。如：把这批产品或货物分成两个甚至更多个较小的批，重新分批后的每批产品再按本部分进行取样复检，这样做的目的是将因不合格而被拒收的阳极数量减至最小。

注2：供需双方应当事先确定如何分担由于重新抽样和检验而引起的额外费用，一般认为80：20的分配比例较为合适。

d) 只要根据合同检验后得出的值超过了相应的可接受值的范围，都可以应用“不合格数”这一概念。在大多数情况下，可接受的范围是根据最大值或最小值来确定的，或同时根据最大值和最小值来确定。

表2 样本大小代码(SSCL)

批量大小(阳极块数)	样本大小代码(SSCL)(见表3和表4)
2～8	A
9～15	B
16～25	B
26～50	C
51～90	C
91～150	D
151～280	E
281～500	F
501～1 200	G
1 201～3 200	H
3 201～10 000	J
10 001～35 000	K
35 001～150 000	L
150 001～500 000	M
≥500 001	N

2.5 基于检验平均值制定抽样方案

2.5.1 如果质量控制和质量保证体系是基于代表性试样的检验平均值来实施的，当采用常规检查来确定抽样单元(阳极块)的数量时，则使用表3前两列给出的样本大小。当采用加严检查来确定抽样单元(阳极块)的数量时，则使用表4前两列给出的样本大小。

2.5.2 根据下列情况来确定选择常规检查还是选择加严检查。

a) 检查初期一般采用常规检查，除非供需双方有不同意见。

b) 当采用常规检查时，如果根据抽样方案检查连续有2/5的批次不合格，就应当考虑采用加严检查。

c) 当采用加严检查时，如果根据抽样方案检查连续有5个批次均为合格，就应当考虑采用常规检查。

2.6 供需双方协商制定抽样方案

供需双方也可以依据各自的情况协商制定其他抽样方案。

3 单块预焙阳极的取样

3.1 步骤

使用合适的、刀口镀有金刚石或其他超硬材料的空心钻或者锯床，根据3.2和3.3的要求获取试样。

3.2 样品的数量及试样的尺寸

3.2.1 对于仲裁检验，每批预焙阳极炭块只抽取其中的一块炭块，并在该炭块上只取一个试样，再按照所要检测项目的数量确定从该试样上取试样的数量。

3.2.2 根据所检测项目对应的检测方法，确保从预焙阳极炭块上所取的试样具有合适的尺寸。

注：如果没有合适的检测方法做参照，可按照下面的原则确定试样尺寸：

a) 优先采用圆形横断面的试样，推荐的试样直径为50 mm。

b) 试样的最小尺寸，要至少为干骨料中最大颗粒尺寸的3倍。

c) 对于圆形横断面的试样，要求其长度至少是直径的1.5倍以上。对于正方形横截面的试样，要求其长度至少是其对角线的1.5倍。

在取样报告中注明取样点的位置和所取试样的尺寸。

3.3 取样点的位置

图1大体上标明了从不同尺寸和形状的预焙阳极炭块上取样点的位置和取样方向。

供需双方也可协商确定取样的位置和方向。

取样过程不应造成或尽可能不造成预焙阳极炭块的污染、损伤或损坏。

4 取样报告

取样报告应包括以下内容：

a) 供需双方的名称；

b) 产品批号及相关信息；

c) 本部分编号和检测项目的对应的检测方法标准编号；

d) 取样日期和取样地点；

e) 抽样方案(见 2.3、2.4 和 2.5),包括：

1) 如果按合格质量水平取样,注明合格质量水平(AQL)；

2) 注明是采用常规检查还是加严检查；

3) 批量或货物的大小以及取样数量。

f) 从单块预焙阳极上取样：

1) 样品的必要的全部详细标识；

2) 每块预焙阳极样品的标识；

3) 取样的过程及方法(钻取或锯切)；

4) 注明取样点位置以及取样方向(水平或垂直取样)的草图,如图 1 所示；

5) 所取试样的尺寸。

g) 取样过程中所有不正常现象的细节；

h) 本部分未包括的或认为是可选择的操作。

表 3　常规检查时的抽样方案(主表)

样品尺寸等级	样品尺寸	常规检查取样方案 0.010	0.015	0.025	0.040	0.065	0.10	0.15	0.25	0.40	0.65	1.0	1.5	2.5	4.0	6.5	10	15	25	40	65	100	150	250	400	650	1 000
		Ac Re	Ac Re	Ac Re	Ac Re	Ac Re	Ac Re	Ac Re	Ac Re	Ac Re	Ac Re	Ac Re	Ac Re	Ac Re	Ac Re	Ac Re	Ac Re	Ac Re	Ac Re	Ac Re	Ac Re	Ac Re	Ac Re	Ac Re	Ac Re	Ac Re	Ac Re
A	2	↓	↓	↓	↓	↓	↓	↓	↓	↓	↓	↓	↓	↓	↓	0 1	↓	↓	1 2	2 3	3 4	5 6	7 8	10 11	14 15	21 22	30 31
B	3	↓	↓	↓	↓	↓	↓	↓	↓	↓	↓	↓	↓	↓	0 1	↓	↓	1 2	2 3	3 4	5 6	7 8	10 11	14 15	21 22	30 31	44 45
C	5	↓	↓	↓	↓	↓	↓	↓	↓	↓	↓	↓	↓	0 1	↑	↑	1 2	2 3	3 4	5 6	7 8	10 11	14 15	21 22	30 31	44 45	↑
D	8	↓	↓	↓	↓	↓	↓	↓	↓	↓	↓	↓	0 1	↓	↓	1 2	2 3	3 4	5 6	7 8	10 11	14 15	21 22	30 31	44 45	↑	↑
E	13	↓	↓	↓	↓	↓	↓	↓	↓	↓	↓	0 1	↓	↑	1 2	2 3	3 4	5 6	7 8	10 11	14 15	21 22	30 31	44 45	↑	↑	↑
F	20	↓	↓	↓	↓	↓	↓	↓	↓	↓	0 1	↑	↑	1 2	2 3	3 4	5 6	7 8	10 11	14 15	21 22	↑	↑	↑	↑	↑	↑
G	32	↓	↓	↓	↓	↓	↓	↓	↓	0 1	↓	↓	1 2	2 3	3 4	5 6	7 8	10 11	14 15	21 22	↑	↑	↑	↑	↑	↑	↑
H	50	↓	↓	↓	↓	↓	↓	↓	0 1	↓	↑	1 2	2 3	3 4	5 6	7 8	10 11	14 15	21 22	↑	↑	↑	↑	↑	↑	↑	↑
J	80	↓	↓	↓	↓	↓	↓	0 1	↑	↑	1 2	2 3	3 4	5 6	7 8	10 11	14 15	21 22	↑	↑	↑	↑	↑	↑	↑	↑	↑
K	125	↓	↓	↓	↓	↓	0 1	↓	↓	1 2	2 3	3 4	5 6	7 8	10 11	14 15	21 22	↑	↑	↑	↑	↑	↑	↑	↑	↑	↑
L	200	↓	↓	↓	↓	0 1	↓	↑	1 2	2 3	3 4	5 6	7 8	10 11	14 15	21 22	↑	↑	↑	↑	↑	↑	↑	↑	↑	↑	↑
M	315	↓	↓	↓	0 1	↑	↑	1 2	2 3	3 4	5 6	7 8	10 11	14 15	21 22	↑	↑	↑	↑	↑	↑	↑	↑	↑	↑	↑	↑
N	500	↓	↓	0 1	↓	↓	1 2	2 3	3 4	5 6	7 8	10 11	14 15	21 22	↑	↑	↑	↑	↑	↑	↑	↑	↑	↑	↑	↑	↑
P	800	↓	0 1	↓	↑	1 2	2 3	3 4	5 6	7 8	10 11	14 15	21 22	↑	↑	↑	↑	↑	↑	↑	↑	↑	↑	↑	↑	↑	↑
Q	1 250	0 1	↑	↑	1 2	2 3	3 4	5 6	7 8	10 11	14 15	21 22	↑	↑	↑	↑	↑	↑	↑	↑	↑	↑	↑	↑	↑	↑	↑
R	2 000	↑	↑	1 2	2 3	3 4	5 6	7 8	10 11	14 15	21 22	↑	↑	↑	↑	↑	↑	↑	↑	↑	↑	↑	↑	↑	↑	↑	↑

注：

⇩ 向下的箭头表示使用箭头下面的第一个抽样方案。如果样本大小等于或大于批量大小，则进行100%检查。

⇧ 向上的箭头表示使用箭头上面的第一个抽样方案。

Ac 为合格判定数。

Re 为不合格判定数。

表4　加严检查取样方案(主表)

样品尺寸等级	样品尺寸	0.010 Ac	0.010 Re	0.015 Ac	0.015 Re	0.025 Ac	0.025 Re	0.040 Ac	0.040 Re	0.065 Ac	0.065 Re	0.10 Ac	0.10 Re	0.15 Ac	0.15 Re	0.25 Ac	0.25 Re
A	2	↓		↓		↓		↓		↓		↓		↓		↓	
B	3	↓		↓		↓		↓		↓		↓		↓		↓	
C	5	↓		↓		↓		↓		↓		↓		↓		↓	
D	8	↓		↓		↓		↓		↓		↓		↓		↓	
E	13	↓		↓		↓		↓		↓		↓		↓		↓	
F	20	↓		↓		↓		↓		↓		↓		↓		↓	
G	32	↓		↓		↓		↓		↓		↓		↓		↓	
H	50	↓		↓		↓		↓		↓		↓		↓		↓	
J	80	↓		↓		↓		↓		↓		↓		↓		0	1
K	125	↓		↓		↓		↓		↓		↓		0	1	↓	
L	200	↓		↓		↓		↓		↓		0	1	↓		↓	
M	315	↓		↓		↓		↓		0	1	↓		↓		1	2
N	500	↓		↓		↓		0	1	↓		↓		1	2	2	3
P	800	↓		↓		0	1	↓		↓		1	2	2	3	3	4
Q	1 250	↓		0	1	↓		↓		1	2	2	3	3	4	5	6
R	2 000	0	1	↑		↓		1	2	2	3	3	4	5	6	8	9
S	3 150					1	2										

样品尺寸等级	样品尺寸	0.40 Ac	0.40 Re	0.65 Ac	0.65 Re	1.0 Ac	1.0 Re	1.5 Ac	1.5 Re	2.5 Ac	2.5 Re	4.0 Ac	4.0 Re	6.5 Ac	6.5 Re
A	2	↓		↓		↓		↓		↓		↓		↓	
B	3	↓		↓		↓		↓		↓		↓		0	1
C	5	↓		↓		↓		↓		↓		0	1	↓	
D	8	↓		↓		↓		↓		0	1	↓		↓	
E	13	↓		↓		↓		0	1	↓		↓		1	2
F	20	↓		↓		0	1	↓		↓		1	2	2	3
G	32	↓		0	1	↓		↓		1	2	2	3	3	4
H	50	0	1	↓		↓		1	2	2	3	3	4	5	6
J	80	↓		↓		1	2	2	3	3	4	5	6	8	9
K	125	↓		1	2	2	3	3	4	5	6	8	9	12	13
L	200	1	2	2	3	3	4	5	6	8	9	12	13	18	19
M	315	2	3	3	4	5	6	8	9	12	13	18	19	↑	
N	500	3	4	5	6	8	9	12	13	18	19	↑		↑	
P	800	5	6	8	9	12	13	18	19	↑		↑		↑	
Q	1 250	8	9	12	13	18	19	↑		↑		↑		↑	
R	2 000	12	13	18	19	↑		↑		↑		↑		↑	
S	3 150														

样品尺寸等级	样品尺寸	10 Ac	10 Re	15 Ac	15 Re	25 Ac	25 Re	40 Ac	40 Re	65 Ac	65 Re	100 Ac	100 Re	150 Ac	150 Re	250 Ac	250 Re	400 Ac	400 Re	650 Ac	650 Re	1 000 Ac	1 000 Re
A	2	↓		↓		↓		1	2	2	3	3	4	5	6	8	9	12	13	18	19	27	28
B	3	↓		↓		1	2	2	3	3	4	5	6	8	9	12	13	18	19	27	28	41	42
C	5	↓		1	2	2	3	3	4	5	6	8	9	12	13	18	19	27	28	41	42	↑	
D	8	1	2	2	3	3	4	5	6	8	9	12	13	18	19	27	28	41	42	↑		↑	
E	13	2	3	3	4	5	6	8	9	12	13	18	19	27	28	41	42	↑		↑		↑	
F	20	3	4	5	6	8	9	12	13	18	19	↑		↑		↑		↑		↑		↑	
G	32	5	6	8	9	12	13	18	19	↑		↑		↑		↑		↑		↑		↑	
H	50	8	9	12	13	18	19	↑		↑		↑		↑		↑		↑		↑		↑	
J	80	12	13	18	19	↑		↑		↑		↑		↑		↑		↑		↑		↑	
K	125	18	19	↑		↑		↑		↑		↑		↑		↑		↑		↑		↑	
L	200	↑		↑		↑		↑		↑		↑		↑		↑		↑		↑		↑	
M	315	↑		↑		↑		↑		↑		↑		↑		↑		↑		↑		↑	
N	500	↑		↑		↑		↑		↑		↑		↑		↑		↑		↑		↑	
P	800	↑		↑		↑		↑		↑		↑		↑		↑		↑		↑		↑	
Q	1 250	↑		↑		↑		↑		↑		↑		↑		↑		↑		↑		↑	
R	2 000	↑		↑		↑		↑		↑		↑		↑		↑		↑		↑		↑	
S	3 150																						

注：

⇩ 向下的箭头表示使用箭头下面的第一个抽样方案。如果样本大小等于或大于批量大小，则进行100%检查。

⇧ 向上的箭头表示使用箭头上面的第一个抽样方案。

Ac　为合格判定数。

Re　为不合格判定数。

说明：

1——最小为 150 mm；

2——直径为 50 mm(或 30 mm)；

3——长度为 250 mm 或 260 mm。

a）一个炭碗的预焙阳极

图 1　不同尺寸和形状的预焙阳极炭块上取样点的位置和取样方向示意图

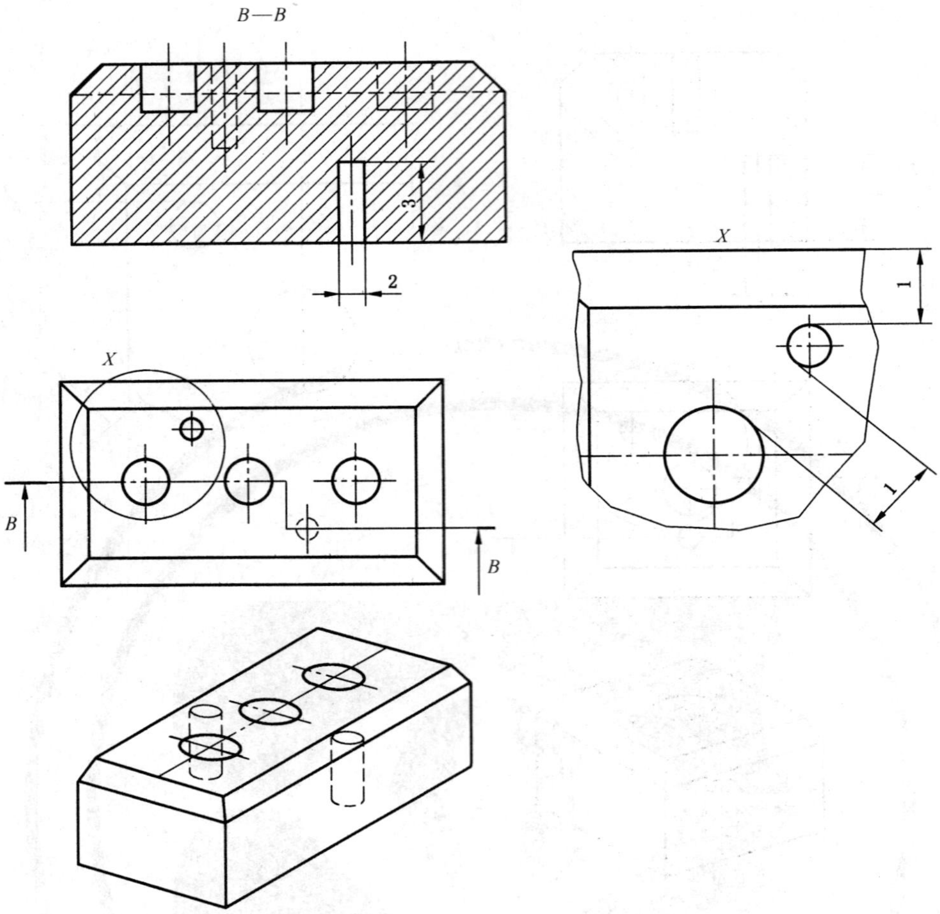

说明：

1——最小为 150 mm；

2——直径为 50 mm(或 30 mm)；

3——长度为 250 mm 或 260 mm。

b）三个炭碗的预焙阳极

图 1（续）

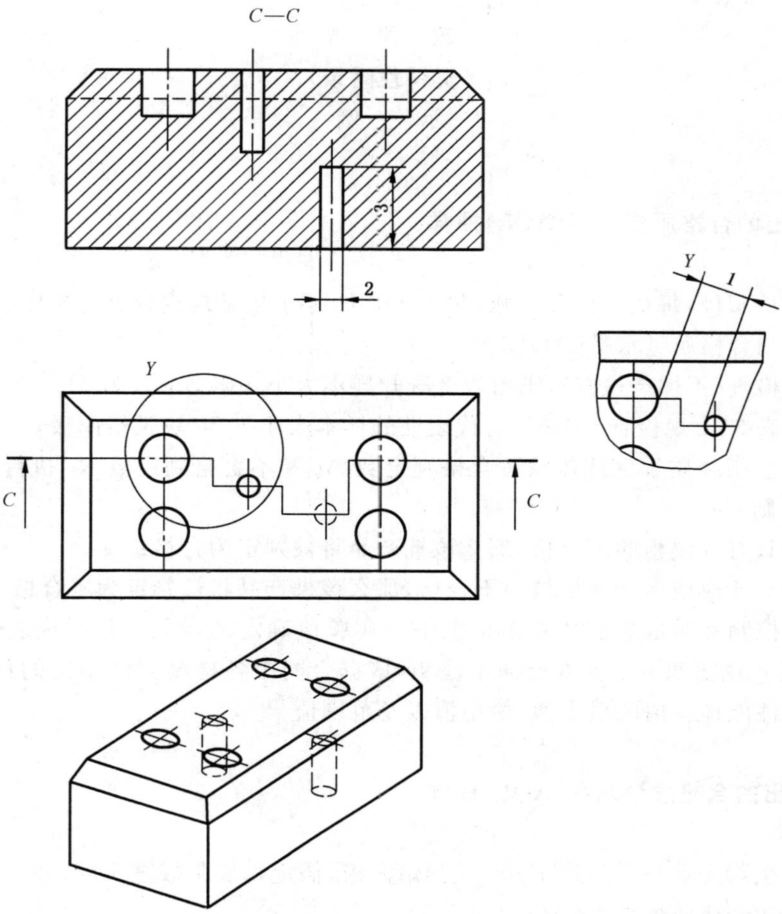

说明：

1——最小为 150 mm；

2——直径为 50 mm(或 30 mm)；

3——长度为 250 mm 或 260 mm。

c) 四个炭碗的预焙阳极

图 1（续）

附 录 A
（资料性附录）
示 例

A.1 根据需方提出的合格质量水平(AQL)抽样

假如有一批预焙阳极，每块阳极重 1 吨，共 2 500 块，要求按常规检查进行抽样。

a) 由表 1 查知合格质量水平(AQL)为 2.5；

b) 采用常规检查(不加严检查)，则由表 2 查知样本大小代码 SSCL 为 H；

c) 然后再由表 3(常规检查)查知具有代表性的样本大小为 50 块预焙阳极；

d) 如果质量控制和质量保证体系按合格判定数 Ac 和不合格判定数 Re 执行，由表 3 查知 Ac＝3，Re＝4，则：

   1) 如果只有 3 块检验不合格，那么该批产品将被判定为合格；

   2) 如果有 4 块或多于 4 块检验不合格，那么该批产品将被判定为不合格。

e) 如果质量控制和质量保证体系是根据平均实验值确定的，那么，具有代表性的样本大小仍为 50 块阳极。供需双方需要在合同中注明，依据合同中各检测方法得出的代表性试样的、可接受的各项性能检验值的最大值、最小值以及范围值。

A.2 根据供方提出的合格质量水平(AQL)抽样

一个预焙阳极生产企业每月生产 7 500 吨预焙阳极，假定每块阳极重 1 吨，并采用常规检查。

a) 由表 1 查知合格质量水平(AQL)为 2.5；

b) 采用常规检查(不加严检查)，则由表 2 查知样本大小代码 SSCL 为 J；

c) 然后再由表 3(常规检查)查知具有代表性的样本大小为 80 块预焙阳极(最小值)；

d) 80 块预焙阳极是这个月要取样检验的数目，每块预焙阳极的取样间隔应是相同的。这个不变的间隔可以用时间或预焙阳极产品的数量来表示；

   1) 根据 30 天内 80 块预焙阳极计算得“不变的时间间隔”$T_i=\frac{80}{30}\approx 3$，因此每天取 3 块预焙阳极进行检验，如果每天的产品是由三个班次生产的，那么，每班取 1 块预焙阳极进行检验；

   2) 根据从 7 500 吨产品里取 80 块预焙阳极计算得“不变的产品数量间隔”$T_o=\frac{7\,500}{80}\approx 94$，因此每隔 94 吨取 1 吨预焙阳极进行检验。

附 录 B
（资料性附录）
本部分章条编号与 ISO 8007-2:1999 章条编号对照表以及技术性差异说明

本部分章条编号与 ISO 8007-2:1999 章条编号对照表以及技术性差异说明见表 B.1。

表 B.1

本部分章条编号	对应的国际标准章条编号	技术性差异说明
1	1	为适应我国国家标准体例，增加了标准适用性的说明
—	2	删除了规范性引用文件
—	3	删除了定义
2.1	4.1	—
2.2	4.2	为符合国内实际情况，抽样基数修改为阳极块数
2.3	4.3	—
2.4.1	4.4.1	—
2.4.2	4.4.2	—
2.4.2a)	4.4.2.1	为符合我国标准编写体例
2.4.2b)	4.4.2.2	为符合我国标准编写体例
2.4.2c)	4.4.2.3	为符合我国标准编写体例
2.4.2d)	—	为符合我国标准编写体例
2.5.1	4.5.1	—
2.5.2a)	4.5.2.1	为符合我国标准编写体例
2.5.2b)	4.5.2.2	为符合我国标准编写体例
2.5.2c)	4.5.2.3	为符合我国标准编写体例
2.6	—	增加协商取样的规定
3.1	5.1	—
3.2.1	—	增加了对仲裁样品的规定
3.2.2	5.2	—
3.3	5.3	删除了部分说明性内容，增加了对协商确定取样位置和方向
4	6	—
附录 A	附录 A	—
附录 B	—	为了方便对照，增加了本附录

ICS 71.100.10
Q 52

中华人民共和国国家标准

GB/T 26297.4—2010

铝用炭素材料取样方法 第4部分:阴极糊

Sampling of carbonaceous materials used for aluminium production—Part 4:Cathodic pastes

(ISO 14422:1999,Carbonaceous materials used in the production of aluminium—Cold-ramming pastes—Methods of sampling,MOD)

2011-01-14 发布　　2011-11-01 实施

中华人民共和国国家质量监督检验检疫总局
中国国家标准化管理委员会　发布

前　言

GB/T 26297《铝用炭素材料取样方法》分为六个部分：

——第1部分：底部炭块；

——第2部分：侧部炭块；

——第3部分：预焙阳极；

——第4部分：阴极糊；

——第5部分：煤沥青；

——第6部分：煅后石油焦。

本部分为GB/T 26297的第4部分。

本部分按照GB/T 1.1—2009给出的规则起草。

本部分使用重新起草法修改采用ISO 14422:1999《铝用炭素材料　冷捣糊　取样方法》。本部分修改采用ISO 14422:1999时，将其目录、前言、规范性引用文件以及术语和定义删除，并将其适用范围从冷捣糊扩展为所有阴极糊。根据国内的具体情况和阴极糊在电解槽的具体应用对其进行了技术性修改。同时，为了更便于取样操作，增加和修改了一些规定，这些规定用垂直单线标识在它们所涉及的条款的页边空白处。为方便对照，在附录A中列出了本部分的章条和对应的ISO 14422:1999章条的对照表以及技术性差异。这些修改和规定有：

——根据国情将ISO 14422:1999中的6.5.3.1与6.5.3.2合并为本部分的4.5.3。

本部分由全国有色金属标准化技术委员会(SAC/TC 243)归口。

本部分负责起草单位：中国铝业股份有限公司郑州研究院、中国有色金属工业标准计量质量研究所。

本部分参加起草单位：郑州浩宇炭素材料有限公司、山东南山铝业股份有限公司。

本部分主要起草人：颜恒维、郭永恒、张树朝、刘战伟、席兆阳、李荣柱、仓向辉。

铝用炭素材料取样方法
第4部分：阴极糊

1 范围

GB/T 26297的本部分规定了阴极糊的取样方法和条件。

本部分适用于阴极糊的取样。

2 总则

2.1 取样装置的类型、样品的制备和加工处理都不应当改变要测定的样品性能，并且供需双方要对此达成一致。

2.2 在移动情况下取样，也同样不应改变要测定的样品特性，如发货和交货时的装卸、包装(见4.4.5)。

2.3 在取样、缩分或样品制备及贮存过程中，要防止任何其他因素改变要测定的样品性能。

2.4 如果有必要，并且经供需双方协商同意，可把交货批分成几个独立的检验批进行单独取样(例如该交货批由不同的生产批次构成并且这些生产批次可以明确区分时，或者该交货批可视为由不同的、可单独分开的数量组成时)。

2.5 在一个完整的取样过程中，将所需的全部份样分布到整个交货批中，并应当按照固定的份量或固定的时间间隔进行取样，另外，整个交货按质量或时间分成多个间隔，每个间隔取份样，初始取样是在第1间隔中随机选择时间完成的。

3 设备和工具

3.1 应当确保盛样容器、取样装置和任何有可能与被取样品接触的辅助设备干净且干燥。

3.2 四分叉：四个用金属材料或硬质非渗透性材料制成的刀片，他们相互之间以合适的角度在中心连接在一起。四分叉中每个刀片的高度应该比置于其下的平柱样堆的高度高(见4.4.2)，它的长度应该比被压平的样品堆的半径大。

3.3 取样勺：根据所取产品中最大颗粒的尺寸确定取样勺的内宽，至少是最大颗粒的尺寸的6倍，并能盛得下表1中所要求的最小份样取样量。

表1 最小份样取样量

最大颗粒尺寸/mm	最小份样取样量/g
20	2 000±200
10	500±50
3	200±20
1	50±5

3.4 取样枪：如图1和图2所示，其最小内径D应是所取产品中最大颗粒尺寸的6倍，并能盛下表1中所要求的最小份样取样量。取样器的长度L应比被取产品的深度约长10%。

3.5　盛样容器:具有足够的容积盛下所取的样,且只留下够样品的膨胀的空间以免操作时造成的不必要的损失。器具所含的成分不会以任何方式与样品反应而改变样品固有的特性。

4　步骤

4.1　份样质量

通过观察产品中最大颗粒的尺寸,按照表1来决定最小的份样取样量。

注:在取样过程中要避免系统误差。

4.2　最终样品质量

按照表2,根据被取产品的总量来决定最终样品总量的最低限。如果取得的量少于六次测定所需的试样量,那么最终样品总量就要增加到六次测定所需的试样量。

单位为毫米

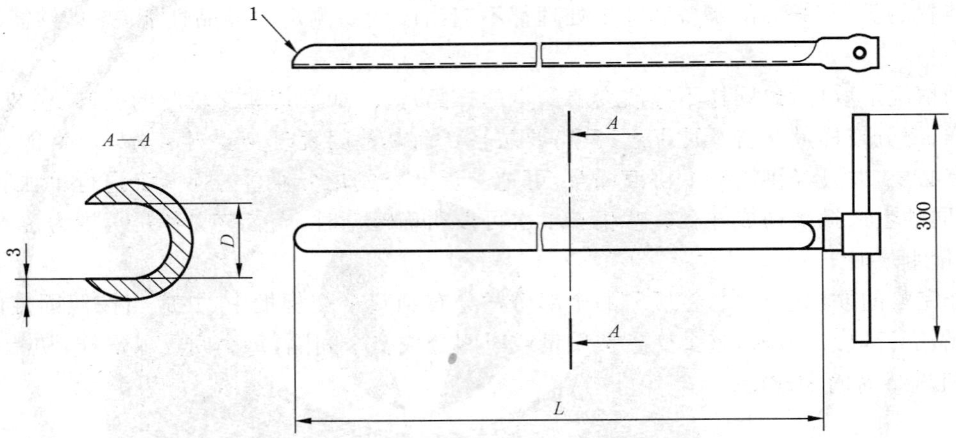

1——切口锋;

D——内径;

L——长度。

图1　开口取样器

单位为毫米

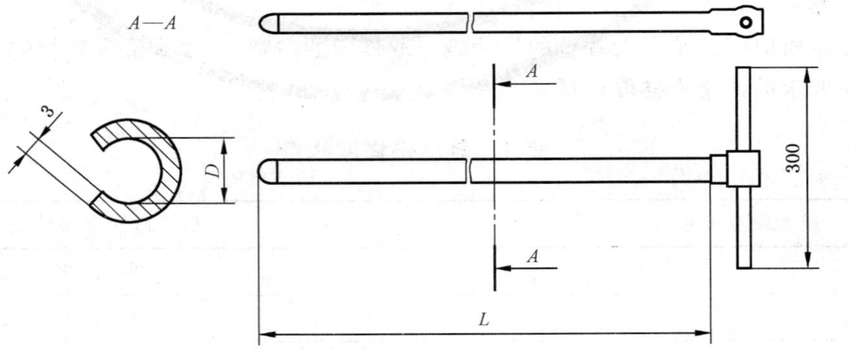

D——内径;

L——长度。

图2　闭口取样器

表 2 最终样品的最小总量

所取产品质量/t	最终样品总量/kg
＜1	8
1～5	12
＞5～10	16
＞10～50	24
＞50～100	32

4.3 取样单元的选择

如果能够确定组成该批产品的各个单元的生产顺序号(比如可以从包装容器的标记上识别)，则应当取到各顺序号的样品。如果无法识别生产顺序号，则只能从整批产品中随机取得份样。

4.4 取样技术

4.4.1 取样技术的选择

如果取样单元的数量和质量都少，就按4.4.2的操作步骤即锥堆四分法取样；如果取样单元太大，以致用四分法不能顺利取样，就按4.4.3的方法采用平堆法取样或按4.4.4的方法用取样器取样。如果是从生产过程中的连续产品中取样，就按照4.4.5的操作步骤进行取样。

4.4.2 锥堆四分法

把产品从代表一个取样单元的容器中倾倒至干净且不渗漏的平面上，铲成一个锥堆，将其周围尤其是顶部的四周用锹拍平，以免锥堆从中部坍塌。用锹的背部把堆压平，使其高度及堆的直径一致，并且使其中心与原堆重叠。重复操作两次。

然后用四分叉(3.2)沿着两条以一定角度相交的直线把此堆分成四等份。把其中相对的两份弃去，剩下相对的两份留下。继续重复以上四分步骤，直到符合表1中所要求的份样质量(见4.2)，混合对角成一份样。将各个份样(见4.1和4.2)混合成最终样品(见4.5.1)。

4.4.3 平堆技术

把产品从代表一个取样单元的容器中倾倒至干净且不渗透的平面上，均匀混匀，再铲成一个堆，然后压平。用取样勺(3.3)至少约取20份样次，每次的取样量要大致一样且不少于所要求的取样量(见4.1)。尽可能地挖到底部，确保平堆的各个深度都能取到。把各次取的份样混合起来即最终样品(见4.5.1)。

4.4.4 取样器技术

把取样枪(3.4)开口的一端朝下，以一定的角度插入代表一个取样单元的容器里，然后把它转动两到三次，小心的把开口端翻上来，以免把已充满的产品洒出来。把取出的份样转移到盛样容器中。重复此操作多次，尽可能取到表面各部分的样品，直至得到所需要的样品量(见4.1和4.2)。把各次取的份样混合起来即最终样品(见4.5.1)。

4.4.5 生产过程中的取样

警告：在进行如下操作时，请务必关掉混捏锅或将其隔离。

混捏锅可以使产品混匀，以致我们可以满意地取到均匀的样。例如在一个平底槽中，用取样勺(3.3)取一系列份样，每个份样都满足最低限(见 4.1)，这样所取份样的总量就不会少于所要求的最终样品总量。每份样都要在整个深度取，这样各个不同深度的样都能取到。把各次取的份样混合起来即最终样品。

4.5 样品的缩分

4.5.1 最终样品

如果实验室样和保留样取自多个取样单元，则在缩分前须将各个单独样品彻底混合均匀。

4.5.2 实验室样和保留样

实验室样和保留样每份都至少是单次测定(见 4.2)所要求样品质量的三倍。如果最终样品(见 4.5.1)是实验室样和保留样总量的两倍多。则应使用 4.4.2 的锥堆四分法再进行缩分，直到沿对角线相对应的两份的总和不少于所要求的量。其中相对应的两份混合在一起作实验室样，另外相对应的两份混合起来作参考保留样。

4.5.3 试料

按照 4.4.2 的锥堆四分法从缩分后的实验室样中取单次测定所需的试料。

5 取样报告

取样报告应包含以下内容：

a) 产品型号及生产厂家的完整标识；
b) 交货批或批样的生产日期；
c) 交货批或批样盛装容器的数量及它们的尺寸及单个的标记；
d) 取样的盛装容器数量及它们各自的标记；
e) 取样方法，本部分编号，所取份样的数量，实验室样和保留样的大致质量；
f) 实验室样和保留样标记；
g) 在取样过程中注意到的任何异常现象；
h) 本部分中不包括的或可选择的其他所有操作。

附 录 A
（资料性附录）
本部分章条编号与 ISO 14422:1999 章条编号对照表以及技术性差异说明

本部分章条编号与 ISO 14422:1999 章条编号对照表以及技术性差异说明见表 A.1。

表 A.1

本部分章条编号	与 ISO 14422:1999 的章条编号	技术性差异说明
1	1	为适应我国国家标准体例，增加了标准适用性的说明
—	2	删除了规范性引用文件
—	3	删除了定义
2.1～2.5	依次对应 4 中的第一段至第五段	删除了注的内容
3.1	—	将 ISO 14422:1999 第 5 章的第一段作为本部分的 3.1
3.2	5.1	—
3.3	5.2	—
3.4	5.3	—
3.5	5.4	—
4.1	6.1	—
4.2	6.2	—
4.3	6.3	—
4.4.1	6.4.1	—
4.4.2	6.4.2	—
4.4.3	6.4.3	—
4.4.4	6.4.4	—
4.4.5	6.4.5	—
4.5.1	6.5.1	—
4.5.2	6.5.2	—
4.5.3	6.5.3	根据国情将 ISO 14422:1999 中的 6.5.3.1 与 6.5.3.2 合并
5	7	—

ICS 71.100.10
Q 52

中华人民共和国国家标准

GB/T 26297.5—2010

铝用炭素材料取样方法 第5部分:煤沥青

Sampling of carbonaceous materials used for aluminium production—Part 5:Pitch for electrodes

(ISO 6257:2002,Carbonaceous materials used in the production of aluminium—Pitch for electrodes—Sampling,MOD)

2011-01-14 发布 2011-11-01 实施

中华人民共和国国家质量监督检验检疫总局
中国国家标准化管理委员会 发布

前　言

GB/T 26297《铝用炭素材料取样方法》分为六个部分：

——第1部分：底部炭块；

——第2部分：侧部炭块；

——第3部分：预焙阳极；

——第4部分：阴极糊；

——第5部分：煤沥青；

——第6部分：煅后石油焦。

本部分为GB/T 26297的第5部分。

本部分按照GB/T 1.1—2009给出的规则起草。

本部分使用重新起草法修改采用ISO 6257：2002《铝用炭素材料　煤沥青　取样》。本部分修改采用ISO 6257：2002时，将其目录、前言、引言、规范性引用文件、参考文献删除。同时，为了更便于取样操作，根据国内的具体情况增加和修改了一些规定，这些修改和规定用垂直单线标识在它们所涉及的条款的页边空白处。为方便对照，在附录A中列出了本部分的章条和对应的ISO 6257：2002章条的对照表以及技术性差异。这些修改和规定有：

——根据国内情况，为了便于操作，将沥青分为固体沥青、软沥青和液体沥青，再规定取样方法；

——在上述分类基础上对取样的容器在进行细分，如固体沥青的小容器、车辆、料仓、船运和袋装；

——在上述分类基础上再对相应取样方法进行细分，如泵式取样、承重取样、一次性取样等；

——对于批量较大的固体试样，提出多种缩分方法。

本部分由全国有色金属标准化技术委员会(SAC/TC 243)归口。

本部分负责起草单位：索通发展有限公司、中国有色金属工业标准计量质量研究所、中国铝业股份有限公司郑州研究院。

本部分参加起草单位：郑州浩宇炭素材料有限公司、山东南山铝业股份有限公司。

本部分主要起草人：钱康行、郎光辉、席兆阳、张树朝、郭永恒、陈泓均、王立明。

铝用炭素材料取样方法 第5部分:煤沥青

警告:本部分可能涉及使用危险的材料、操作和设备。本部分不能涉及所有在使用中发生的安全问题。本部分的使用者有责任在使用之前建立适当的健康和安全的做法,并评估、确定其应用的范围。

1 范围

GB/T 26297的本部分规定了铝用炭素用煤沥青的取样方法。

本部分适用于铝用炭素用煤沥青的取样。

2 术语和定义

下列术语和定义适用于本文件。

2.1

取样单元 sampling unit

限定的物料量,其界限可能是有形的,如一个容器,也可能是设想的,如物料流的某一具体时间或间隔时间。

注:若干个取样单元可收集在一起,例如装在一个袋子或箱子里。

2.2

样品 sample

从数量较大的采样单元中取得的一个或几个取样单元,或从一个取样单元中取得的一个或几个份样。

2.3

代表样 representative sample

一种与被采物料有相同组成的样品,而此物料被认为是完全均匀的。

2.4

取样方案 sampling plan

为了从最终样品获得对特性的必要了解来对该批货物作出判断,从一批货物中选取和制备一份或几份样品的预定程序。

注:出于对成本、效率和时间的考虑,通常确定一个容许的取样误差。

2.5

交货批 consignment

由具体的交货单据或装货单据所指明的一定数量的物料。

2.6

商品批 lot

按一定取样方案进行取样的物料总量。

注:它可由若干交货批、生产批或取样单元组成。

2.7

生产批　batch

一定量的物料，可以是一个取样单元，或假定其制造或生产条件相同而归在一起的若干个取样单元。

2.8

大样　bulk sample

采集的不保持其个体性质的一组样品。

2.9

份样　incremental sample

在取样过程中采得的一系列样品中的一个样品。

注：份样可能保持或不保持它们各自特性，这取决于取样的作法。

2.10

最终样品　final sample

按取样方案得到或制备并可以再等分成相同的几份供试验、参考或保存用的样品。

2.11

实验室样品　laboratory sample

为送往实验室供检验或测试而制备的样品。

2.12

参比试样　reference sample

与实验室样品同时同样制备的样品，在有争议时可被有关方面接受用作实验室样品。

2.13

部位试样　spot sample

从物料的特定部位或在物料流的特定部位和时间采得的一定数量或大小的样品，它是代表瞬时或局部环境的一种样品。

3　一般程序和预防措施

3.1　取样方式

可采用人工取样或自动取样。

3.2　样品的污染问题

取样过程不应造成污染。样品容器、取样器具、其他辅助装置、取样者的手、手套及防护衣物应是干燥和清洁的。

3.3　参比试样的制备

在空气中，沥青表面会氧化。但粉状产品因其比表面积大，软化点可能明显提高。因此，按下列的方法熔化和制备存储用的参比试样：

a) 将足够量的粉状样品置于带盖的容器中，放到烘箱中，控制温度在高于预期软化点 50 ℃，保持 2 h。加热后，熔体的表面平滑，有光泽和无皱折；

b) 如果熔体的表面有气泡，则弃用。在干燥过的试样中取一块熔体，将其置于放有干燥剂的真空干燥器中干燥约 2 h；

c) 将熔融沥青倒进一个气密金属容器，避免晃动，以免进入气泡，将该容器密封。

3.4 测定固体沥青试样中的水含量的取样

对于大批量散装运输的固体沥青，应取一系列的部位试样来测定其水含量。取样后，试样应立即封存在气密容器中并及时进行测定。

3.5 实验室样品和参比试样的用量

除另有规定外，实验室样品和参比试样的用量至少是测定需用量的三倍，且不少于1 kg。推荐量为2 kg。

3.6 安全措施

应特别注意下列情况：

——当从大容器中采取炽热的液体沥青试样时，取样者应严格按照安全规定取样；

——避免吸入沥青蒸气和粉尘；

——当取样的船舶、货车或铁路车辆正在运行或可能开始运行时，不应取样。

4 固体沥青的取样

4.1 一般规定

表1规定了代表样的最小量。按表1规定取样，每个试样质量应在0.5 kg～1 kg。如取样的物料不均匀，应增加取样数量。

表1 代表样的最小量

物料的质量/t	代表样的质量/kg
1～10	10
＞10～50	15
＞50～100	20

4.2 大批量固体沥青的取样方案

4.2.1 盛在容器中的大批量固体沥青

按照表2列出的最小值抽取取样容器。

表2 代表样的最少取样数量

容器的数量	应抽取取样容器数量最小值
1～10	全部
11～49	11
50～64	12
65～81	13
82～101	14

表 2 (续)

容器的数量	应抽取取样容器数量最小值
102～125	15
126～151	16
152～181	17
182～216	18
217～254	19
255～296	20
297～343	21
344～394	22
395～450	23
451～512	24

4.2.2 未盛在容器中的交货批固体沥青

用图 1 来确定每批所需的 10 kg 份样的数量。

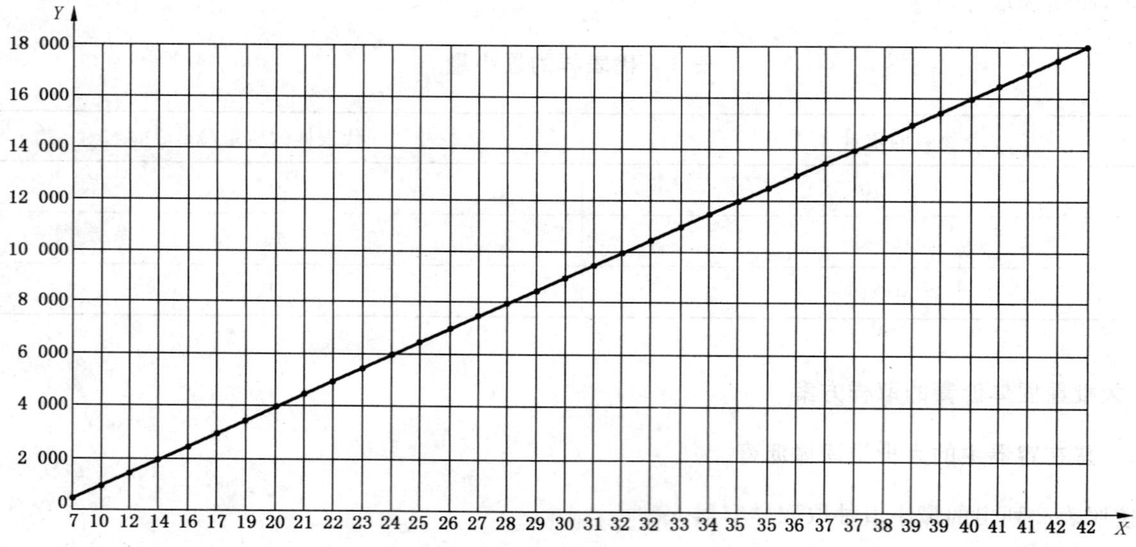

X——份样数量；

Y——批重(t)。

图 1 取份样数量和被取固体沥青批重的关系

4.3 固体沥青取样程序

4.3.1 一般规定

用开口取样器(见图 2)或闭口取样器(见图 3)作为取样工具。用夯锤(见图 4,)将最终样品破碎。

再通过二分法(见 7.1.1),或锥堆四分法(见 7.1.2)进行缩分并制备成试样。

单位为毫米

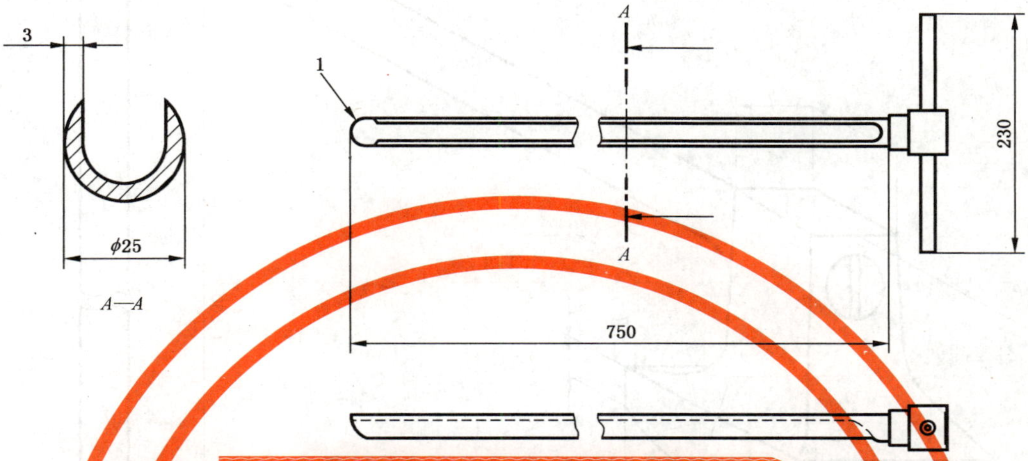

1——取样器的切口锋。

图 2　开口取样器及其典型尺寸

单位为毫米

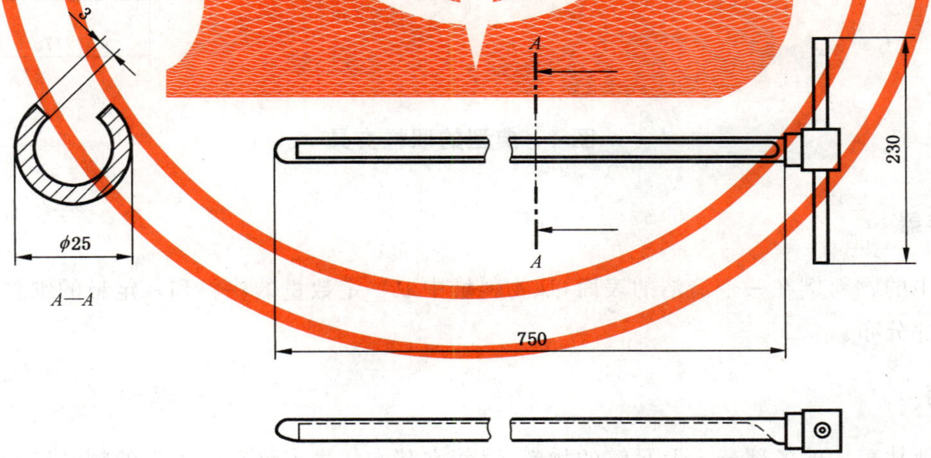

图 3　闭口取样器及其典型尺寸

单位为毫米

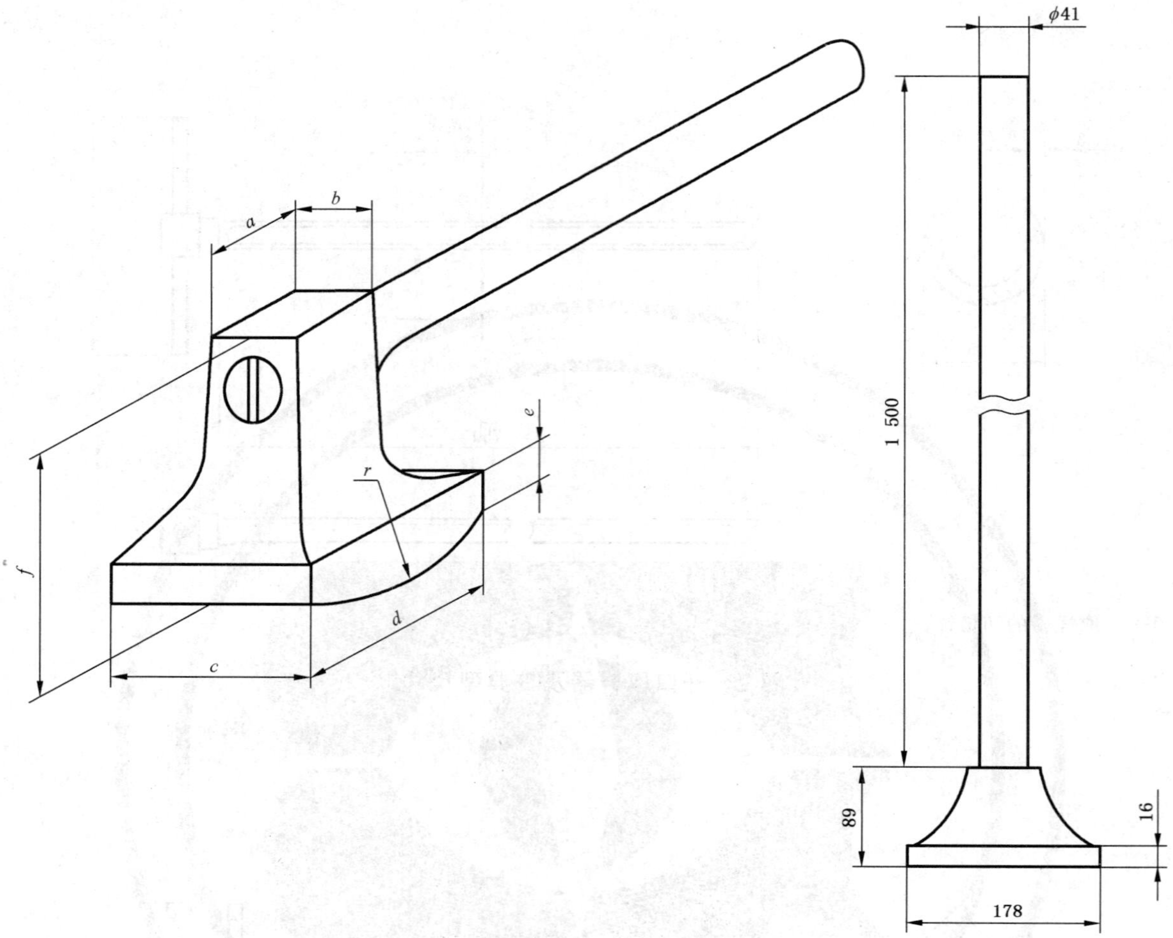

图4 典型的取样夯具

4.3.2 小容器

将容器中的物料倒在一个清洁的表面，从物料堆中取一定数量的块料和一定量的细粒，基本代表物料中颗粒尺寸分布。

4.3.3 车辆

有选择地从车辆的各部分采取足够的物料，以使它基本代表了该车内物料的颗粒尺寸分布情况。

4.3.4 料仓或料堆

批量大于1 000 t时应在装卸时取样。

4.3.5 船运

应在装卸时取样，避免在物料表面取样。取样时，应以确定的时间间隔，从运输仓内取样，再合并成最终样品。

4.3.6 袋装或桶装

用适当的取样器插入包装袋或包装桶的适当部位取样。

5 软沥青的取样

将沥青在高于预期软化点50 ℃以上的温度熔化后进行取样(软化点温度由供需双方商定的方法进行测定)。如果不能熔化,用图5所示的螺旋取样器取样,从每个取样点取约1 kg的物料。在合适的容器中熔化这些合成样品。

图5 典型的螺旋取样器

6 液体沥青的取样

6.1 一般规定

警告:液体沥青的温度一般高于150 ℃,取样者应当特别注意防护。

所取的每份份样为1 kg～2 kg。

6.2 大批量液体沥青的取样方案

取样方案如图6和表3所示进行。

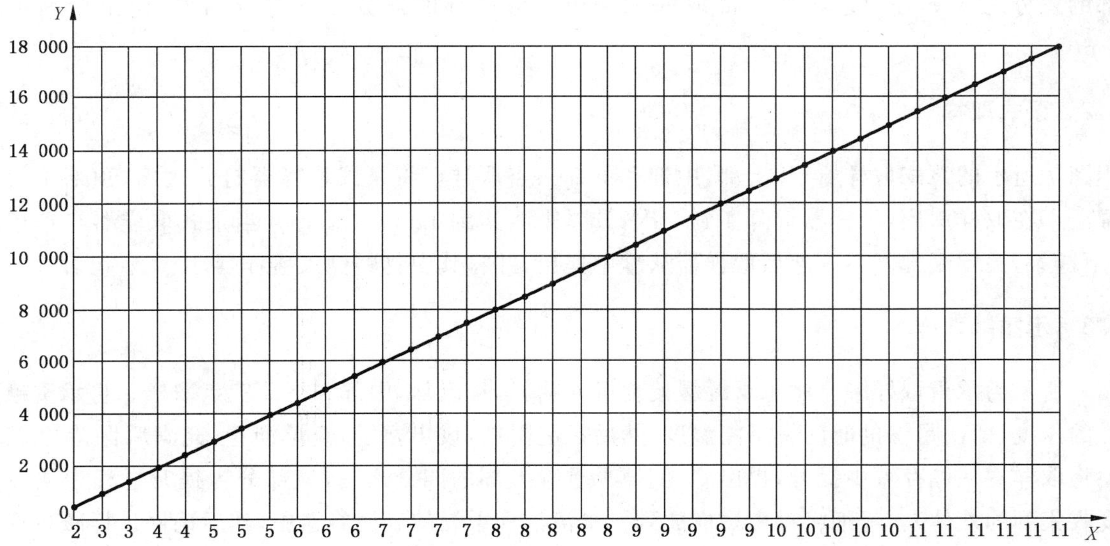

X——份样数量;

Y——批重(t)。

图6 取样的液体沥青批重和份样数量的关系

表 3 是图 6 的具体细化，批重为准确数值时推荐使用图 6 取样。

正在输送中的液体沥青的取样应有固定的时间间隔。

表 3 最少取样数目

批重/t	份样的最少份数
0～500	2
501～1 500	3
1 501～2 500	4
2 501～4 000	5
4 001～5 500	6
5 501～7 500	7
7 501～9 500	8

6.3 储存罐的取样

6.3.1 不能搅拌或循环的储存罐

6.3.1.1 一般规定

适用于储量为约 500 t～5 000 t 的储存罐得取样。应同时从罐的上部，中部和下部的三点取样。从上部取的试样应从罐顶部的三分之一等分内取，但至少低于液体表面约 0.6 m。从中部取的试样应从罐中部的三分之一等分内取。从下部取的试样应从罐底部的三分之一等分内取，但至少高于罐底约0.6 m。

6.3.1.2 泵式取样

用图 7 所示的泵式取样器，从上部，中部和下部三点取样。将泵式取样器打开阀门(顶部不封闭)，沉入罐子。在取样深度，取样器提降 4 到 5 次，升降距离达到 1 m～1.5 m。当泵式取样器在理想的深度，放下链条，关闭底部阀门。然后取样器从罐中提出，并将其中物料倒入盛样器。

6.3.1.3 承重罐取样

图 8 所示为承重取样罐。将承重罐缓慢地沉入物料，从上部，中部和下部三点取样。将承重罐下降到所需的深度，留出足够的时间来平衡温度，然后拉起附链，拔出塞子，充填沥青，充满后保持约 2 min。小心地将取样罐从储存罐中提升，提出后，倒掉承重罐上部的四分之一(该部分为提升过程中从高于取样深度收集到的液体)。仔细将罐中试样放到一个清洁和干燥的金属容器中，然后确保试样减少挥发性物质的损失并免受外部污染。将从上、中、下部三点取得的试样混合。

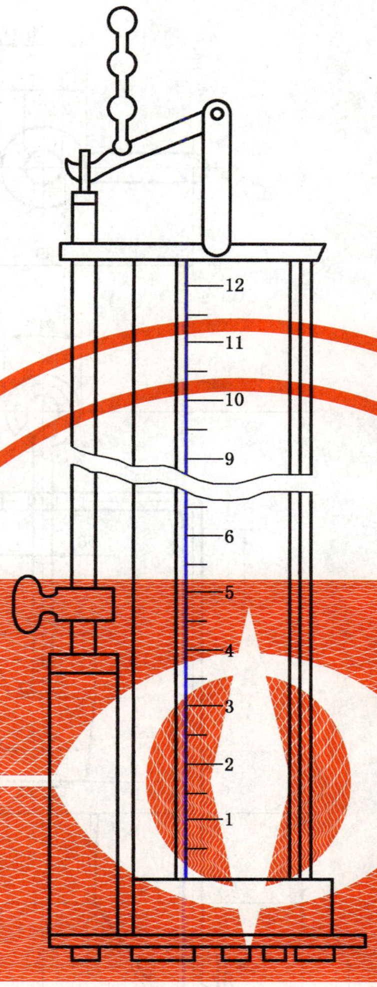

图 7　泵式取样器

单位为毫米

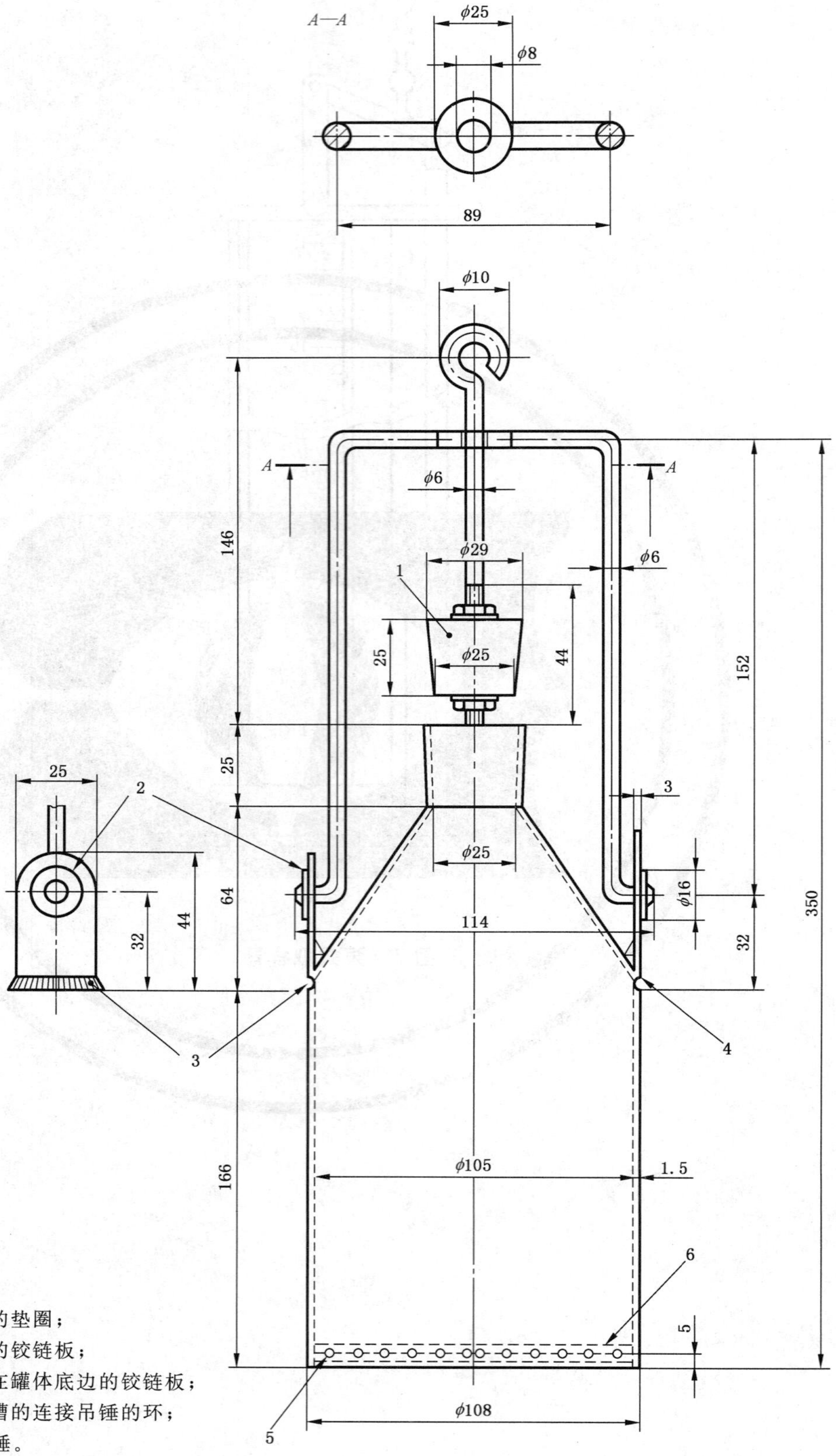

1——瓶塞；
2——焊接在棒上的垫圈；
3——焊接到罐体的铰链板；
4——倾斜地固定在罐体底边的铰链板；
5——内部带小凹槽的连接吊锤的环；
6——2.5 kg 的吊锤。

图 8　典型的承重取样罐示意图

6.3.1.4 一次性取样器

小心将一次性取样器放在合适承重架上沉入储存罐，从上部，中部和下部取样。图9为一种一次性取样器示意图。将带塞子的取样器下沉到罐中。当达到预期的深度，提起连在塞子上的线，软线或链拔出塞子，沥青填充进容器。当沥青表面停止冒气泡时，就显示已填满。

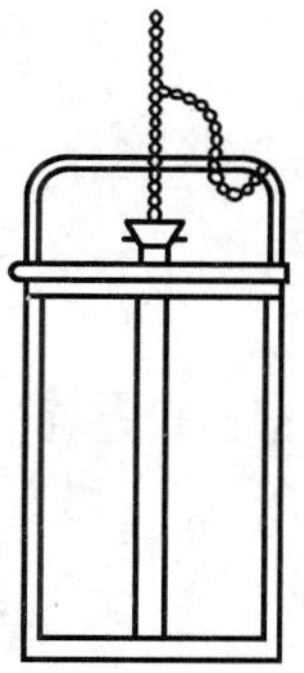

a）承重架上的罐

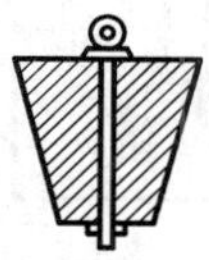

b）塞子详图

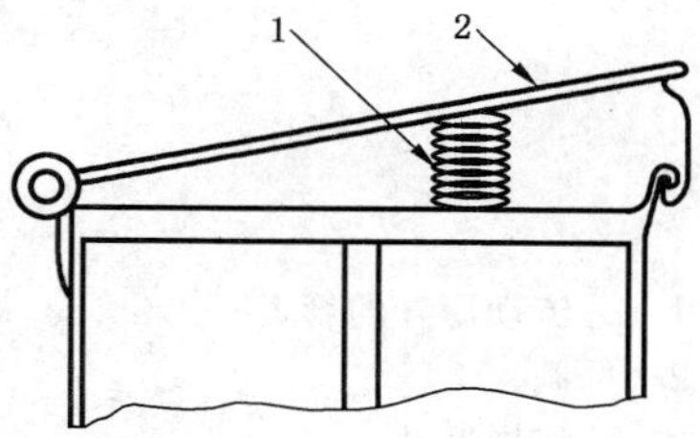

c）罐子定位器详图

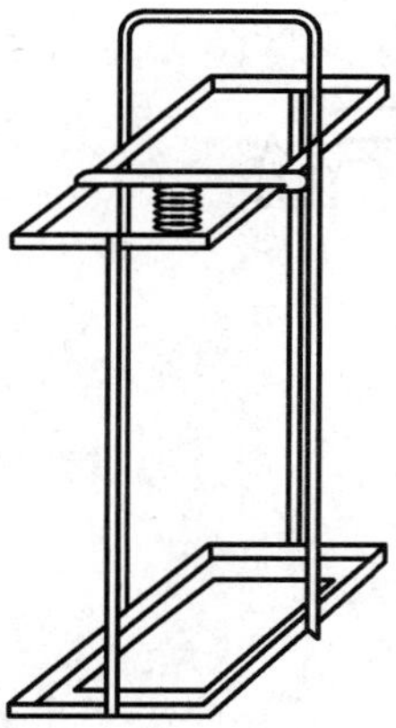

d）承重架

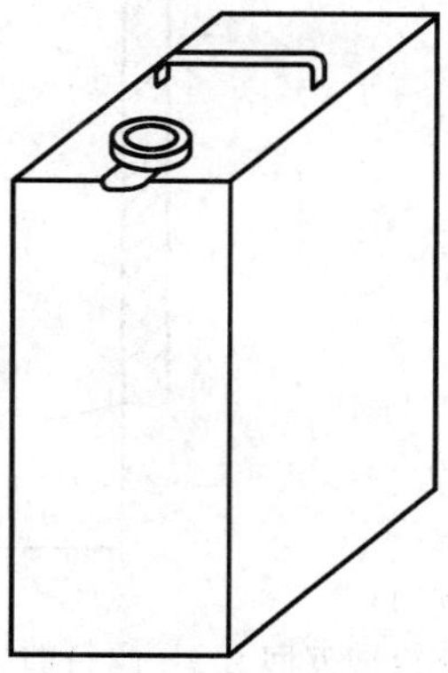

e）罐

1——定位弹簧；
2——闩。

图9 一次性取样器示意图

6.3.1.5 装有取样阀门的罐

图10和图11分别为两种取样阀门示意图。取样时试样从阀门进入一个干净的容器，将先取的几个份样放弃。

6.3.2 具搅拌或循环能力的储存罐

取样数量见图6或表3。可采用多种方法取样。如直接连到储罐或进入泵循环系统，或通过取样阀等类似的装置来取样。如图10所示。取样之前，应从试样设备中取出约3L的沥青或两倍于上下两阀门间体积的沥青，以其中较大者为准，并安全地废弃。

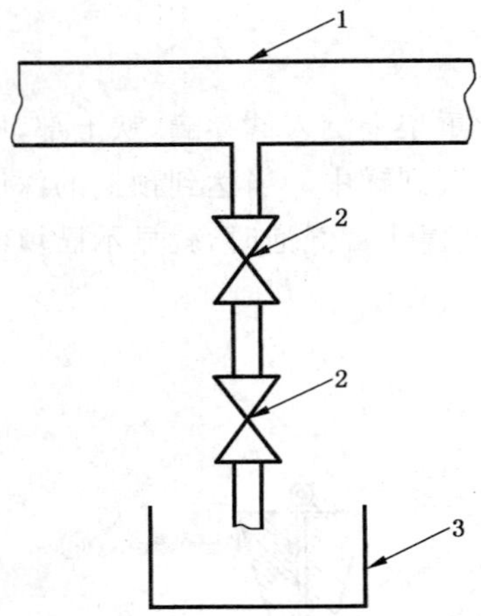

1——流动沥青的管道；
2——阀；
3——盛样器。

图10 带双阀的管道取样器总体布局

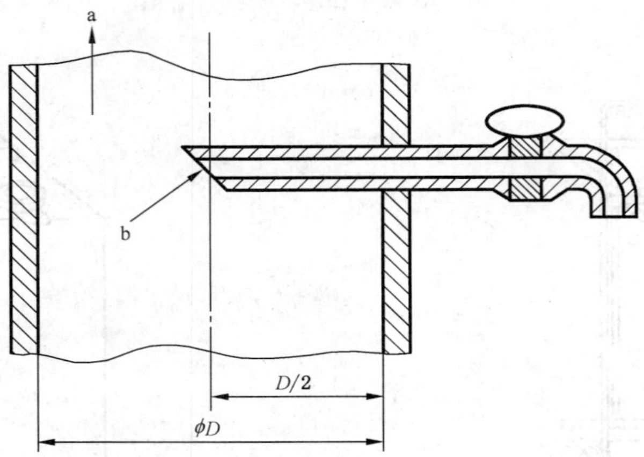

a——流动方向；
b——与液体流动方向有45°倾斜的导管顶端。

图11 罐或管道取样器示意图

6.4 在管道装卸中取样

如果一个取样装置已安装在船舶或货轮的装载管道上，取样可从管道上进行。如图10和图11所示。

6.5 船仓取样

取样数量见图6或表3。如果船仓中的装料可以循环，直接连到储罐或进入泵循环系统，或通过取样阀、类似的装置来取样。如图10和图11所示。

6.6 车辆取样程序

取样数量见图6或表3，如果罐有阀门，可以从阀门取样。需要时，这样的取样装置最好安装在罐子本身。如图10和图11所示。

6.7 试样制备

将所取的全部份样充分混合，作为部分或全部托运货物的代表样。对于液体样品，应采用机械或人工搅拌彻底混合，在适当的温度(约 100 ℃以上)进行组合。对可能会凝固份样，用夯碎(见图 4)或其他合适的方法将其减小至最初成形的颗粒。

7 样品缩分

7.1 固体沥青

7.1.1 二分法

将取得的全部样品通过合适的二分法缩分，得到样品。图 12 为典型的二分器示意图。

单位为毫米

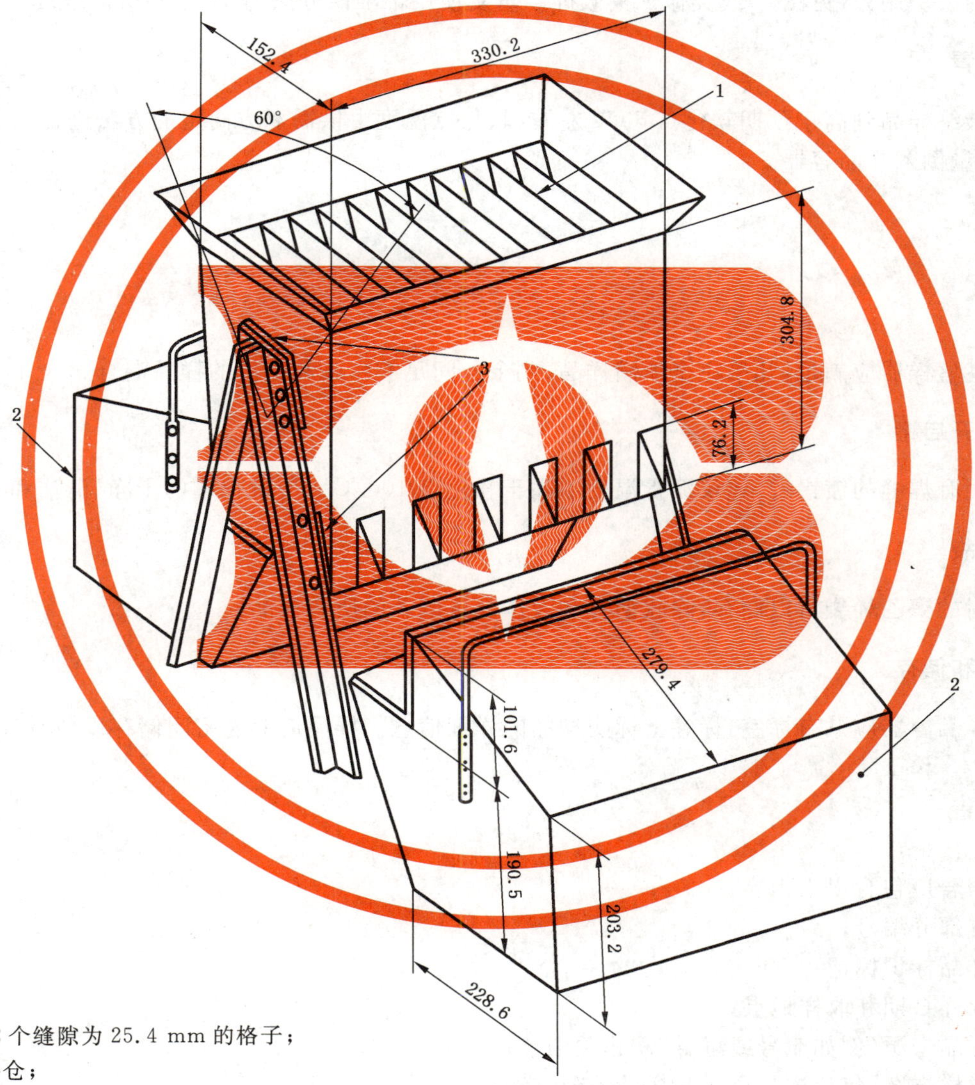

1——12 个缝隙为 25.4 mm 的格子；
2——料仓；
3——12.7 mm 的衬垫，用以清洁容器。

图 12 典型二分器(用于颗粒直径约 5 mm 的样品缩分)

7.1.2 锥堆四分法

7.1.2.1 如图 13 所示，用锥堆四分法缩分大量的合成样品。样品应放在清洁的平面，再铲成一个锥堆。每铲应放到上一铲的上面，以便使该物料能滚下锥堆底部，最后尽可能的均匀分布。如果物料中较大颗粒从锥堆底部滚开，应把它们放回锥堆底部。用相似的方法，继续形成第二个锥堆。

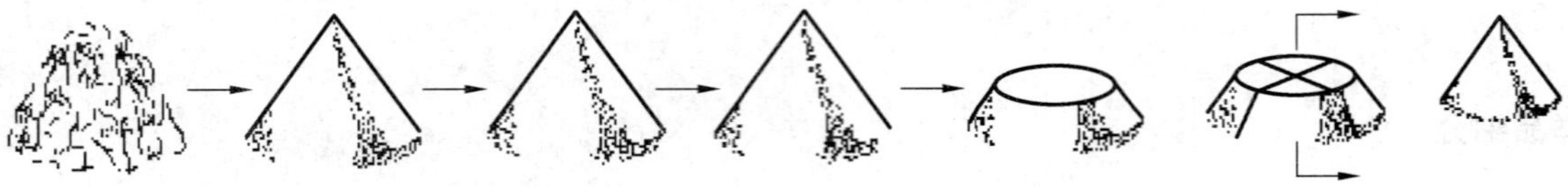

图 13 锥堆四分法

7.1.2.2 用铁铲通过反复垂直压下，使第三锥堆变得平坦。从该中心开始，以螺旋方式围绕锥心向外作业，每次下压后，清理铲子上作业时留下物料。该平坦的锥堆在厚度和直径上最好是一致的。

7.1.2.3 在该锥堆的平面上沿两条互相垂直的直径，进行四分法。弃去相对的两份。剩下的两份留下。其中的大块用夯(见图 4)或类似工具破碎。重复使用锥堆四分法，直至达到所需最终样品的数量。

7.2 软沥青

加热最终样品到高于预期软化点 50 ℃左右(软化点温度由供需双方商定的方法进行测定)，彻底混合，将所需量倒入样品容器。

8 盛样器

8.1 尺寸

实验室盛样器应满足：几乎完全填满样品，剩余空间足够膨胀和随后的样品混合。

8.2 杠杆开启罐

如使用有焊缝的镀锡罐，建议沥青温度不高于软化点 100 ℃。应确保罐的干净、清洁和完好。

8.3 塑料袋

能密封的聚乙烯袋可以储存，除软沥青和液体沥青以外的所有样品。

8.4 标签和储存

所有样品容器应贴有标签，标签上标明样品的详细信息。样品应避光密闭储存以免空气氧化。

9 取样报告

取样报告应包含以下内容：

a) 本部分编号；

b) 样品标识标记；

c) 取样日期和取样地点；

d) 样品来源(例如舱号或罐号)和相关细节；

e) 取样方案，包括样品重量和样品缩分方法；

f) 批重；

g) 取样器类别；

h) 任何异常现象，如不正常的天气条件或取样时的独特问题，以及不包括在此项标准，或此项标准提及的，或视为可选的任何操作。

附 录 A
（资料性附录）
本部分章条编号与 ISO 6257:2002 章条编号对照表以及技术性差异说明

本部分章条编号与 ISO 6257:2002 章条编号对照表以及技术性差异说明见表 A.1。

表 A.1

本部分章条编号	对应的国际标准章条编号	技术性差异说明
1	1	为适应我国国家标准体例，修改了标准适用性的说明
—	2	删除了规范性引用文件
2	3	—
3.1	4.1	—
3.2	4.2 第一段至第三段	—
3.3	4.2 第四段及之后	为了简化叙述，删去了 d) 及之后的内容
3.4～3.6	4.3～4.5	—
—	4.6	为了简化叙述，删去了 4.6 的内容
4.1～4.2	5.1～5.2	—
4.3.1～4.3.5	5.3.1.1～5.3.1.5	ISO 6257:2002 中的 5.3.1 与 5.3.2 有部分内容重复叙述，本文件将其简化并重新编号
—	5.3.2.1～5.3.2.2	不符合中国国情，予以删除
4.3.6	5.3.2.3	明确了取样细节
—	5.3.2.4	不符合中国国情，予以删除
—	5.3.3	不符合中国国情，予以删除
5.1～5.2	6	为方便叙述，分为两条叙述
6.1～6.6	7.1～7.6	—
6.7	7.7	简化和明确了制备过程
—	8.1	为了简化叙述，删去了 8.1 的内容
7.1	8.2	为了便于引用，将 ISO 6257:2002 中的 8.2.2 的三段话编号为本文件的 7.1.2.1～7.1.2.3
7.2	8.3	—
8	9	—
9	10	—

ICS 71.100.10
Q 52

中华人民共和国国家标准

GB/T 26297.6—2010

铝用炭素材料取样方法
第6部分:煅后石油焦

Sampling of carbonaceous materials used for aluminium production—Part 6:Cokes for electrodes

(ISO 6375:1980,Carbonaceous materials used in the production of aluminium—Cokes for electrodes—Sampling,IDT)

2011-01-14 发布 2011-11-01 实施

中华人民共和国国家质量监督检验检疫总局
中国国家标准化管理委员会 发布

前　言

GB/T 26297《铝用炭素材料取样方法》分为六个部分：

——第1部分：底部炭块；

——第2部分：侧部炭块；

——第3部分：预焙阳极；

——第4部分：阴极糊；

——第5部分：煤沥青；

——第6部分：煅后石油焦。

本部分为GB/T 26297的第6部分。

本部分按照GB/T 1.1—2009给出的规则起草。

本部分使用翻译法等同采用ISO 6375：1980《铝用炭素材料　电极用焦　取样》。本部分对ISO 6375：1980进行了以下编辑性修改：

——删除了ISO 6375：1980的前言；

——标准名称按照本系列标准的要求进行了修改；

——增加了规范性引用文件的导语；

——为防止出现悬置段，将ISO 6375：1980中6.2的第一段作为6.2.1，原6.2.1和6.2.2序号顺延，将7.2的第一段作为7.2.1，原7.2.1和7.2.2序号顺延；

——为了便于引用，将ISO 6375：1980中7.1按照段落顺序列为三条叙述(7.1.1～7.1.3)。

本部分由全国有色金属标准化技术委员会(SAC/TC 243)归口。

本部分负责起草单位：中国铝业股份有限公司郑州研究院、中国有色金属工业标准计量质量研究所。

本部分主要起草人：郭永恒、褚丙武、张树朝、黄霞。

铝用炭素材料取样方法
第6部分:煅后石油焦

1 范围

GB/T 26297的本部分规定了煅后石油焦的取样和制样方法。

本部分适用于从沥青或石油制得的焦的取样和制样,这种焦主要用于铝电解用电极。

本部分包括了一些类似产品的取样规定,这些规定主要涉及到物理性能测试和粒度尺寸分析。取样的理论和实践,在ISO 1988和ISO 2309中有详细的说明。

考虑到处理过程,有必要要求产品具有相同的化学组成。因此,必须进行两次取样:首次取样在装载时,是核查提供产品的质量。二次取样在用户,检查运输过程中是否产生污染。

2 规范性引用文件

下列文件对于本文件的应用是必不可少的。凡是注日期的引用文件,仅注日期的版本适用于本文件。凡是不注日期的引用文件,其最新版本(包括所有的修改单)适用于本文件。

ISO 1988 硬煤 取样

ISO 2309 焦炭 取样

ISO 6206 工业用化学产品 取样 词汇

3 总则

3.1 取样器(见ISO 2309)

应尽可能使用自动取样器进行取样。若采用手动取样方式,该取样工具应有一定的宽度,尺寸至少为最大颗粒的最大尺寸的2.5倍,并能够保证取到1 kg~2 kg样品。容器盛样量应小于其容积的9/10。

3.2 特殊环境的取样

在特定环境(传输带、不同类型货车、轮船等)下的取样步骤参见ISO 2309。

应在装载和卸载交货时取样,避免在大批静态产品上取样。应在初次装载时、距离物料顶部0.20 m外进行全体积取样。

3.3 样品处理

样品应混合均匀。破碎设备应当由硬质材料制成,避免在破碎过程中引入杂质。使用密闭的样品分离器对样品缩分。在所有的操作中,应避免细小颗粒的损失。

4 定义

下列定义适用于本文件。

4.1

份样 increment

通过取样设备,从一个取样点一次性获得的样品(见ISO 6206)。

4.2

局部样品　partial sample

从装载或交货的每 1 000 t 产品中取出的样品。第一部分用于均匀性的初始检查，第二部分用于粒度分析，第三部分作为代表性样品(4.3)。

4.3

代表性样品　representative sample

当批量大于 1 000 t 时，代表性样品是局部样品(4.2)第三部分的总和；当批量小于 1 000 t 时，代表性样品是份样的总和。

5　份样的份数和大小

5.1　一般规定

每 1 000 t 产品取 30 个份样，每份质量为 1 kg～2 kg，但每份至少是其中的最大颗粒质量的 20 倍。对于批重小于 1 000 t 的产品，份样的数量如图 1 所示。

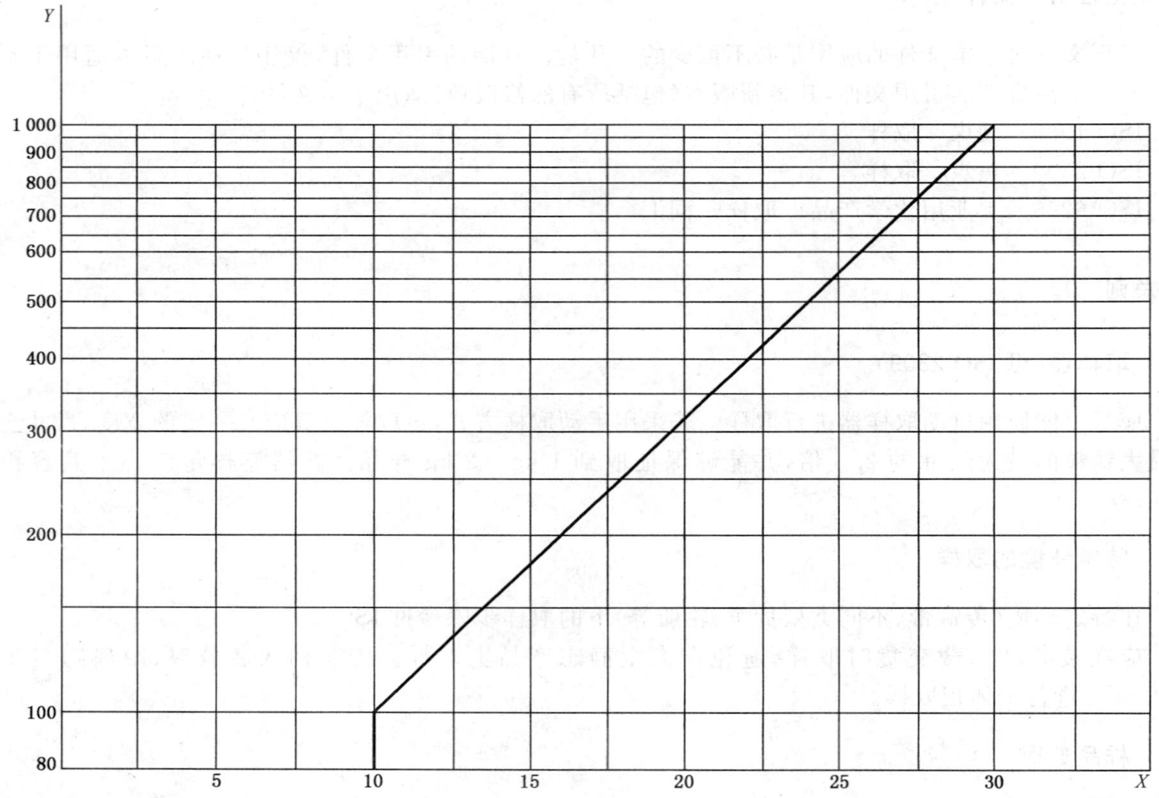

X——份样数量；

Y——批重(t)。

图 1　样品批重与相应份样关系图

5.2　特定环境下的取样

5.2.1　货车

在装载(或卸载)过程中，对每辆货车至少取两个份样：

a） 如果货车不超过 15 辆，对所有货车进行取样。

注：对只有一辆货车的情况，在装载或卸载的开始、中途和结束时三个份样应各取 10 kg。

b） 批重小于 1 000 t 但多于 15 辆货车时，随机选择 10 辆货车取样。

c） 批重不小于 1 000 t 时，从每 1 000 t 的产品中随机挑选 5 辆货车，取 30 个份样。

5.2.2 轮船

若装载分布遍及在各个货舱，无论其容量大小，应分别对每个货舱取样。如有必要，也可将其划分为接近 1 000 t 的份额。

6 取样

6.1 一般规定

考虑到煅后石油焦产品的特性，如果批重已经确定，则通过从每 1 000 t 产品中抽取的局部样品可以快速评价产品的均匀性。样品制备参见 6.2。图 2 为取样方法。

6.2 制样

6.2.1 份样混合缩分

将从每 1 000 t 产品中提取的至少 30 个份样混合在一起，然后按照四分法缩分至约 8 kg。通过四分法从这些样品中得到 6.2.2 和 6.2.3 中所规定的样品。

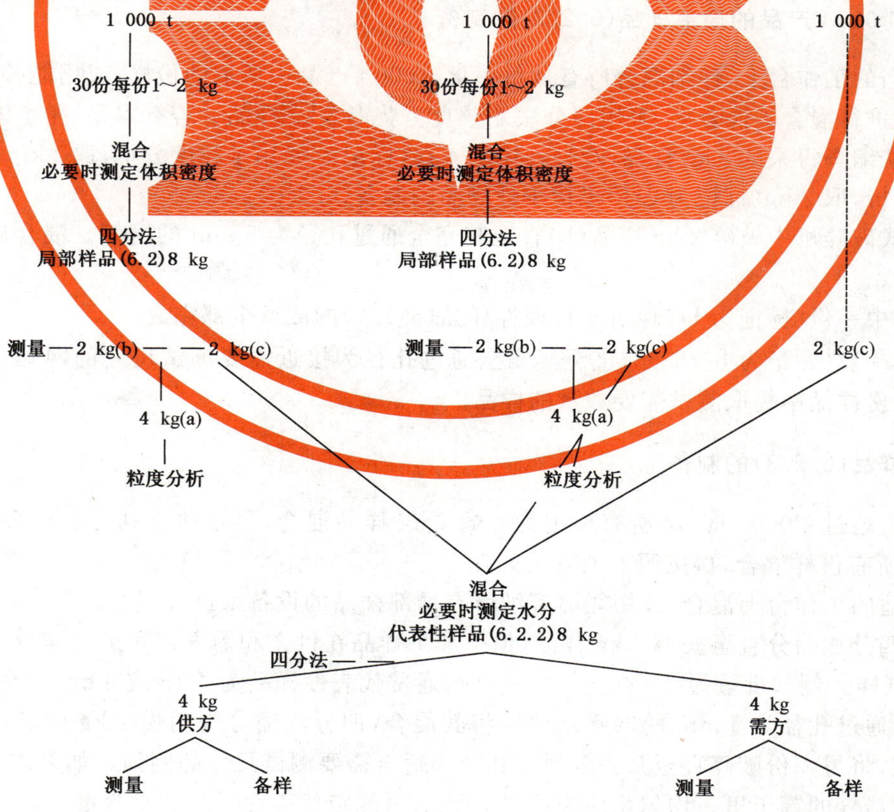

图 2 局部样品和代表性样品的制备

6.2.2 代表每 1 000 t 产品的局部样品

从缩分得来的 8 kg 样品(6.2.1)中取 4 kg 样品(标记为 a)用于粒度分析(为防止粒度分布发生变化,需立即进行分析)。

从缩分得来的 8 kg 样品(6.2.1)中取 2 kg 样品(标记为 b)用于其他特性的分析。

6.2.3 代表性样品

从缩分得来的 8 kg 样品(6.2.1)中取 2 kg 样品(标记为 c),与从其他 1 000 t 产品中提取的标记为 c 的样品混合,得到代表性样品,用于测定供需双方协商确定的产品性能。如图 3 所示。

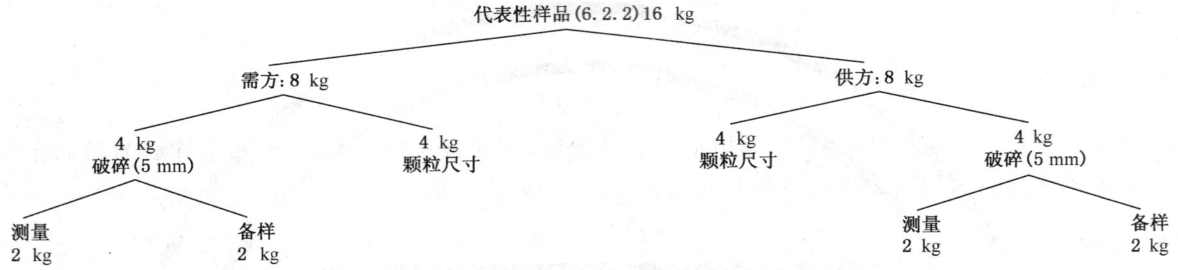

图 3 代表性样品的制备

7 样品制备

7.1 代表每 1 000 t 产品的局部样品(6.2.2)的制备

7.1.1 在适当的工作台上,仔细混合所有从每一批 1 000 t 产品中所取的份样,或用能够容纳所有份样的机械设备来进行混合。混合后,采用四分法缩分直至获得 8 kg 样品。若有需要,测定体积密度。

7.1.2 然后从缩分得来的 8 kg 样品(7.1.1)中取 4 kg(标记为 a)用于粒度分析,取 2 kg(标记为 b)用于其他特性的分析,取 2 kg(标记为 c)用于代表性样品的制备(6.2.3)。

7.1.3 在颚式破碎机中破碎 2 kg 样品(b)直至其完全通过孔径为 5 mm 的网筛。混合后,将此试样平均分为两部分:

——将其中一份(标记为 b_1)保留至代表性样品(6.2.2)的测试全部完成。

——将另一份(标记为 b_2)破碎,直至其完全通过孔径为接近需要测试尺寸的网筛。利用四分法,从这份样品中提取测试需要数量的样品。

7.2 代表性样品(6.2.3)的制备

7.2.1 当批量超过 1 000 t 时,将所有标记为 c 的 2 kg 样品混合,再按照下列方法处理。当批量少于 1 000 t 时,将所有份样混合,再按照下列方法处理。

7.2.2 在合适的工作台上混合,或用能够容纳所有局部样品的设备来进行混合。

7.2.3 通过四分法缩分直至获得 4 kg 样品(但是如果样品在供方和需方之间进行缩分,应当通过四分法获得 8 kg 试样。例如批量为 2 000 t～3 000 t 时,通常代表性样品为 4 kg 或 6 kg)。在鄂式破碎机中破碎直至完全通过孔径为 5 mm 的网筛。然后将其混合,四分法缩分为两份 2 kg 样品,保留其中一份以备重复测试,将另一份破碎直至其完全通过孔径为适合需要测试尺寸的网筛。如果需测定水含量,将样品存放在不透气的罐子里。均匀化后磨碎成 5 mm,再测定代表性样品的水含量。

注:如果批量不大于 1 000 t,代表性样品由所有份样总和组成。四分法缩分后样品的最终质量应根据测试需要的合适数量来调整。例如,如果供需双方达成一致需要进行粒度测试,则每方需要【4 kg(分析＋保存)＋4 kg(粒度分析)】,即 8 kg,总计 16 kg。

8 取样报告

8.1 取样报告应包含以下内容：

a) 本部分编号；

b) 份样数目和提取样品的质量；

c) 观察到的特殊或不正常现象，例如取样时不正常的天气情况，运输过程中可能的损坏；

d) 本部分以外的任何操作。

8.2 盛样容器应贴有至少包含以下内容的标签：

a) 产品类型；

b) 供方名称；

c) 轮船的名称；

d) 货舱的证明；

e) 货车的证明；

f) 批重；

g) 局部样品的数目；

h) 样品的属性：局部或者代表性；

i) 样品的质量。

ICS 77.120.99
H 68

中华人民共和国国家标准

GB/T 26298—2010

氯铂酸

Hydrogen hexachloroplatinum(Ⅳ)

2011-01-14 发布　　2011-11-01 实施

中华人民共和国国家质量监督检验检疫总局
中国国家标准化管理委员会　发布

前　言

本标准由全国有色金属标准化技术委员会(SAC/TC 243)归口。

本标准由贵研铂业股份有限公司负责起草。

本标准主要起草人:沈善问、邱红莲、潘再富、朱武勋、刘俊、沈亚峰、殷涛、李昆、左川。

本标准系首次发布。

氯　铂　酸

1　范围

本标准规定了氯铂酸的要求、试验方法、检验规则和标志、包装、运输、贮存及质量证明书与合同(或订货单)内容。

本标准适用于化学化工、精细化工、石油化工和汽车尾气净化用的氯铂酸。

2　规范性引用文件

下列文件对于本文件的应用是必不可少的。凡是注日期的引用文件,仅注日期的版本适用于本文件。凡是不注日期的引用文件,其最新版本(包括所有的修改单)适用于本文件。

GB/T 15072.3　贵金属合金化学分析方法　金、铂、钯合金中铂量的测定　高锰酸钾电流滴定法

YS/T 361　纯铂中杂质元素的发射光谱分析

3　要求

3.1　化学成分

氯铂酸的化学成分应符合表1的规定。

表 1　　%

铂质量分数,不小于	杂质元素(质量分数),不大于											
	Ag	Au	Pd	Rh	Ir	Pb	Ni	Cu	Fe	Sn	Cr	总量
37.5	0.000 5	0.001	0.001	0.001	0.001	0.000 5	0.000 5	0.000 5	0.000 5	0.000 5	0.000 5	0.1

3.2　硝酸盐(NO_3^-)

氯铂酸的硝酸盐含量(以 NO_3^- 计)应不大于 0.02%。

3.3　硝酸可溶物

氯铂酸硝酸可溶物应不大于 0.1%。

3.4　溶解实验

氯铂酸的水溶解试验应合格。

3.5　外观

氯铂酸为红褐色晶体。

4 试验方法

4.1 铂质量分数的测定

称取一定量的化合物(精确到 0.000 1 g),溶解于蒸馏水,配成待测液,按 GB/T 15072.3 的规定测定铂的质量分数。

4.2 杂质元素质量分数的测定

称取一定量的化合物溶解于水后,低温加热浓缩至小体积,加入适量的氯化铵饱和溶液,在红外灯下蒸干后,全部转移入石英舟中,将石英舟置入石英管内,放入管式电炉中。在氢气氛下,于 280 ℃±5 ℃及 580 ℃±5 ℃温度下各通氢还原灼烧 30 min,冷却后得海绵铂。按 YS/T 361 的规定测定杂质元素的质量分数。

4.3 硝酸盐(NO_3^-)的测定

称取 0.20 g(精确到 0.000 1 g)氯铂酸。加水 10 mL 溶解,加入 4.0 g(精确到 0.000 1 g)氯化铵,过滤。取 5 mL 滤液,稀释至 10 mL,加入 1 mL 10%氯化钠溶液,1 mL 0.001 mol/L 靛蓝二磺酸钠,在摇动下于 10 s～15 s 内加 10 mL 硫酸(分析纯),放置 10 min。所呈蓝色不得浅于标准液。

标准液:取含 NO_3^- 0.02 mg 的硝酸盐及 1.0 g(精确到 0.000 1 g)氯化铵,稀释至 10 mL,于同体积样品溶液同时同样处理。

4.4 硝酸可溶物的测定

称取 0.50 g(精确到 0.000 1 g)氯铂酸,放入坩埚中,缓缓加热分解,于 800 ℃±5 ℃灼烧,冷却,加 15 mL 5 mol 硝酸,在水浴上加热 15 min,过滤,用稀硝酸(1∶99)洗涤,合并滤液及洗液,注入恒重的坩埚中,蒸干,于 800 ℃±5 ℃灼烧至恒重。残渣重量不得大于 1.0 mg。

4.5 水溶解试验

称取 5.0 g 样品,加 25 mL 蒸馏水(25 ℃),应完全溶解,溶液应清亮无渣。

4.6 外观

采用目视检查。

5 检验规则

5.1 检查和验收

5.1.1 产品应由供方技术监督部门进行验收,保证产品质量符合本标准及合同(或订货单)的规定,并填写质量证明书。

5.1.2 需方应对收到的产品按本标准的规定进行复验。复验结果与本标准及合同(或订货单)的规定不符时,应在收到产品之日起 1 月内向供方提出,由供需双方协商解决。如需仲裁,仲裁取样应由供需双方共同进行。

5.2 组批

产品应成批提交验收,每批应由一次投料生产的产品组成。

5.3 检验项目

每批产品出厂前应进行铂质量分数、杂质元素质量分数、水溶解试验、硝酸盐、硝酸可溶物、外观的检验。

5.4 取样

5.4.1 产品化学成分、溶解试验的取样：同一批产品混合均匀，从不同部位取产品总量的1%～5%，但最少不少于10 g，再用四分法缩分至检验所需数量（取样时注意防潮）。
5.4.2 产品外观质量逐瓶检验。

5.5 检验结果的判定

产品任一检验项目的检验结果不合格时，则判该批产品不合格。

6 标志、包装、运输、贮存

6.1 标志

6.1.1 产品标志

在检验合格的产品上应有如下标志：
a) 供方名称；
b) 产品名称；
c) 生产批次；
d) 数量；
e) 生产日期。

6.2 包装、运输、储存

6.2.1 产品装入聚丙烯或聚乙烯塑料瓶、玻璃瓶中，严密封口。整齐放入木箱或纸箱内，用纸屑、泡沫塑料等软物填料添固，不得有松动现象。
6.2.2 产品可以用铁路、公路、水运等方式运输。
6.2.3 产品应放于干燥处，严防受潮。

6.3 质量证明书

每批产品应附有质量证明书，注明下列内容：
a) 供方名称、地址、电话、传真；
b) 产品名称；
c) 批次；
d) 数量；
e) 各项分析检验结果和技术监督部门印记；
f) 本标准编号；
g) 出厂日期。

7 订货单（或合同）内容

本标准所列材料的订货单（或合同）内应包括下列内容：

a） 产品名称；

b） 数量；

c） 本标准编号；

d） 其他。

ICS 77.150.30
H 62

中华人民共和国国家标准

GB/T 26299—2010

耐蚀铜合金板、带材

Copper alloy sheet and strip for anti-corrosion

2011-01-14 发布　　2011-11-01 实施

中华人民共和国国家质量监督检验检疫总局
中国国家标准化管理委员会　发布

前　言

本标准由中国有色金属工业协会提出。

本标准由全国有色金属标准化技术委员会归口。

本标准由中铝洛阳铜业有限公司、中国有色金属工业标准计量质量研究所负责起草。

本标准主要起草人:孟惠娟、黄国兴、娄花芬、朱迎利、李湘海、高双林、杨丽娟。

耐蚀铜合金板、带材

1　范围

本标准规定了耐蚀用铜合金板、带材的要求、试验方法、检验规则、标志、包装、运输、贮存和质量证明书及合同(或订货单)内容等。

本标准适用于板式换热器、抑菌洗衣机内部构件用耐蚀铜合金板材和带材。

2　规范性引用文件

下列文件中的条款通过本标准的引用而成为本标准的条款。凡是注日期的引用文件，其随后所有的修改单(不包括勘误的内容)或修订版均不适用于本标准，然而，鼓励根据本标准达成协议的各方研究是否可使用这些文件的最新版本。凡是不注日期的引用文件，其最新版本适用于本标准。

GB/T 228—2002　金属材料　室温拉伸试验方法

GB/T 4340.1　金属材料　维氏硬度试验　第1部分:试验方法

GB/T 5121(所有部分)　铜及铜合金化学分析方法

GB/T 5231　加工铜及铜合金化学成分和产品形状

GB/T 8888　重有色金属加工产品的包装、标志、运输和贮存

GB/T 10119　黄铜耐脱锌腐蚀性能的测定

GB/T 26303.3　铜及铜合金加工材外形尺寸检测方法　第3部分:板带材

YS/T 347　铜及铜合金　平均晶粒度测定方法

JB/T 7901　金属材料实验室均匀腐蚀全浸试验方法

3　要求

3.1　产品分类

3.1.1　牌号、状态、规格

产品的牌号、状态和规格应符合表1的规定。

表1　牌号、状态和规格

<table>
<tr><th>牌号</th><th>状 态</th><th>品种</th><th>厚度/mm</th><th>宽度/mm</th><th>长度/mm</th></tr>
<tr><td rowspan="2">HA177-2
HA177-2-1</td><td rowspan="4">软(M)</td><td>带材</td><td rowspan="4">0.3～2.5</td><td rowspan="2">≤1 000</td><td>—</td></tr>
<tr><td>板材</td><td>≤2 000</td></tr>
<tr><td rowspan="2">BFe10-1-1
BFe10-1.5-1</td><td>带材</td><td rowspan="2">≤610</td><td>—</td></tr>
<tr><td>板材</td><td>≤2 000</td></tr>
<tr><td colspan="6">注：经供需双方协商，也可供应其他状态、规格的产品。</td></tr>
</table>

3.1.2　标记示例

产品标记按产品名称、牌号、状态、规格和标准编号的顺序表示。标记示例如下：

示例1：

用HA177-2制造的、软(M)状态、厚度为0.5 mm、宽度为200 mm的高精级带材标记为：

带 HA177-2 M 高　0.5×200　GB/T 26299—2010

示例2：

用BFe10-1-1制造的、软(M)状态、厚度为0.8 mm、宽度为600 mm、长度为2 000 mm的普通级板材标记为：

板 BFe10-1-1 M　0.8×600×2000　GB/T 26299—2010

3.2　化学成分

HA177-2、BFe10-1-1 的化学成分应符合 GB/T 5231 的规定。HA177-2-1、BFe10-1.5-1 的化学成分应符合表 2 的规定。

表 2　化学成分

牌号	化学成分(质量分数)/%							
	Cu	Zn	Al	Ni	As	Mn	Fe	B
HA177-2-1	76.0～79.0	余量	1.0～3.5	0.3～1.5	0.01～0.1	—	—	0.002～0.015
BFe10-1.5-1	余量	—	—	9.0～11.0	—	0.5～1.0	1.2～2.0	—
注：为达到某种特定的用途，允许添加其他微量元素。								

3.3　外形尺寸及其允许偏差

3.3.1　产品的厚度及其允许偏差应符合表 3 的规定。未作特别说明时，按普通级供货。

表 3　厚度及其允许偏差　　单位为毫米

厚度	宽度			
	≤610		>610～1 000	
	厚度允许偏差，±			
	普通级	高精级	普通级	高精级
≥0.3～0.5	0.015	0.010	—	—
>0.5～1.0	0.020	0.015	0.035	0.030
>1.0～2.0	0.025	0.020	0.040	0.035
>2.0～2.5	0.040	0.035	0.045	0.040
注：当需方要求单向偏差时，其值应为表中数值的 2 倍。				

3.3.2　产品的宽度及其允许偏差应符合表 4 的规定。

表 4　宽度及其允许偏差　　单位为毫米

形状	宽度	厚度			
		≤0.5	>0.5～1.0	>1.0～1.5	>1.5
		宽度允许偏差，±			
带	≤305	0.15	0.20	0.25	0.30
板	>305～610	0.50	0.80	1.00	1.50
带		0.20	0.25	0.30	0.40
板	>610	0.80	1.00	1.50	2.00
带		0.30	0.40	0.50	0.60
注：当需方要求单向偏差时，其值应为表中数值的 2 倍。					

3.3.3　板材的长度允许偏差为+5 mm。

3.3.4　板材应平直，允许有轻微的波浪。厚度大于 1.5 mm 的板材，其长度方向上的平整度应不超过 10 mm；厚度不大于 1.5 mm 的板材，其长度方向上的平整度应不超过 15 mm。

3.3.5　带材的侧边弯曲度应不超过 2 mm/m。

3.4　力学性能

产品的室温力学性能应符合表 5 的规定。

表 5　力学性能

合金牌号	状态	抗拉强度 R_m/(N/mm²)	断后伸长率 $A_{11.3}$/%	维氏硬度(HV)
HA177-2、HA177-2-1	M	≥410	≥40	≥90
BFe10-1-1、BFe10-1.5-1		≥300	≥30	

3.5　晶粒度

产品的晶粒度应符合表 6 的规定。

表 6　晶粒度

合 金 牌 号	状　态	晶粒度/mm
HA177-2、HA177-2-1	M	0.010～0.030
BFe10-1-1、BFe10-1.5-1		0.015～0.045

3.6　腐蚀性能

3.6.1　耐脱锌腐蚀性能

需方有要求时，HA177-2、HA177-2-1 牌号的产品可进行耐脱锌腐蚀性能试验。试验后的平均脱锌层深度由供需双方协商确定。

3.6.2　均匀腐蚀全浸试验

产品的均匀腐蚀全浸试验结果应符合表 7 的规定。

表 7　均匀腐蚀全浸试验

合金牌号	状态	试验温度/℃	腐蚀速率/(mm/年)
HA177-2、HA177-2-1 BFe10-1-1、BFe10-1.5-1	M	40	<0.006

3.7　表面质量

产品边部应切齐、无裂边、卷边等缺陷。产品的表面应光滑、清洁，表面色泽应均匀一致，不允许有裂纹、划伤、起皮、氧化、黑斑等影响使用的缺陷。

4　试验方法

4.1　化学成分的仲裁分析方法

产品的化学成分的仲裁分析方法按 GB/T 5121 的规定进行。

4.2　外形尺寸及其允许偏差测量方法

产品的外形尺寸及其允许偏差测量方法按 GB/T 26303.3—2010 的规定进行。

4.3　力学性能检验方法

产品的拉伸试验按 GB/T 228—2002 的规定进行，试样的选取按 GB/T 228—2002 附录 A 表 A.1 中 P02 的规定；维氏硬度试验按 GB/T 4340.1 的规定进行。

4.4　晶粒度检验方法

产品的晶粒度检验按 YS/T 347 的规定进行。

4.5　腐蚀性能检验方法

4.5.1　耐脱锌腐蚀性能检验方法

产品的耐脱锌腐蚀性能试验按 GB/T 10119 的规定进行。

4.5.2　均匀腐蚀全浸试验方法

产品的均匀腐蚀全浸试验按 JB/T 7901 的规定进行。试验介质采用 3.5% NaCl 溶液。

4.6　表面质量检查方法

产品的表面质量应用目视进行检验。

5 检验规则

5.1 检查和验收

5.1.1 产品应由供方技术监督部门进行检验,保证产品质量符合本标准及合同(或订货单)的规定,并填写质量证明书。

5.1.2 需方对收到的产品按本标准及合同(或订货单)的规定进行检验,检验结果与本标准合同(或订货单)的规定不符时,应以书面形式向供方提出,由供需双方协商解决。属于表面质量及尺寸偏差的异议,应在收到产品之日起一个月内提出;其他质量异议,应在收到产品三个月内提出。如需仲裁,仲裁取样应由供需双方共同进行。

5.2 组批

产品应成批提交验收,每批应由同一牌号、状态和规格组成。每批重量应不大于 3 500 kg(如该批为同一熔次,则批重可不大于 6 000 kg)。

5.3 检验项目

5.3.1 出厂检验

每批产品应进行化学成分、外形尺寸、力学性能、晶粒度及表面质量的检验。如有要求,还应进行耐脱锌腐蚀性能的检验。

5.3.2 型式检验

有下列情况之一者,产品除了进行出厂检验项目外,还应进行均匀腐蚀全浸的型式检验:

a) 需方有要求时;

b) 正常生产时,每年进行一次;

c) 产品的原料、工艺有较大改变,可能影响产品性能时;

d) 产品停产后,恢复生产时。

5.4 取样

产品取样应符合表 8 的规定。

表 8 取样

检验项目	取样规定	要求的章条号	试验方法的章条号	检验类别
化学成分	供方 1 个试样/熔次,需方 1 个试样/批	3.2	4.1	出厂检验
外形尺寸	逐张(卷)检查	3.3	4.2	出厂检验
拉伸性能	任取 2 张(卷)/批。带材沿轧制方向任取 1 个试样/卷,板材沿垂直于轧制方向任取 1 个试样/张	3.4	4.3	出厂检验
硬度试验	任取 2 张(卷)/批,1 个试样/张(卷)	3.4	4.3	出厂检验
晶粒度	任取 2 张(卷)/批,1 个试样/张(卷)	3.5	4.4	出厂检验
耐脱锌腐蚀试验	任取 2 张(卷)/批,1 个试样/张(卷)	3.6.1	4.5.1	出厂检验
均匀腐蚀全浸试验	任取 1 个试样/批	3.6.2	4.5.2	型式检验
表面质量	逐张(卷)检查	3.7	4.6	出厂检验

5.5 检验结果的判定

5.5.1 化学成分不合格时,判该批产品不合格。

5.5.2 产品的外形尺寸偏差和表面质量不合格时,判该张(卷)不合格。

5.5.3 当力学性能、晶粒度、耐脱锌腐蚀性能和均匀腐蚀全浸试验的试验结果中有试样不合格时,应从该批产品(包括原检验不合格的产品)中另取双倍数量的试样进行重复试验,重复试验结果全部合格,则判整批产品合格。若重复试验结果仍有试样不合格,则判该批产品不合格,或由供方逐张(卷)检验,合格者交货。

6 标志、包装、运输、贮存和质量证明书

产品的标志、包装、运输、贮存和质量证明书应符合 GB/T 8888 的规定。

7 合同(或订货单)内容

订购本标准所列产品的合同(或订货单)内应包括下列内容:

a) 产品名称;

b) 牌号;

c) 供应状态;

d) 尺寸规格;

e) 重量;

f) 尺寸允许偏差(高精级或有特殊要求时);

g) 耐脱锌腐蚀性能(有要求时);

h) 均匀腐蚀全浸试验(有要求或必要时);

i) 本标准编号;

j) 其他。

ICS 77.150.40
H 71

中华人民共和国国家标准

GB/T 26300—2010

镍、钴、锰三元素复合氢氧化物

Nickel cobalt manganese composite hydroxide

2011-01-14 发布　　　　2011-11-01 实施

中华人民共和国国家质量监督检验检疫总局
中国国家标准化管理委员会　发布

前　言

本标准由中国有色金属工业协会提出。

本标准由全国有色金属标准化技术委员会归口。

本标准由金川集团有限公司负责起草。

本标准主要起草人：闫忠强、雷军鹏、朱用、易宗慧。

镍、钴、锰三元素复合氢氧化物

1 范围

本标准规定了镍、钴、锰三元素复合氢氧化物的产品要求、检验方法、检验规则、包装、标志、运输、贮存和质量证明书。

本标准适用于镍、钴、锰三元素复合氢氧化物，其化学式为 $Ni_xCo_yMn_{1-x-y}(OH)_2$（其中 $x+y<1$，$x>0$ 且 $y>0$）。

2 规范性引用文件

下列文件对于本文件的应用是必不可少的。凡是注日期的引用文件，仅注日期的版本适用于本文件。凡是不注日期的引用文件，其最新版本（包括所有的修改单）适用于本文件。

GB/T 1479 金属粉末松装密度的测定 第1部分：漏斗法

GB/T 5162 金属粉末 振实密度的测定

GB/T 19587 气体吸附 BET法测定固态物质比表面积

GB/T 19077.1 粒度分析 激光衍射法 第1部分：通则

JY/T 010 分析型扫描电子显微镜方法通则

3 产品要求

3.1 牌号

镍、钴、锰三元素复合氢氧化物产品根据主元素成分分为 H955、H811、H523、H424、H325、H111 六个牌号，牌号数字表示镍、钴、锰三种元素物质的量的比，第一位代表镍，第二位代表钴，第三位代表锰。

3.2 牌号表示方法示例

例如：H424 牌号，表示镍、钴、锰三种元素物质的量的比例为 4∶2∶4，其化学式为 $Ni_{0.4}Co_{0.2}Mn_{0.4}(OH)_2$。特别说明，H955 牌号，表示镍、钴、锰三种元素物质的量的比例为 9∶0.5∶0.5，化学式为 $Ni_{0.9}Co_{0.05}Mn_{0.05}(OH)_2$。

3.3 化学成分

各牌号的镍、钴、锰三元素复合氢氧化物的化学成分应符合表1的规定。

表 1　各牌号镍、钴、锰三元素复合氢氧化物的化学成分表

牌号	主元素含量/%			杂质含量/%,不大于											
	Ni	Co	Mn	Cu	Fe	Na	Zn	Ca	Mg	Si	Pb	Al	SO_4^{2-}	Cl^-	H_2O
H955	56.1～58.1	2.9～3.5	2.7～3.3	0.005	0.01	0.015	0.01	0.015	0.015	0.03	0.005	0.015	0.5	0.02	1.5
H811	49.8～51.8	6.0～6.7	5.6～6.3												
H523	31.0～32.7	12.4～13.2	17.4～18.4												
H424	25.1～26.3	12.4～13.3	25.6～26.8												
H325	18.8～19.8	12.5～13.5	29.5～30.7												
H111	20.8～21.9	21.0～22.2	19.5～20.6												

3.4　物理性能

3.4.1　镍、钴、锰三元素复合氢氧化物的松装密度:0.4 g/cm^3～1.2 g/cm^3。

3.4.2　镍、钴、锰三元素复合氢氧化物的振实密度:≥1.5 g/cm^3。

3.4.3　镍、钴、锰三元素复合氢氧化物的激光粒度(D_{50}):5 μm～18 μm。

3.4.4　镍、钴、锰三元素复合氢氧化物的比表面积:≤15 m^2/g。

3.4.5　镍、钴、锰三元素复合氢氧化物的微观形貌:球形或类球形。

3.5　外观质量

3.5.1　产品应保持干燥洁净,无肉眼可见夹杂物。

3.5.2　同一批产品色泽应保持一致。

3.6　其他要求

需方如对镍、钴、锰三元素复合氢氧化物有特殊要求,可由供需双方协商。

3.7　安全防护

镍、钴、锰三元素复合氢氧化物属粉末产品,刺激呼吸道黏膜,进行接触镍、钴、锰三元素复合氢氧化物作业时,应注意防护。

4　检验方法

4.1　钴、镍、锰及其他杂质元素含量的测定方法由供需双方协商。

4.2　松装密度测定按 GB/T 1479 的规定进行。

4.3　振实密度测定按 GB/T 5162 的规定进行。

4.4　激光粒度(D50)测定按 GB/T 19077.1 的规定进行。

4.5　比表面积测定按 GB/T 19587 的规定进行。

4.6　产品颗粒微观形貌观测按 JY/T 010 的规定进行。

4.7　产品的外观质量由目视检查。

5 检验规则

5.1 检查与验收

5.1.1 供方质量监督部门负责对产品进行检验，保证产品符合本标准或合同(或订货单)规定，并填写质量证明书。

5.1.2 需方可对收到的产品进行检验，如检验结果与本标准或合同(或订货单)规定不符，可在收到产品之日起 15 日内向供方提出，由供需双方协商解决；如需仲裁，仲裁取样在需方，由供需双方共同进行。

5.2 组批

产品应成批提交检验，每批应由同一生产周期产出同一牌号的镍、钴、锰三元素复合氢氧化物组成，单批重量不大于 10 t。

5.3 检验项目

每批产品应进行化学成分、物理性能和外观质量的检测。

5.4 取样与制样

5.4.1 化学成分和物理性能的检验取样，按表 2 规定随机抽取。外观质量的检验逐袋进行。

5.4.2 抽检试样应用内径为 ϕ15 mm±2 mm 的不锈钢或钛质探针在包装容器内插取五点，按梅花形布点，每点均插到底，每件取样量应不少于 100 g。

5.4.3 将试样仔细混匀，过 100 目筛后，缩分至不小于 400 g，均分为 4 份，装入洁净磨口瓶或密封的锡箔袋中，分别供仲裁分析用、备用及供需双方保存。

表 2 取样数量

同批产品包装容器数量	同批产品应取样的容器数量	同批产品包装容器数量	同批产品应取样的容器数量
1～5	全部	61～99	9
6～11	5	100～149	10
12～20	6	150～199	11
21～35	7	200～299	12
36～60	8	300～399	13
注：每批镍、钴、锰三元素复合氢氧化物产品包装容器数量超过 399 个以后，每增加 100 个或不到 100 个包装容器时，取样容器数量应增加一个。			

5.5 检验结果判定

5.5.1 产品化学成分和物理性能指标不符合本标准规定时，判该批产品不合格。

5.5.2 产品外观质量不符合本标准规定时，判该批产品不合格。

6 包装、标志、运输、贮存和质量证明书

6.1 包装

6.1.1 产品采用内衬双层塑料袋的铁桶包装，并封口，每桶（袋）净重 25 kg。

6.1.2 如用户有特殊要求时，供需双方可另行协商解决。

6.2 标志

产品外包装应印有商标以及“防潮”、“向上”标志，同时注明：

a) 供方名称及地址；

b) 产品名称；

c) 批号；

d) 净重。

6.3 运输和贮存

镍、钴、锰三元素复合氢氧化物应堆放于通风干燥处，运输及贮存时应防止包装破裂及受潮结块。

6.4 质量证明书

每批产品应附有质量证明书，注明：

a) 供方名称、地址、联系电话；

b) 产品名称；

c) 牌号；

d) 批号、批重、件数；

e) 分析检测结果及检验部门印记；

f) 本标准编号；

g) 出厂日期。

7 合同（或订货单）

订货单（或合同）应包括下列内容：

a) 产品名称；

b) 牌号；

c) 化学成分及物理性能的特殊要求；

d) 数量；

e) 本标准编号；

f) 其他。

ICS 77.150.30
H 62

中华人民共和国国家标准

GB/T 26301—2010

屏蔽用锌白铜带

Copper-nickel-zinc alloy strips for shield

2011-01-10 发布 2011-11-01 实施

中华人民共和国国家质量监督检验检疫总局
中国国家标准化管理委员会 发布

前　言

本标准修改采用JIS H3110:2006《锡磷青铜及锌白铜板带材》，并参考JIS H3130:2006《弹簧用铜铍合金、铜钛合金、锡磷青铜及锌白铜薄板、厚板和带材》编制。

本标准与JIS H3110:2006《锡磷青铜及锌白铜板带材》的主要差异如下：

——本标准的牌号包括锌白铜BZn15-20、BZn18-10、BZn18-18、BZn18-26。JIS H3110标准的牌号包括锡青铜QSn1.5、QSn2.0、QSn4.0、QSn5.0、QSn6.0、QSn8.0和锌白铜BZn18-10、BZn10-25、BZn18-18、BZn14-24；

——本标准中的化学成分参照了GB/T 5231，其中BZn18-10的化学成分参照了JIS H3110标准；

——本标准带材BZn15-20、BZn18-18的状态包括软(M)、1/4硬(Y4)、半硬(Y2)、硬(Y)，BZn18-26的状态包括半硬(Y2)、3/4硬(Y1)、硬(Y)。JIS H3110标准锌白铜带材BZn15-20的状态包括软(M)、1/2硬(Y2)、硬(Y)，BZn18-18的状态包括软(M)、半硬(Y2)、硬(Y)、特硬(EH)，BZn18-26(JIS H3130标准)包括半硬(Y2)、硬(Y)、特硬(T)、弹硬(TY)；

——本标准带材厚度规格为(0.10～0.80)mm。JIS H3110:2006标准中的带材厚度规格为(0.10～5.0)mm；

——本标准带材增加了高温变色试验要求。

本标准由全国有色金属标准化技术委员会(SAC/TC 243)归口。

本标准负责起草单位：安徽鑫科新材料股份有限公司。

本标准参加起草单位：中铝上海铜业有限公司。

本标准主要起草人：宣夕文、张玲俐、邵胜忠、温道训、孙晓飞、张健、傅红华。

屏蔽用锌白铜带

1 范围

本标准规定了屏蔽用锌白铜带的要求、试验方法、检验规则及标志、包装、运输、贮存及质量证明书和合同(或订货单)等内容。

本标准适用于电子通讯行业制作屏蔽元件(罩、壳)的锌白铜带。

2 规范性引用文件

下列文件对于本文件的应用是必不可少的。凡是注日期的引用文件,仅注日期的版本适用于本文件。凡是不注日期的引用文件,其最新版本(包括所有的修改单)适用于本文件。

GB/T 228—2002 金属拉伸试验方法

GB/T 232 金属弯曲试验方法

GB/T 4340.1 金属材料 维氏硬度试验 第1部分:试验方法

GB/T 5121(所有部分) 铜及铜合金化学分析方法

GB/T 5231—2001 加工铜及铜合金化学成分和产品形状

GB/T 8888 重有色金属加工产品的包装、标志、运输和贮存

GB/T 26303.3 铜及铜合金加工材外形尺寸检测方法 第3部分:板带材

3 要求

3.1 产品分类

3.1.1 牌号、状态、规格

带材的牌号、状态、规格应符合表1的规定。

表1 带材的牌号、状态、规格

牌号	状态	规格/mm	
		厚度	宽度
BZn15-20	软(M)、1/4硬(Y_4)、半硬(Y_2)、硬(Y)	0.10～0.80	9～400
BZn18-10	软(M)、半硬(Y_2)	0.10～0.80	9～400
BZn18-18	软(M)、1/4硬(Y_4)、半硬(Y_2)、硬(Y)	0.10～0.80	9～400
BZn18-26	半硬(Y_2)、3/4硬(Y_1)、硬(Y)	0.10～0.80	9～400
注:经供需双方协商,可以供应其他规格的带材。			

3.1.2 标记示例

产品标记按产品名称、牌号、状态、规格和标准编号的顺序表示。

示例：

用 BZn18-18 制造的、半硬状态、厚度为 0.20 mm、宽度为 305 mm 的带材标记为：

带 BZn18-18Y_2　0.20×305　GB/T 26301—2010

3.2 化学成分

BZn18-10 带材的化学成分应符合表 2 的规定，其他带材的化学成分应符合 GB/T 5231 的规定。

表 2 带材的化学成分

牌　号	化学成分(质量分数)/%					
	主成分				杂质成分	
	Cu	Zn	Ni	Mn	Pb	Fe
BZn18-10	70.0～75.0	余量	16.5～19.5	0～0.50	<0.03	<0.25

3.3 外形尺寸及其允许偏差

3.3.1 带材的厚度允许偏差应符合表 3 相应的规定。

3.3.2 带材的宽度允许偏差应符合表 4 相应的规定。

表 3 带材的厚度尺寸及其允许偏差

厚度/mm	厚度允许偏差/mm
0.10～0.20	±0.005
>0.20～0.30	±0.008
>0.30～0.40	±0.010
>0.40～0.50	±0.012
>0.50～0.80	±0.015

注：要求单向偏差时，其值为表中数值的 2 倍。

表 4 带材的宽度及其允许偏差

厚度/mm	宽度允许偏差/mm			
	>9～50	>50～100	>100～200	>200～400
0.10～<0.50	±0.10	±0.15	±0.20	±0.30
0.50～0.80	±0.20	±0.25	±0.30	±0.40

注：要求单向偏差时，其值为表中数值的 2 倍。

3.3.3 侧边弯曲度

带材的侧边弯曲度应符合表 5 的规定。

表 5　带材的侧边弯曲度

宽度/mm	侧边弯曲度/(mm/m)	
	厚度≤0.50	厚度>0.50
>9～13	≤4	≤6
>13～50	≤3	≤5
>50～100	≤2	≤4
>100～400	≤1	≤3

3.4　力学性能

带材的纵向室温拉伸试验和硬度试验应符合表 6 的规定；需方应在拉伸试验和硬度试验两者间选一，并在合同中注明，另一试验结果仅供参考。

表 6　带材的力学性能和弯曲试验条件

牌号	状态	拉伸试验			硬度试验		弯曲试验	
		厚度 mm	抗拉强度 R_m N/mm²	断后伸长率 A_{50mm}/%	厚度 mm	维氏硬度 (HV)	弯曲角度	最小弯曲内侧半径
BZn15-20	M	≥0.10	≥340	≥30	≥0.10	85～120	180°	0×t
	Y_4		420～500	≥20		110～150		1×t
	Y_2		480～570	≥5		140～180		2×t
	Y		540～650	≥1.5		160～210		—
BZn18-10	M	≥0.10	≥325	≥20	≥0.10	80～120	180°	0×t
	Y_2		390～510	≥5		110～155		1×t
BZn18-18	M	≥0.10	≥375	≥25	≥0.10	90～120	180°	0×t
	Y_4	≥0.10	420～500	≥20		110～150		1×t
	Y_2	≥0.10	480～570	≥5		140～180		2×t
	Y	≥0.15	540～640	≥3		160～210		—
BZn18-26	Y_2	≥0.10	540～630	≥8	≥0.10	150～190	180°	1.5×t
	Y_1		600～680	≥6		170～215		2×t
	Y		650～740	≥4		200～240		—

注 1：厚度超出规定范围的带材，其性能由供需双方商定。

注 2：t 表示带材厚度。

注 3：x×t 表示 x 倍带厚，0×t 表示弯曲半径≤0.1 mm。

3.5　弯曲试验

需方要求时，带材应进行弯曲试验。带材的弯曲试验条件按表 6 的规定，弯曲试验后弯曲外表面不能有肉眼可见的裂纹。

3.6　高温变色试验

需方要求时，带材应进行高温变色试验。在 250 ℃下烘烤 3 min，带材表面无明显氧化变色，允许有轻微的不影响用户使用的氧化变色。

3.7 表面质量

带材的表面应光滑、清洁，无影响使用的表面缺陷。

4 试验方法

4.1 化学成分

带材的化学成分分析方法按 GB/T 5121 的规定进行。

4.2 外形尺寸及其允许偏差

带材的外形尺寸及其允许偏差的检测按 GB/T 26303.3 的规定进行。

4.3 力学性能

4.3.1 拉伸试验方法按 GB/T 228—2002 的规定进行；拉伸试样应符合 GB/T 228—2002 附录 A 表 A.2 中 P5 试样号的规定。

4.3.2 维氏硬度试验方法按 GB/T 4340.1 的规定进行。

4.4 弯曲试验

带材的弯曲试验方法按 GB/T 232 的规定进行。

4.5 高温变色试验

带材的高温变色试验方法按附录 A 进行。

4.6 表面质量

带材的表面质量用目视进行检验。

5 检验规则

5.1 检查和验收

5.1.1 带材应由供方技术监督部门进行检验，保证产品质量符合本标准及合同（或订货单）的规定，并填写质量证明书。

5.1.2 需方对收到的产品按本标准的规定进行检验，如检验结果与本标准及合同（或订货单）的规定不符时，应在收到产品之日起三个月内向供方提出，由供需双方协商解决；如需仲裁，仲裁取样在需方，由供需双方共同进行。

5.2 组批

带材应成批提交验收，每批应由同一牌号、状态和规格组成。每批重量一般应不大于 4 000 kg，如果该批为同一熔次，则批重可不大于 6 000 kg。

5.3 检验项目

5.3.1 每批带材应进行化学成分、外形尺寸及其允许偏差、力学性能、表面质量的检验。

5.3.2 需方有要求时，带材应进行弯曲试验和高温变色试验。

5.4 取样

产品取样应符合表7的规定。

表7 带材的取样规定

检验项目	取样规定	要求的章条号	试验方法的章条号
化学成分	供方在熔铸过程中，每炉取一个试样；需方在每批中任取一个试样	3.2	4.1
外形尺寸及其允许偏差	逐卷	3.3	4.2
拉伸试验	每批任取两卷带材，每卷沿轧制方向任取一个试样	3.4	4.3.1
硬度试验	每批任取两卷带材，每卷任取一个试样	3.4	4.3.2
弯曲试验	每批任取两卷带材，每卷沿带材纵向、横向各取一个试样	3.5	4.4
高温变色试验	每批任取一个试样，沿带材的横向截取	3.6	4.5
表面质量	逐卷	3.7	4.6

5.5 检验结果的判定

5.5.1 化学成分检验结果不合格时，则判整批为不合格。

5.5.2 外形尺寸及其允许偏差和表面质量不合格时，按卷判为不合格。

5.5.3 拉伸试验、硬度试验、弯曲试验、高温变色试验的检验，即使有一个试样的试验结果不合格，也应从该批带材(包括原受检不合格那卷带材)中再取双倍数量的试样进行该不合格项目的检验，如试验结果仍有一个试样不合格，则整批判为不合格或由供方逐卷检验，合格者单独组批验收。

6 标志、包装、运输、贮存和质量证明书

6.1 标志

在检验合格的带材上应打上如下标志(或贴标签)：

a) 供方技术监督部门的检印；

b) 牌号；

c) 规格；

d) 供应状态；

e) 批号。

6.2 包装、运输、贮存和质量证明书

带材的包装、运输、贮存和质量证明书应符合GB/T 8888的规定。

7 合同(或订货单)内容

本标准所列产品的合同(或订货单)应包括下列内容：

a） 产品名称；
b） 牌号；
c） 状态；
d） 规格；
e） 弯曲试验(有要求时)；
f） 高温变色试验(有要求时)；
g） 重量；
h） 本标准编号；
i） 其他。

附 录 A
（规范性附录）
锌白铜带高温变色试验方法

A.1 范围

本附录规定了锌白铜带高温变色试验方法。

本附录适用于锌白铜带的高温变色检测。

A.2 方法提要

在实验室中模拟材料在高温焊接时的环境，检测带材的高温变色特性。

A.3 主要设备及工具

自动温控烘箱（温控范围：0～300 ℃）、镊子、样品架、秒表、剪刀。

A.4 试样

试样沿带材的横向截取，大小为带材横截面长度×(80～100)mm。样品表面应清洁，无油污、无手印等污物。

A.5 试验条件

空气环境下，用烘箱 250 ℃烘烤 3 min。

A.6 试验步骤

A.6.1 事先将烘箱温度升至 250 ℃，并保温 10 min 以上。

A.6.2 将样品用镊子安放到样品架上（避免与烘箱壁、底部接触），连同样品架一道放入烘箱中，迅速关闭烘箱门，待温度升至 250 ℃时，用秒表记录时间。

A.6.3 250 ℃烘烤 3 min 后，打开烘箱，用镊子取出样品，目视检验结果。

ICS 77.150.30
H 62

中华人民共和国国家标准

GB/T 26302—2010

热管用无缝铜及铜合金管

Seamless copper and copper alloys tube for heat pipe

2011-01-14 发布

2011-11-01 实施

中华人民共和国国家质量监督检验检疫总局
中国国家标准化管理委员会
发布

前　言

本标准参照采用 BS EN 12449:1999《铜及铜合金　一般用途无缝圆管》。

本标准与 BS EN 12449:1999《铜及铜合金　一般用途无缝圆管》标准相比照，主要差异如下：

——增加了 TU1、TU2、TAg0.1、B5 牌号；

——增加了外沟槽和内肋形状的管材；

——增加了 TU1、TU2、TAg0.1 导电率指标；

——增加了轻软态 M2 的晶粒度指标；

——增加了抗冻试验、疲劳性试验要求及其试验方法。

本标准由中国有色金属工业协会提出。

本标准由全国有色金属标准化技术委员会归口。

本标准由上海上大众鑫科技发展有限公司负责起草。

本标准由国际铜业协会参加起草。

本标准主要起草人：钱俏鹂、蒋春蓉、徐伟、李伟轩、李荆、黄俊鹏。

热管用无缝铜及铜合金管

1 范围

本标准规定了热管用无缝铜及铜合金管的要求、试验方法、检验规则及标志、包装、运输、贮存、质量证明书及合同(或订货单)等内容。

本标准主要适用于集热、传热、热交换的低中温热管元器件中管壳用铜及铜合金管。

2 规范性引用文件

下列文件对于本文件的应用是必不可少的。凡是注日期的引用文件,仅注日期的版本适用于本文件。凡是不注日期的引用文件,其最新版本(包括所有的修改单)适用于本文件。

GB/T 228—2002 金属材料 室温拉伸试验方法

GB/T 231.1 金属材料 布氏硬度试验 第1部分:试验方法

GB/T 242 金属管 扩口试验方法

GB/T 246 金属管 压扁试验方法

GB/T 351 金属材料 电阻系数 测量方法

GB/T 2828.1 计数抽样检验程序 第1部分:按接收质量限(AQL)检索的逐批检验抽样计划

GB/T 4340.1 金属材料 维氏硬度试验方法 第1部分:试验方法

GB/T 5121(所有部分) 铜及铜合金化学分析方法

GB/T 5231 加工铜及铜合金化学成分和产品形状

GB/T 5248—2008 铜及铜合金无缝管涡流探伤方法

GB/T 8888 重有色金属加工产品的包装、标志、运输和贮存

GB/T 14811—2008 热管术语

GB/T 16866 铜及铜合金无缝管材外形尺寸及允许偏差

GB/T 26303.1 铜及铜合金加工材外形尺寸检测方法 管材

YS/T 347 铜及铜合金平均晶粒度的测定方法

YS/T 450—2002 冰箱用高清洁度铜管

3 术语和定义

下列术语和定义适合于本文件。

3.1

热管 heat pipe

利用气化潜热来驱动工作介质(简称工质)循环流动进行蒸发、凝结,使热量高效传递的强化传热元件。

[GB/T 14811—2008,定义 2.1]

3.2

中温热管 medium temperature heat pipe

工作温度在 550 K~750 K 的热管。

[GB/T 14811—2008,定义 2.1.2]

3.3

低温热管　low temperature heat pipe

工作温度在 200 K～550 K 的热管。

[GB/T 14811—2008,定义 2.1.3]

3.4

管壳　container

包容各种与铜相容的管芯和工质的热管壳件。

[改写 GB/T 14811—2008,定义 2.2]

4　要求

4.1　产品分类

4.1.1　牌号、状态、规格

管材的牌号、状态、规格应符合表 1 的规定。

表 1　管材的牌号、状态和规格

牌　　号	状　　态	规格/mm			
		圆形		异型	长度
		外径	壁厚		
TU1、TU2、TAg0.1、TP1	硬(Y)、3/4 硬(Y_1)、半硬(Y_2)、轻软(M_2)	1.5～75	0.15～6.0	内沟槽管,见图 1;外肋管,见图 2;椭圆管,见图 3;矩形管,见图 4	150～15 000
B5、BFe10-1-1、B30-1-1	硬(Y)、半硬(Y_2)、软(M)	6～75	0.5～6.0		≥300
注:经供需双方协商可供应其他牌号规格形状的管材。					

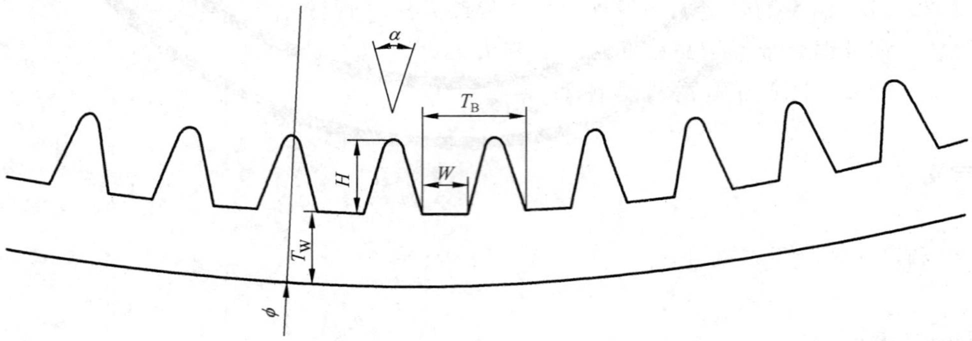

φ ——外径;

T_W——底壁厚;

H ——齿高;

W ——槽底宽;

T_B——齿间距;

α ——齿顶角。

图 1　内沟槽管示意图

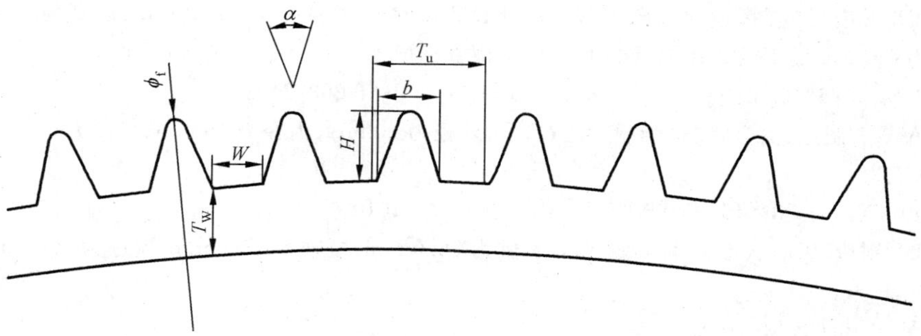

ϕ_f ——齿外径；
T_W——底壁厚；
W ——齿底宽；
H ——齿高；
b ——齿宽；
T_u ——齿间距；
α ——齿顶角。

图 2 外肋管示意图

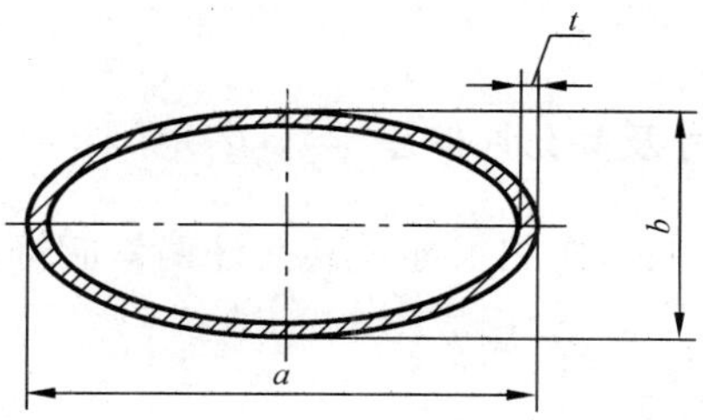

a ——长轴；
b ——短轴；
t ——壁厚。

图 3 椭圆管示意图

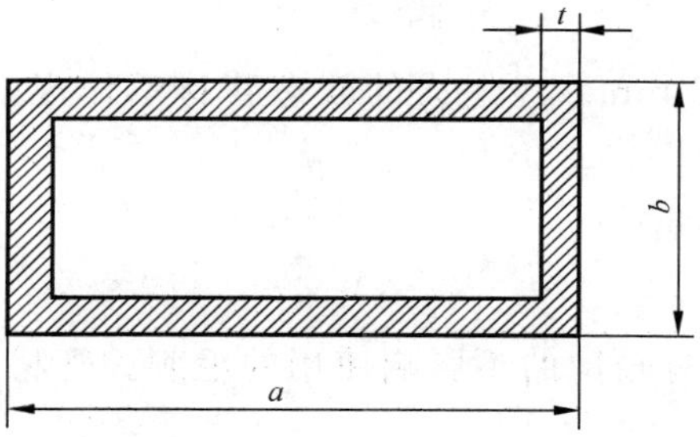

a ——长边；
b ——短边；
t ——壁厚。

图 4 矩形管示意图

4.1.2 标记示例

产品标记按产品名称、牌号、状态、规格和标准编号的顺序表示。标记示例如下：

示例 1：用 TU1 制造、供应状态为硬态(Y)、外径为 8 mm、壁厚为 0.7 mm、长度为 5 800 mm 管材标记为：

管 TU1 Y $\phi 8\times 0.7\times 5800$ GB/T 26302—2010

示例 2：用 TP1 制造、供应状态为轻软态（M_2）、外径为 6 mm、底壁厚为 0.32 mm、齿高为 0.25 mm、齿槽宽为 0.18 mm、槽低宽为 0.16 m、齿顶角 218°的不定尺长内沟槽管标记为：

内沟槽管 TP1 M_2　$\phi 6\times 0.32\times 0.25\times 0.18\times 0.16\times 218$　GB/T 26302—2010

示例 3：用 TAg0.1 制造、供应状态为半硬态（Y_2）、齿外径为 20 mm、内径为 16 mm、齿高为 0.85 mm、齿顶角 85°的不定尺长外肋管标记为：

外肋管　TAg0.1Y_2　$\phi_f 20\times 16\times 0.85\times 85$　GB/T 26302—2010

示例 4：用 TU2 制造、供应状态为 3/4 硬（Y_1）、长轴为 36.0 mm、短轴为 12.0 mm、壁厚为 1.0 mm 的不定尺长椭圆管标记为：

椭圆管 TU2 Y_1　$36.0\times 12.0\times 1.0$　GB/T 26302—2010

示例 5：用 B5 制造、供应状态为半硬态（Y_2）、长边为 16 mm、短边为 12 mm、壁厚为 1.0 mm、长度为 1 400 mm 的矩形铜管标记为：

矩形管 B5Y_2　$16\times 12\times 1.0\times 1400$　GB/T 26302—2010

4.2　化学成分

管材的化学成分应符合 GB/T 5231 中相应牌号的规定。

4.3　外形尺寸及其允许偏差

4.3.1　圆形和矩形管材

4.3.1.1　外径、壁厚和长、短边尺寸及其允许偏差

圆形和矩形管材的外径、壁厚和长、短边尺寸及其允许偏差应符合 GB/T 16866 的规定。

4.3.1.2　长度及其允许偏差

定尺长度的管材，其长度允许偏差应不大于＋10 mm。

倍尺长度的管材，在单位倍尺长度上加入锯切分段为 5 mm 的锯切量，该倍尺总长度的允许偏差应不大于＋10 mm。

4.3.1.3　直度

管材的直度应每米不大于 3 mm。经退火的软态管材不作规定，如需方要求，由供需双方协商确定。

4.3.1.4　切斜度

管材端部应锯切平整。允许有轻微的不影响使用的毛刺。管材的切斜度应符合 GB/T 16866 的规定。

4.3.1.5　扭拧度

非圆形管材的扭拧度应符合 GB/T 16866 中的规定。

4.3.1.6　圆度

圆形管材的圆度应符合 GB/T 16866 的规定。

4.3.2　内沟槽管、外肋管、椭圆管材

内沟槽管、外肋管、椭圆管材的长度及其允许偏差、直度、切斜度、扭拧度应分别符合 4.3.1.2、

4.3.1.3、4.3.1.4、4.3.1.5 的规定，其他外形尺寸及其允许偏差由供需双方协商在合同或设计图上注明。

注：内沟槽管、外肋管、椭圆管材外形尺寸及其允许偏差可以将其形状的外接圆或近似矩形对照 GB/T 16866 的规定来确定。

4.4 力学性能

管材的室温纵向力学性能应符合表 2 的规定。

表 2 管材的力学性能

牌号	状态	抗拉强度 R_m/(N/mm²) 不小于	断后伸长率 A/% 不小于	布氏硬度 (HB)	维氏硬度 (HV5)
TU1、TU2、TAg0.1、TP1	轻软(M_2)	205	40	40～70	45～75
	半硬(Y_2)	250	20	65～95	70～100
	3/4 硬(Y_1)	290	—	70～100	75～110
	硬(Y)	315	—	70～110	75～120
B5、BFe10-1-1	软(M)	290	30	70～105	75～110
	半硬(Y_2)	310	12	≥90	≥95
	硬(Y)	480	8	≥105	≥110
BFe30-1-1	软(M)	370	35	85～120	70～115
	半硬(Y_2)	480	12	135	130
注：硬度试验可在布氏硬度和维氏硬度中任选一项，其试验结果仅供参考。					

4.5 工艺性能

需方有要求，管材应进行压扁试验或扩口试验。试验后的管材不应有肉眼可见的裂纹或裂口。

4.5.1 扩口试验

软态和半硬态管材进行扩口试验时，顶锥为 45°，扩口率为 30%。

4.5.2 压扁试验

软态和半硬态管材进行压扁试验时，压扁后的内壁间距等于壁厚；椭圆形管材压扁试验中的压扁方向应与横截面形状的长轴方向垂直。

4.6 导电率

用户有要求时，应进行导电率检测，其导电率应符合表 3 的规定。

表 3 管材的导电率

牌号	状态	导电率 IACS(20℃)/%
TU1、TU2、TAg0.1	M_2	≥100
	Y	≥98

4.7 晶粒度

M2 轻软态纯铜管材平均晶粒度应为 0.020 mm ～0.060 mm。

4.8 气压试验

管材进行气压试验时，其空气压力为 1 N/mm^2，管材完全浸入水中至少 10 s，管材应无气泡出现。

4.9 涡流探伤

管材应进行涡流探伤试验，其人工标准缺陷应符合 GB/T 5248 中表 3 的规定。

4.10 抗冻试验

管材在－30 ℃的温度时，重复冷冻和解冻 10 次后，管材外形无明显变形，表面无目视可见的裂纹。

4.11 疲劳性试验

纯铜管材在－30 ℃～170 ℃，白铜管材在－40 ℃～250 ℃，高低温之间循环 20 次后，管材外形无明显变形，表面无目视可见的裂纹。

4.12 清洁度

管材内表面残留物应符合表 4 的规定。

表 4 内表面残留物

项　目	最大允许量/(mg/m^2)
杂质总量	30
Cl^-(氯离子)	0.2
油分	7
石蜡	0.5
水分	20

4.13 表面质量

管材内外表面应光滑、清洁，不应有影响使用的缺陷。

5 试验方法

5.1 管材的化学成分仲裁分析方法按 GB/T 5121 进行。

5.2 管材的外形尺寸及其允许偏差测量按 GB/T 26303.1 的规定进行。

5.3 管材的室温力学性能试验方法按 GB/T 228 的规定进行。拉伸试样应符合 GB/T 228—2002 附录 D 的规定，其形状尺寸和试样号，按下列规定选用：

a) 外径不大于 30 mm 的，从管材上切取全截面管段试样，选取 S7 号试样；

b) 外径大于 30 mm 的，可取纵向弧形试样，选取 S1、S2 号试样。

5.4 管材的布氏硬度按 GB/T 231.1 的规定进行。

5.5 管材的维氏硬度按 GB/T 4340.1 的规定进行。

5.6 管材的扩口试验按 GB/T 242 的规定进行。

5.7 管材的压扁试验按 GB/T 246 的规定进行。

5.8 管材的导电率试验按 GB/T 351 的规定进行。

5.9 管材的晶粒度按 YS/T 347 的规定进行检验。

5.10 管材的气压试验按下述规定进行：

管材试验时，应与具有压力的气源保持连接，让具有一定压力的空气保持在管内。将管材完全浸入水中，检查从管材中是否有气泡出现。

5.11 管材的涡流探伤检验方法按 GB/T 5248 的规定进行。

5.12 管材抗冻试验按下述规定进行：

管材试验时，向管材内充管材容积的 20%的去离子水(以后重复步骤时不用再充水)，将管材两端封口，竖直置于恒温冰箱内，纯铜温度－30 ℃，白铜温度在－40 ℃，确保管内液体完全结冰，3 h 后取出温水解冻。重复上述步骤 10 次后。

5.13 管材的疲劳性试验应按下述规定进行：

5.13.1 向管材内一次性充管材容积的 20%的去离子水(以后重复试验时不用再冲水)，将管材两端封口密封，置于恒温烘箱内，采用氩气作为保护气体，纯铜温度在 170 ℃±5 ℃，白铜温度在 250 ℃±5 ℃保温 3 h 后取出在常温下冷却至常温。

5.13.2 将上述管材再竖直置于恒温冰箱内，纯铜管材温度－30 ℃，白铜温度在－40 ℃，确保管内液体完全结冰，3 h 后取出温水解冻。

5.13.3 重复 5.13.1 和 5.13.2 步骤 20 次。

5.14 管材的清洁度按 YS/T 450—2002 的附录 A～附录 E 的方法进行检验。

5.15 管材的表面质量，用目视进行检查。

6 检验规则

6.1 检查与验收

6.1.1 管材应由供方技术监督部门进行检验，保证产品质量符合本标准及合同(或订货单)的规定，并填写质量证明书。

6.1.2 需方对收到的产品，按本标准的规定进行检验，检验结果与本标准及合同(或订货单)的规定不符时，应以书面形式向供方提出，由供需双方协商解决。属于表面质量及尺寸偏差的异议，应在收到产品之日起一个月内提出。如需仲裁，应由供需双方共同协商进行。

6.2 组批

管材应成批提交验收，每批应由同一牌号、状态和规格的管材组成。每批重量应不大于 5 000 kg。

6.3 检验项目

6.3.1 出厂检验

每批产品应进行化学成分、外形尺寸及其允许偏差、力学性能、气压试验、涡流探伤及表面质量的检验。如有要求，还应进行工艺性能、导电率的检验。

6.3.2 型式检验

有下列情况之一者，产品除了进行出厂检验项目外，还应进行晶粒度、抗冻试验、疲劳性试验及清洁度的型式检验。

a) 新产品或老产品转厂的试制定型鉴定；
b) 正常生产时，每年进行一次型式检验；
c) 产品的原料、工艺有较大改变，可能影响产品性能时；
d) 产品停产后，恢复生产时；
e) 出厂检验结果与上次型式检验有较大差异时；
f) 国家质量监督机构提出进行型式检验的要求时。

6.4 取样

产品取样应符合表5的规定。

表5 取样

序号	检验项目	取样规定	要求的章条号	试验方法的章条号	检验类别
1	化学成分	供方在熔铸时，每炉取1个试样；需方在每批管材中任取1个试样	4.2	5.1	出厂检验
2	外形尺寸及其允许偏差[a]	按GB/T 2828.1中一般检验水平Ⅱ规定取样或由供需双方协商	4.3	5.2	出厂检验
3	力学性能	任取2根/批，拉伸试验试样应符合GB/T 228的规定	4.4	5.3、5.4、5.5	出厂检验
4	工艺性能	任取2根/批，1个试样/根	4.5	5.6、5.7	出厂检验
5	导电率	任取2根/批，1个试样/根	4.6	5.8	出厂检验
6	晶粒度	任取2根/批，1个试样/根	4.7	5.9	型式检验
7	气压试验	逐根	4.8	5.10	出厂检验
8	涡流探伤	逐根	4.9	5.11	出厂检验
9	抗冻试验	任取2根/批，1个试样/根	4.10	5.12	型式检验
10	疲劳性试验	任取2根/批，1个试样/根	4.11	5.13	型式检验
11	清洁度	任取2根/批，1个试样/根	4.12	5.14	型式检验
12	表面质量[a]	按GB/T 2828.1中一般检验水平Ⅱ规定取样或由供需双方协商	4.13	5.15	出厂检验
[a] 接收质量限AQL=2.5。					

6.5 检验结果的判定

6.5.1 化学成分不合格时，判该批管材不合格。

6.5.2 管材的外形尺寸和表面质量不合格时，按根判不合格。每批中不合格件数超出接收质量限时判整批不合格，或由供方逐根检验，合格者交货。

6.5.3 当力学性能、工艺性能、导电率、晶粒度、抗冻试验、疲劳性试验、清洁度等试验结果不合格时，应从该批管材(包括原检验不合格的管材)中双倍取样进行重复试验，重复试验结果全部合格，则判整批管材合格。若重复试验结果仍有试样不合格，则判该批管材不合格，或由供方逐根检验，合格者发货。

6.5.4 气压试验和涡流探伤检验不合格时，判单根管材不合格。

7 标志、包装、运输、贮存和质量证明书

7.1 标志

7.1.1 在检验合格的管材标签上应标注如下标志：

a) 供方技术监督部门印记；

b) 合金牌号；

c) 规格；

d) 状态；

e) 批号；

f) 生产日期；

g) 净重；

h) 本标准编号；

i) 其他。

7.1.2 管材的包装箱标志应符合 GB/T 8888 的规定。

7.2 包装、运输、贮存及质量证明书

7.2.1 管材的包装、运输、贮存及质量证明书应符合 GB/T 8888 的规定。

7.2.2 包装方式有特殊要求时由供需双方协商确定。

8 合同(或订货单)内容

订购本标准所列材料的合同(或订货单)内，应包括下列内容：

a) 产品名称；

b) 牌号；

c) 状态；

d) 规格；

e) 重量或根(盘)数；

f) 工艺选择性试验；

g) 硬度选择性试验；

h) 导电率选择性试验；

i) 本标准编号；

j) 其他。

ICS 77.040.99
H 13

中华人民共和国国家标准

GB/T 26303.1—2010

铜及铜合金加工材外形尺寸检测方法
第1部分:管材

Measuring method for dimensions and shapes of wrought copper and copper alloy—Part 1:Tube

2011-01-14 发布　　2011-11-01 实施

中华人民共和国国家质量监督检验检疫总局
中国国家标准化管理委员会　发布

前　言

GB/T 26303《铜及铜合金加工材外形尺寸检测方法》共有三部分：

——GB/T 26303.1　铜及铜合金加工材外形尺寸检测方法　第1部分：管材；

——GB/T 26303.2　铜及铜合金加工材外形尺寸检测方法　第2部分：棒、线、型材；

——GB/T 26303.3　铜及铜合金加工材外形尺寸检测方法　第3部分：板带材。

本部分为第1部分。

本部分由中国有色金属工业协会提出。

本部分由全国有色金属标准化技术委员会归口。

本部分由浙江海亮股份有限公司负责起草。

本部分由浙江省冶金产品质量检验站有限公司、上海飞轮实业有限公司参加起草。

本部分主要起草人：曹建国、魏连运、孔水龙、郭莉、赵学龙、狄大江、倪琦国、董朝晖、杨章辉、黄路稠、黄登科、刘永。

铜及铜合金加工材外形尺寸检测方法
第1部分:管材

1 范围

GB/T 26303 的本部分规定了铜及铜合金管材的外形尺寸测量仪器及量具、试样制备、测定环境条件及检测方法、检测报告等。

本部分适用于铜及铜合金管材的外形尺寸检测。

2 术语和定义

下列术语和定义适用于本部分。

2.1

壁厚 wall thickness

同一横截面上,管材外缘上任一点到内缘的法线距离。

2.2

外径 outside diamter

同一横截面上,通过管材圆心两外缘之间的距离。

2.3

内径 inside diamter

同一横截面上,通过管材圆心两内缘之间的距离。

2.4

平均外径 average outside diamter

任一横截面上最大外径和最小外径的平均值。

2.5

平均内径 average inside diamter

任一横截面上最大内径和最小内径的平均值。

2.6

平均壁厚 average wall thickness

任一横截面上最大壁厚和最小壁厚的平均值。

2.7

圆度 roundness

圆形管材任一横截面上的最大和最小外径之差。

2.8

直度 straightness

直条管在规定长度上管材中心线偏离轴线的最大距离。

2.9

长度 lengths

直条管从管材一端,沿与轴线相平行的方向到另一端之间的距离。

2.10

扭拧度 twist

异型管材一定长度内两横截面相对扭转的角度(或最大垂直距离)。

2.11

切斜度　cut the degree of inclination

管材切割面与横截面之间的最大垂直距离。

2.12

异形管　deformed tube

除圆形以外的管，统称为异形管，如矩(方)形、扁圆形、椭圆形、D形、等边形等形状管材。

2.13

对边距　distance between parallel surfaces

异形管两平行面之间的垂直距离。

2.14

轴长　axial length

异形管两个相对曲面(或曲面与直面)顶点之间的法线距离。

2.15

高度　high

非偶数多边形管材，同一横截面上任一顶点到对边的垂直距离。

2.16

边长　side length

异形管直边的长度。

2.17

圆角半径　coner radius

异型管横截面中与任意两条直线相切的圆弧半径。

2.18

无缝内螺纹管　seamless inner grooved copper tube

外表面光滑，内表面具有一定数量、一定规则螺纹、截面圆周连续的铜管(以下简称内螺纹管)，见图1。

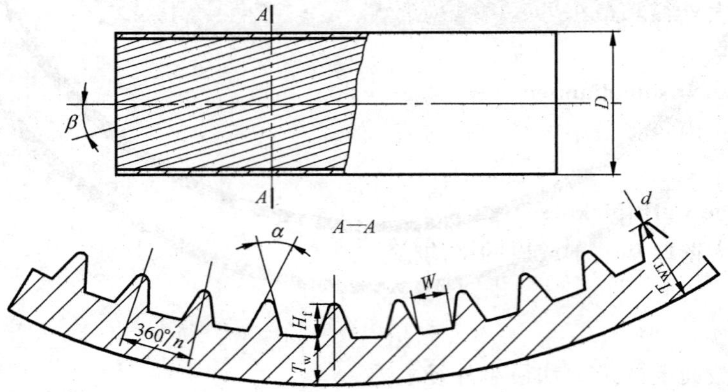

D——外径；

d——内径；

T_W——底壁厚；

H_f——齿高；

T_{WT}——总壁厚；

W——槽底宽；

n——螺纹数；

α——齿顶角；

β——螺旋角。

图1　内螺纹铜管截面示意图

2.19

底壁厚　bottom of wall thickness

内螺纹铜管从管材外边缘到齿根部之间的法线距离，见图1。

2.20

齿高　tooth depth

内螺纹或翅片铜管从齿根部到齿顶之间的法线距离，见图1。

2.21

总壁厚　full of wall thickness

内螺纹铜管从管材外边缘到齿顶之间的法线距离，见图1。

2.22

槽底宽　space width

内螺纹铜管两相邻齿根部之间的距离，见图1。

2.23

螺纹数　screwshread amount

内螺纹铜管内齿的数量。

2.24

齿顶角　addendum angle

内螺纹铜管管内两齿面的夹角，见图1。

2.25

螺旋角　helical angle

内螺纹或翅片铜管在管材纵截面上，螺纹与轴线的夹角，见图1和图2。

2.26

无缝翅片管　seamless tube with integral fins

无缝翅片管是采用冷加工方法在管材外表面、内表面或内外表面形成系列平行于纵轴或沿管子圆周螺旋扩张的金属翅片(肋)的无缝管(以下简称翅片管)，见图2。

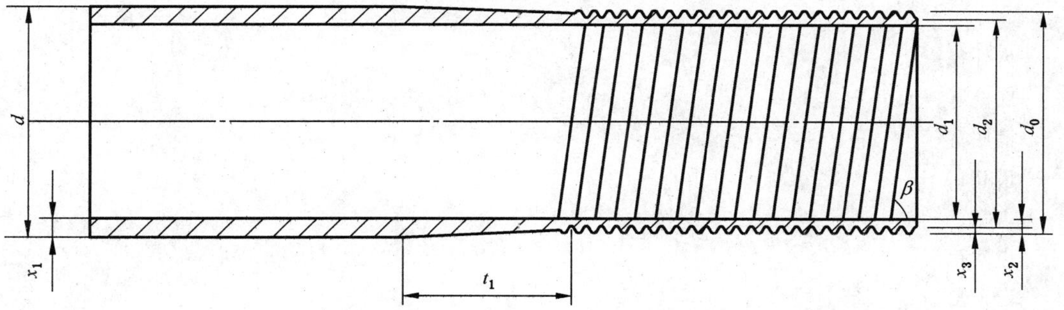

d_0——有翅段外径；

d_2——有翅段根径；

d_1——有翅段内径(最小)；

t_1——过渡锥；

x_2——有翅段管壁厚；

x_3——齿高；

x_1——无翅段管壁厚；

d——无翅段外径；

β——螺旋角。

图2　翅片管纵向截面示意图

2.27

有翅段外径　outside diameter over the enhanced section

翅片铜管同一横截面上，通过圆心两相对齿顶之间的距离，见图 2。

2.28

有翅段根径　root diameter of the enhanced section

翅片铜管同一横截面上，通过圆心两相对齿根部之间的距离，见图 2。

2.29

有翅段内径　inside diameter of the enhanced section

翅片铜管的最小内径，见图 2。

2.30

有翅段管壁厚　wall thickness of the enhanced section

翅片铜管在任一横截面上，从齿根部到管材内边缘之间的法线距离，见图 2。

2.31

外肋管　outside tube with integral fins

翅片管的一种，指管材外表面形成系列平行纵轴的金属肋的铜管，见图 3。

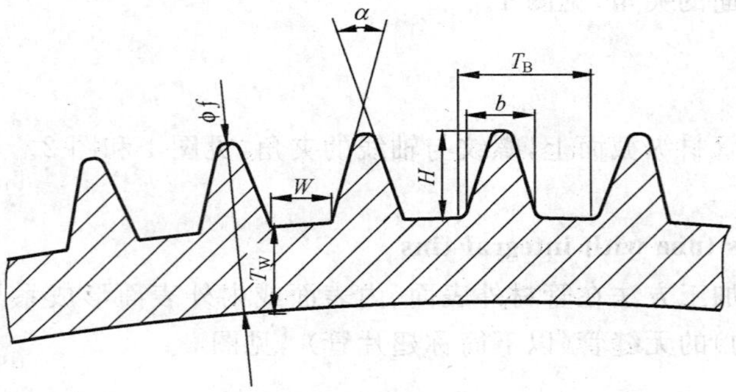

ϕf——齿外径；

T_W——底壁厚；

W——槽底宽；

H——齿高；

b——齿宽；

T_B——齿间距；

α——齿顶角。

图 3　翅片管(外肋管)横向截面示意图

2.32

内沟槽管　intside tube with integral fins

翅片管的一种，指管材内表面形成系列平行纵轴的金属肋的铜管，见图 4。

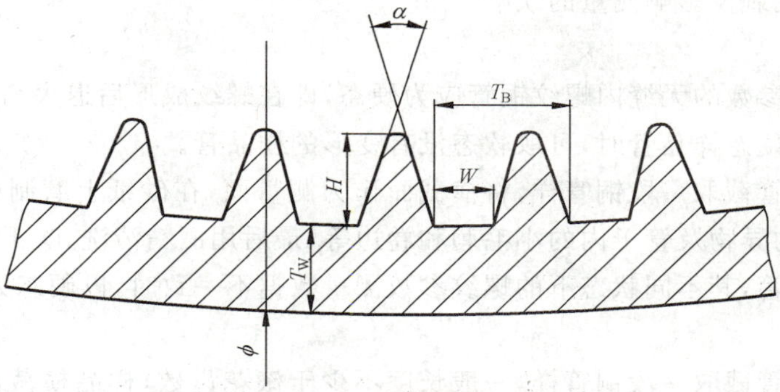

ϕ——外径；
T_W——底壁厚；
H——齿高；
W——槽底宽；
T_B——齿间距；
α——齿顶角。

图 4　翅片管(内沟槽管)横向截面示意图

3　测量仪器、量具

3.1　测量仪器、量具的精度应能满足产品尺寸测量精度的要求。

3.2　测量仪器、量具应处于完好状态，具有有效的检定合格证书(或合格标识)。

3.3　各检测项目所使用的测量仪器、量具应符合表 1 的规定。

表 1　各检测项目所使用的仪器、量具

测量仪器或量具	检 测 项 目
外径千分尺	外径、对边距、轴长、高度、边长、圆度
游标卡尺	外径、内径、壁厚、对边距、轴长、高度、边长、圆度、长度
塞规	外径、内径
内测千分尺、内径量表	内径
壁厚千分尺	壁厚
钢直尺、钢卷尺	长度、底壁厚、齿高
直角尺	直度、切斜度
半径样板(R 规)	圆角半径
测量显微镜、投影仪	底壁厚、齿高、总壁厚、槽底宽、壁厚、齿顶角、螺旋角、螺纹数、圆角半径、有翅段管壁厚、齿间距
万能角度尺	齿顶角、螺旋角、切斜度、扭拧度
平板	作为标准平面

4　试样制备

测量内螺纹铜管、翅片铜管（包括内沟槽铜管和外肋铜管）等截面尺寸时，需制样。测量其他管材尺寸时可不制样，如需制样，应按照 4.1 规定进行。

4.1　圆管材和异型管材

在管材上截取能保证测量要求的试样，一般不超过 100 mm，样品测量端面应与管材轴线垂直，且端面平整、光滑，没有毛刺及影响测量的缺陷。

4.2 内螺纹铜管

4.2.1 需要检测齿型参数的无缝内螺纹铜管应为硬态，即在螺纹成形后退火前，所取样品没有变形。

4.2.2 对于无法得到硬态样品管时，可取软态没有变形的样品管。

4.2.3 取未变形的铜管截取一段铜管样，将横截面作为测量面，在砂纸上磨制横截面，磨制结束后，再用小毛刷清扫试样上的异物及管子内的小毛刺和卷边等，最后用酒精清洗、吹干。

4.2.4 当同一批样品管，其不同状态下的螺纹参数测量数据不一致时，以硬态为准。

4.3 翅片铜管

4.3.1 取未变形的铜管截取一段铜管样，一般长度不少于滚花齿数，样品横截面应平整、光滑，没有毛刺及影响测量的缺陷。测量齿形尺寸时，应将样品沿轴向剖开，纵剖面作为测量面，在砂纸上磨制纵剖面，保证纵剖面边缘与中心轴线平行且在同一平面内，磨制结束后，再用小毛刷清扫试样上的异物、小毛刺和卷边等，最后用酒精清洗、吹干。

4.3.2 内肋尺寸的测量，按照内螺纹铜管材试样制备规定进行。

4.3.3 外肋铜管，按照4.3.1的规定进行。

4.3.4 内沟槽铜管，按照内螺纹铜管材试样制备规定进行。

5 检测环境条件

一般尺寸测量在室温下进行，有检测环境要求的检测项目，应按照相应要求进行。

6 检测方法

6.1 圆管材

6.1.1 外径

外径可以用外径千分尺、游标卡尺和塞规进行测量。

6.1.1.1 外径千分尺测量法

a) 将量具测量面分隔至足够大，保证管材(样品)可方便地置于量具中；

b) 将管材(样品)置于测量面间，保持量具的基准线与管材(样品)纵向轴线垂直，并使量具与轴线处于同一平面内；

c) 旋转微分筒，使测量面的两测量点与管材(样品)被测量点接触在一起，再旋转棘轮，使两测量点与管材(样品)被测量点紧贴，并且力量适度，不使管材变形；

d) 读取数值；

e) 反向旋转微分筒，退出管材(样品)或沿圆周方向旋转管材(样品)，找出不同被测量点进行重复测量，测出管材(样品)的最大值和最小值。

6.1.1.2 游标卡尺测量法

a) 打开制动螺钉，滑动指示装置，使外测量面分开至足够大，保证管材(样品)可方便地置于量具中；

b) 将管材(样品)置于外测量面间；

c) 滑动指示装置，使两外测面与管材(样品)被测量点接触在一起，保持量具的基准线与管材(样品)纵向轴线垂直，并使量具与轴线处于同一平面内，再调整微动装置，使两外测量面与管材(样品)被测量点紧贴，并且力量适度，不使管材变形；

d) 读取数值；

e) 反向滑动指示装置，退出管材(样品)或沿圆周方向旋转管材(样品)，找出不同被测量点进行重复测量，测出管材(样品)的最大值和最小值。

6.1.1.3 塞规测量法

a) 选择符合规定要求尺寸的通规和止规；

b) 将管材(样品)在保证其不变形的情况下，保持管材(样品)轴线与通规垂直，用正常的力量试行穿过通规，并用肉眼观察是否存在间隙，如通过困难则应旋转管材(样品)，直至可作出通规能否通过管材(样品)的判定；

c) 再将管材(样品)在保证其不变形的情况下，保持管材(样品)轴线与止规垂直，用正常的力量试行穿过止规，如无法通过止规则应旋转管材(样品)，直至可作出止规能否通过管材(样品)的判定；

d) 能通过通规，不能通过止规，为合格管材。

注1：此方法只能判定管材尺寸是否符合规定，不能测量管材实际的尺寸。

注2：此方法也可适用于判定异型管材的外形轮廓是否符合规定。

6.1.1.4 平均外径

使用外径测量方法分别测量出最大外径和最小外径，将数值代入式(1)：

$$\overline{\phi_{外}} = \frac{\phi_{外最大} + \phi_{外最小}}{2} \qquad \cdots\cdots(1)$$

式中：

$\overline{\phi_{外}}$——平均外径，单位为毫米(mm)；

$\phi_{外最大}$——最大外径，单位为毫米(mm)；

$\phi_{外最小}$——最小外径，单位为毫米(mm)。

6.1.2 内径

6.1.2.1 内径大于5 mm的管材

内径大于5 mm的管材，其内径可以用内测千分尺、内径量表、游标卡尺和塞规进行测量。

6.1.2.1.1 内径千分尺测量法

a) 移动活动测量爪，使两测量爪间隙足够小，保证量具可方便地置于内径中；

b) 将量具置于管材(样品)内径中，保持量具的基准线与管材(样品)纵向轴线垂直，并使量具与轴线处于同一平面内；

c) 旋转微分筒，使两测量爪与管材(样品)被测量点接触，再转动测力装置，使两测量爪与被测量点紧贴，并且力量适度，不使管材变形；

d) 读取数值；

e) 反向旋转微分筒，移出管材(样品)或沿圆周方向旋转管材(样品)，找出不同被测量点进行重复测量，测出管材(样品)的最大值和最小值。

6.1.2.1.2 内径量表测量法

a) 将指示表装好，打开制动器；

b) 根据管材(样品)的公称尺寸，选择适宜的可换测头并固定好；

c) 用标准环规或外径千分尺对指示表进行归零；

d) 将量具置于管材(样品)内，使两测头与被测量点接触，保持量具与管材纵向轴线平行，并使量具与轴线处于同一平面内；

e) 读取数值；

f) 倾斜两测头，从管材(样品)内移出，或沿圆周方向寻找新的被测量点重复测量，测量出最大值和最小值。

6.1.2.1.3 游标卡尺测量法

a) 打开制动螺钉，滑动指示装置，使内测量面与内测量爪合起至足够小，保证量具可方便地置于管材中；

b) 将量具置于管材(样品)内;

c) 滑动指示装置,使内测量面和内测量爪与管材(样品)被测量点接触在一起,保持量具的基准线与管材(样品)纵向轴线垂直,并使量具与轴线处于同一平面内,再调整微动装置,使内测量面和内测量爪与管材(样品)被测量点紧贴,并且力量适度,不使管材变形;

d) 读取数值;

e) 反向滑动指示装置,移出管材(样品)或沿圆周方向旋转管材(样品),找出不同被测量点进行重复测量,测出管材(样品)的最大值和最小值。

6.1.2.1.4 塞规测量法

a) 选择符合规定要求的尺寸相当的通规和止规;

b) 将通规在保证管材(样品)不变形的情况下,保持管材(样品)轴线与通规轴线重合,用正常的力量试行插入管材(样品),并用肉眼观察是否存在间隙,如插入困难则应旋转通规,直至可作出通规能否通过管材(样品)内径的判定;

c) 再将止规在保证管材(样品)不变形的情况下,保持管材(样品)轴线与止规轴线重合,用正常的力量试行插入管材(样品),如无法插入则应旋转止规,直至可作出能否止规通过管材(样品)内径的判定;

d) 能通过通规,不能通过止规,为合格管材。

注1:此方法只能判定管材尺寸是否符合规定,不能测量管材实际的尺寸。

注2:此方法也可适用于判定异型管材的外形轮廓是否符合规定。

6.1.2.2 内径不大于5 mm的管材

可用投影仪、显微镜、计算法和间接法进行测量。

6.1.2.2.1 投影仪或显微镜测量法

切取截面垂直于产品轴线的试样,抛光后,将试样置于投影仪或显微镜下,使试样清晰地成像于视场中。调整仪器和试样使被测截面完整地成像于视场中,使仪器的基准直线与圆弧上的任一点相切,读出刻度线与圆弧相交点的数值。

6.1.2.2.2 计算法

a) 按照6.1.1.4的方法测出平均外径;

b) 按照6.1.3.3的方法,测出平均壁厚;

c) 将数值代入式(2):

$$\overline{\phi_{内}} = \overline{\phi_{外}} - 2 \times \bar{t} \qquad \cdots\cdots(2)$$

式中:

$\overline{\phi_{内}}$——平均内径,单位为毫米(mm);

$\overline{\phi_{外}}$——平均外径,单位为毫米(mm);

$\bar{t}$——平均壁厚,单位为毫米(mm)。

注:此时测量的内径为平均内径。

6.1.2.2.3 间接测量法

a) 制作一个带15°~30°锥度的塞棒,其小头足够小,可方便地插入管材内腔,大头足够大,可保证管材不能穿过其大头,表面光滑无影响测量的缺陷;

b) 将管材(样品)端面的内缘用可容易分辨的颜色作上记号;

c) 在保证管材(样品)不变形的情况下,保持管材(样品)轴线与止规轴线重合,用正常的力量试图插入管材(样品),并使管材(样品)与塞棒紧贴,塞棒上留有记号;

d) 拔出塞棒,用测量外径的方法测量塞棒记号处的直径。此处直径可间接作为管材的内径。

注:此时测量的内径为平均内径。

6.1.2.3 平均内径

使用内径测量方法分别测量出最大内径和最小内径，将数值代入式(3)：

$$\overline{\phi_{内}} = \frac{\phi_{内最大} + \phi_{内最小}}{2} \quad \cdots\cdots (3)$$

式中：

$\overline{\phi_{内}}$——平均内径，单位为毫米(mm)；

$\phi_{内最大}$——最大内径，单位为毫米(mm)；

$\phi_{内最小}$——最小内径，单位为毫米(mm)。

6.1.3 壁厚

6.1.3.1 内径大于3.5 mm的管材

内径大于3.5 mm的管材，可以用壁厚千分尺和游标卡尺进行测量。

6.1.3.1.1 壁厚千分尺测量方法

a) 将量具测量面打开至足够大，保证管材(样品)的壁厚能方便地置于量具中；
b) 将壁厚置于量具测量面中，使测砧位于管材(样品)内腔，保持量具基准线与管材(样品)纵向轴线垂直，并使量具与轴线处于同一平面内；
c) 旋转微分筒，使测量面的两测量点与管材(样品)被测量点接触在一起，再旋转棘轮，使两测量点与管材(样品)被测量点紧贴，并且力量适度，不使管材变形；
d) 读取数值；
e) 反向旋转微分筒，退出管材(样品)或沿圆周方向旋转管材(样品)，找出不同被测量点进行重复测量，测出管材(样品)的最大值和最小值。

6.1.3.1.2 游标卡尺测量方法

a) 打开制动螺钉，滑动指示装置，使外测量面分开至足够大，保证管材(样品)壁厚可方便地置于量具中；
b) 将管材(样品)壁厚置于外测量面间，量具的固定侧置于管材内腔；
c) 滑动指示装置，使两外测面与管材(样品)壁厚被测量点接触在一起，再调整微动装置，使两外测量面与管材(样品)壁厚被测量点紧贴，并且力量适度，不使管材变形；
d) 读取数值；
e) 反向滑动指标装置，退出管材(样品)或沿圆周方向旋转管材(样品)，找出壁厚不同被测量点进行重复测量，测出管材(样品)壁厚的最大值和最小值。

6.1.3.2 内径不大于3.5 mm的管材

内径不大于3.5 mm的管材，可以用显微镜和投影仪进行测量。

6.1.3.2.1 显微镜测量法

按照6.3.1.1的方法进行。

6.1.3.2.2 投影仪测量法

按照6.3.2.1的方法进行。

6.1.3.3 平均壁厚

平均壁厚可用式(4)或式(5)进行计算。

$$\bar{t} = \frac{t_{最大} + t_{最小}}{2} \quad \cdots\cdots (4)$$

式中：

$\bar{t}$——平均壁厚，单位为毫米(mm)；

$t_{最大}$——最大壁厚，单位为毫米(mm)；

$t_{最小}$——最小壁厚，单位为毫米(mm)。

$$\bar{t}=\frac{\overline{\phi_{外}}-\overline{\phi_{内}}}{2} \qquad (5)$$

式中：

$\bar{t}$——平均壁厚，单位为毫米(mm)；

$\overline{\phi_{外}}$——平均外径，单位为毫米(mm)；

$\overline{\phi_{内}}$——平均内径，单位为毫米(mm)。

6.1.4 长度

6.1.4.1 钢卷尺或直尺测量法

a) 设定量具的测量点；

b) 从管材一端开始，使量具的测量点与管材外缘端点对齐；

c) 保证量具与管材外缘紧贴，拉动量具到管材另一端，读出数值；

d) 在管材圆周方向不同端点处开始，重复测量，测出最大值和最小值。

6.1.4.2 游标卡尺测量法

按6.1.1.2的规定进行。

6.1.5 切斜度

6.1.5.1 将管材置于足够大平面上，以肉眼观察锯切面的突出点，并将突出点紧贴平面；

6.1.5.2 将直角尺竖直放在平面上，一直角边紧贴在锯切面的突点上，另一直边紧贴平面，且与管材中心轴线在同一平面上；

6.1.5.3 测量管材锯切面的最短点到直边的垂直距离，如图5。

图5 切斜度测量示意图

6.1.6 直度

6.1.6.1 将管材置于足够大平板上，使弯弧或不直处紧贴平面；

6.1.6.2 用长度适宜的直线(或直边量具)与管材弯弧或不直部位靠在一起；

6.1.6.3 用直角尺(或钢直尺)测量管材外缘与直线(或直边)之间的最大弧深，如图6。

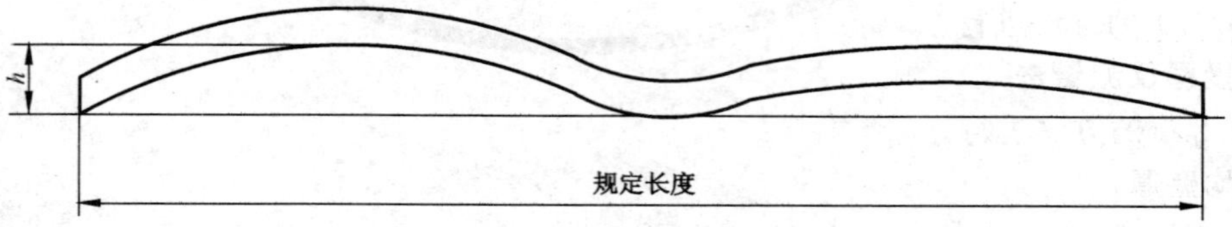

图6 直度测量示意图

6.1.7 圆度

用测量外径的方法测出最大外径和最小外径，将数值代入式(6)：

$$\Delta\phi=\phi_{外最大}-\phi_{外最小} \qquad (6)$$

式中：

$\Delta\phi$——圆度，单位为毫米(mm)；

$\phi_{外最大}$——最大外径，单位为毫米(mm)；

$\phi_{外最小}$——最小外径，单位为毫米(mm)。

6.2 **异型管材(矩形、方形、扁圆形、椭圆形、D形、等边形管材)**

异型管横截面中内外轮廓如其中一个为圆形，其尺寸按照圆管材外形尺寸测量方法进行。

6.2.1 **对边距**

对边距可用外径千分尺或游标卡尺进行测量，测量方法与外径相同，但进行重复测量时，应在两直边上来回移动管材(样品)，测出管材(样品)对边距的最大值和最小值。

6.2.2 **轴长、高度、边长**

轴长、高度、边长可用外径千分尺或游标卡尺进行测量。其测量方法与外径相同，但进行重复测量时，应沿管材纵向轴线方向移动管材(样品)，测出管材(样品)的最大值和最小值，如图7、图8。

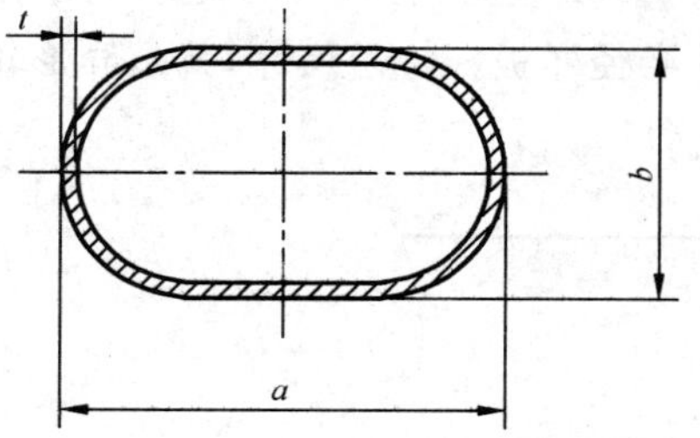

a) 扁圆管

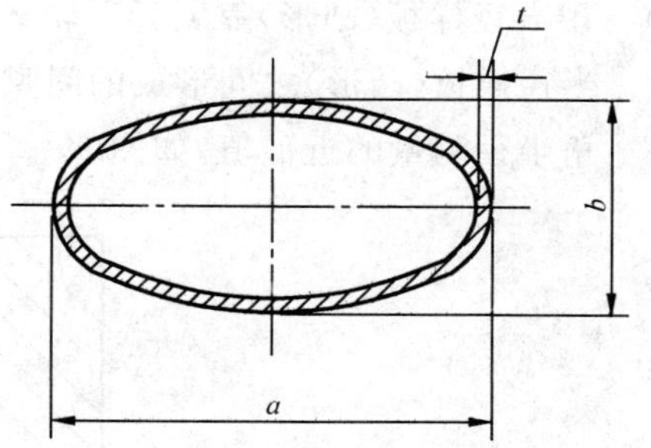

b) 椭圆管

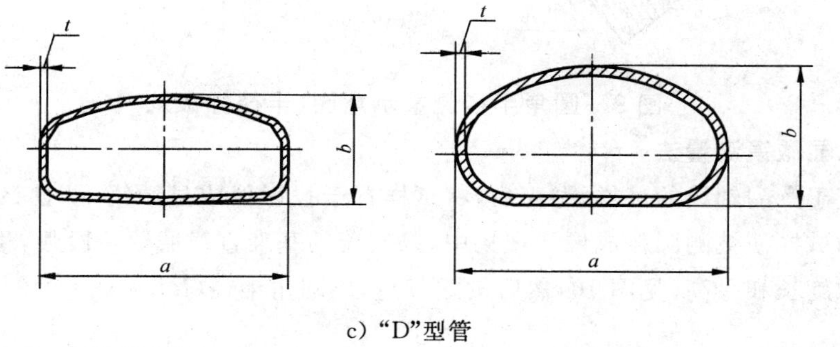

c) "D"型管

a——长轴；

b——短轴；

t——壁厚。

图7 轴长测量示意图

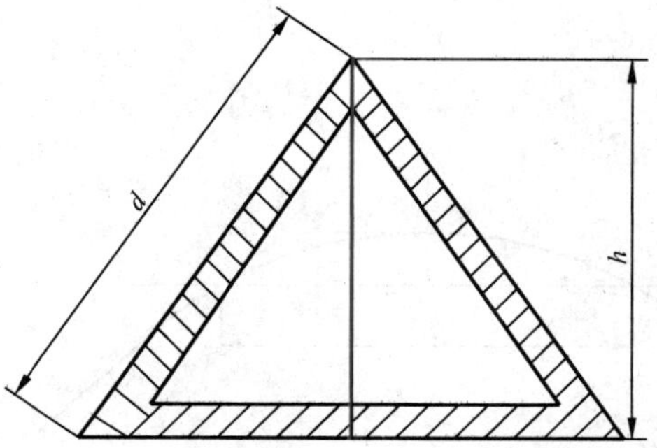

d——边长；

h——高度。

图8 高度测量示意图

6.2.3 圆角半径

6.2.3.1 半径样板测量法(R 规)

6.2.3.1.1 外圆角半径

a) 选择和异形轮廓外圆角半径最接近的半径样板(凹形);

b) 用半径样板(凹形)靠紧异形轮廓外圆角半径并保持与轴线垂直,目测异形轮廓外圆角半径与半径样板(凹形)之间形成的间隙,其形成间隙最小的半径样板(凹形)尺寸,就是异形轮廓外圆角半径测量的近似值,如图 9。

6.2.3.1.2 内圆角半径

a) 选择和异形轮廓内圆角半径最接近的半径样板(凸形);

b) 用半径样板(凸形)靠紧异形轮廓内圆角半径并保持与轴线垂直,目测异形轮廓内圆角半径与半径样板(凸形)之间形成的间隙,其形成间隙最小的半径样板(凸形)尺寸,就是异形轮廓内圆角半径测量的近似值,如图 9。

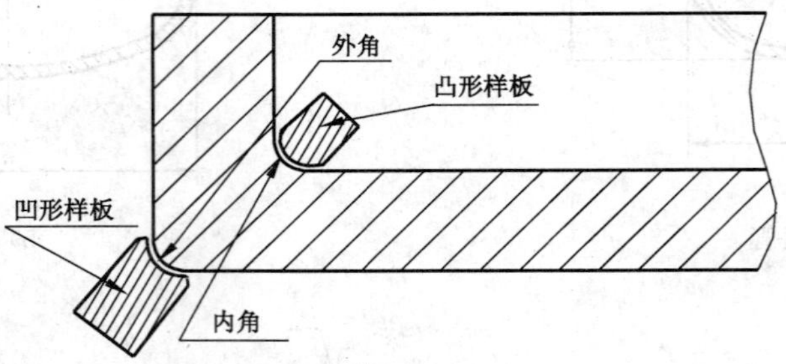

图 9 圆角半径测量示意图(半径样板)

6.2.3.2 投影仪、显微镜测量法

切取截面垂直于产品轴线的试样,抛光后,将试样置于投影仪或显微镜下,使试样清晰地成像于视场中。调整仪器和试样使被测圆弧成像于视场中,以仪器的基准直线截取一段弧,移动仪器的横向和纵向坐标测得此弧的旋长和弓高,见图 10,然后按式(7)算出圆角半径(R)。

$$R=\frac{S^2}{8h}+\frac{h}{2} \qquad \cdots\cdots(7)$$

式中:

R——圆角半径,单位为毫米(mm);

S——旋长,单位为毫米(mm);

h——弓高,单位为毫米(mm)。

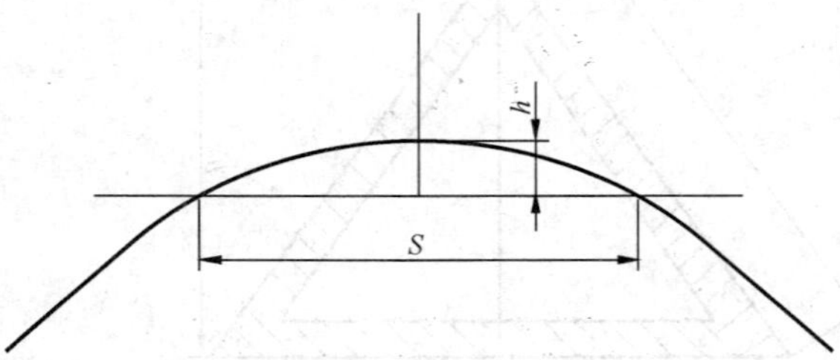

图 10 圆角半径测量示意图(投影仪、显微镜)

6.2.4 扭拧度

6.2.4.1 将管材置于一足够大的平板上，使管材较大面与平板接触；

6.2.4.2 将管材一端固定，另一端自由伸展；

6.2.4.3 如图11所示：A 为接触面固定端与平面的接触边，B 为接触面自由端与边 A 平行线位于同一横截面上的边，用万能角度尺测量 B 边与 A 边之间形成的角度 α（或两边之间的最大垂直距离 h）。

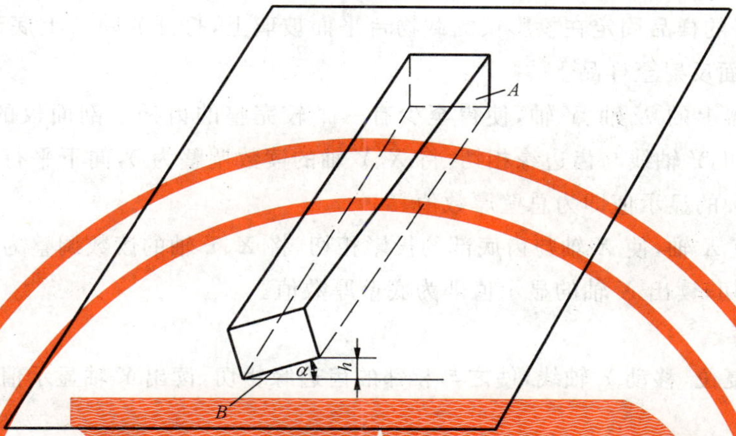

图11 扭拧度测量示意图

6.2.5 其他尺寸

其他尺寸按圆形管材的测量方法进行。

6.3 内螺纹铜管

无缝内螺纹铜管齿型参数测量可以采用以下三种方法，仲裁方法应用投影仪测量方法进行。

6.3.1 显微镜测量法

6.3.1.1 齿高、底壁厚、齿顶角

将样品置于显微镜载物平台上，打开光源，初步调节 X、Y 方向旋钮，观察目镜，使得至少有一个较完整的齿处于视场内，任选一个齿进行测量。

6.3.1.1.1 在目镜中测量

仅需要测量齿高和底壁厚时，应采用目镜测量方法：

a) 观测目镜，调节 X、Y 旋钮、旋转载物台及目镜，使齿顶与刻度线重叠并保证管的外壁与刻度线垂直，读出总壁厚；

b) 重新旋转载物台及目镜，使齿根与刻度线重叠并保证管的外壁与刻度线垂直，读出底壁厚；

c) 算出齿高。

6.3.1.1.2 在毛玻璃上测量

当需要快速测量齿顶角时，应采用毛玻璃测量方法：

将齿形打到毛玻璃上，齿高及底壁厚的测量方法同6.3.1.1.1；

用透明纸从玻璃上描下齿形，用万能角度尺测出齿顶角。

6.3.1.1.3 在相纸上测量

需精确测量齿高、底壁厚和齿顶角时，应采用相纸测量方法：

为齿形拍出相片，烘干，然后根据照片放大倍数用直尺在相纸上量出齿高、底壁厚，用万能角度尺量出齿顶角。

6.3.1.2 齿条数

将试样置于显微镜下，放大10～40倍，直接数出其齿条数。

6.3.1.3 螺旋角

将管材纵向剖开，展平，找出纵向基准线，用万能角度尺读出螺旋角。

6.3.2 投影仪测量法

6.3.2.1 齿高、底壁厚和槽底宽

6.3.2.1.1 将制备好的样品固定在投影仪的载物台平面玻璃上，打开放映仪上底部的光源，让光线通过载物台平面玻璃底面反射至样品上。

6.3.2.1.2 调节仪器上的 X 轴、Y 轴，使得至少有一个较完整的齿处于剖面仪的光屏上，调节 X、Y 轴，使 X 轴线齿顶相切，Y 轴线与齿边缘相切，将 X、Y 轴的读数调整为0，向下平行移动 X 轴线与管材的外壁相切，读出 X 轴的显示值即为总壁厚数值。

6.3.2.1.3 重新调节 X 轴，使 X 轴与齿底部的投影相切，将 X、Y 轴的读数调整为0，向下平行移动 X 轴线与管材的外壁相切，读出 X 轴的显示值即为底壁厚数值。

6.3.2.1.4 算出齿高。

6.3.2.1.5 将 X 轴复位，移动 Y 轴线，使之与相邻的齿边缘相切，读出 Y 轴显示值即为槽底宽数值。

6.3.2.2 螺旋角

6.3.2.2.1 将无缝内螺纹铜管样品沿轴向剖开压平待用。

6.3.2.2.2 将制备好的样品固定在投影仪的载物台平面玻璃上，打开放映仪上底部的光源，让光线通过载物台平面玻璃底面反射至管材上。

6.3.2.2.3 调节仪器上 X、Y 轴，使齿形呈清晰状，调节 X、Y 轴线，使 X 轴线与管端面相垂直，将显示仪器上的角度显示屏的任一条线调至与 X 轴重合，角度显示器读数调为0，逆时针方向旋转该直线与螺纹线重合，读出角度值，用180°减去所读角度值，即为无缝内螺纹铜管的螺旋角。

6.3.3 专用软件测量法

通过图像采集设备（摄像头、扫描仪、数码相机等）将制好的试样制成图像，将图像传送到测量计算机。

使用专用软件根据相关定义测量齿形的齿高、底壁厚、槽底宽等长度和齿顶角、螺旋角等角度，计算机直接读出测量数据。

6.4 翅片铜管

6.4.1 无翅段外形尺寸

无翅段外形尺寸测量方法同圆管材。

6.4.2 有翅段外形尺寸

6.4.2.1 有翅段外径、有翅段内径

测量方法同圆管材。

6.4.2.2 有翅段管壁厚、有翅段根径

6.4.2.2.1 显微镜测量法

a) 将样品置于显微镜载物平台上，打开光源，初步调节 X、Y 方向旋钮，观察目镜，使得至少有一个较完整的齿处于视场内，任选一个齿进行测量；

b) 观测目镜，调节 X、Y 旋钮、旋转载物台及目镜，使齿根与刻度线重叠并保证管的内壁与刻度线垂直，读出有翅段管壁厚；

c) 将数值代入式(8)，算出有翅段根径，见图2。

$$d_2 = d_1 + x_2 \quad \cdots\cdots (8)$$

式中：

d_2——有翅段根径，单位为毫米(mm)；

d_1——有翅段内径，单位为毫米(mm)；

x_2——有翅段管壁厚，单位为毫米(mm)。

6.4.2.2.2 投影仪测量法

a) 将制备好的样品固定在投影仪的载物台平面玻璃上，打开投影仪上底部的光源，让光线通过载物台平面玻璃底面反射至样品上。

b) 调节仪器上的 X 轴、Y 轴，使得至少有一个较完整的齿处于投影仪的光屏上，调节 X、Y 轴，使 X 轴线与齿根部的投影相切，Y 轴线与齿边缘相切，将 X、Y 轴的读数调整为 0。

c) 向下移动 X 轴线与管材的内壁相切，读出 X 轴的显示值即为有翅段管壁厚数值。

d) 将数值代入式(8)，算出有翅段根径。

6.4.2.3 齿高

a) 计算法

见图 2。按式(9)计算：

$$x_3 = (d_0 - d_2)/2 \quad \cdots\cdots (9)$$

式中：

x_3——齿高，单位为毫米(mm)；

d_0——有翅段外径，单位为毫米(mm)；

d_2——有翅段根径，单位为毫米(mm)。

b) 直接测量法

按照内螺纹铜管材测量齿高的方法进行。

6.4.2.4 齿数

直接数出单位长度上的齿数。

6.4.2.5 齿间距

6.4.2.5.1 显微镜测量法

a) 将样品置于显微镜载物平台上，打开光源，初步调节 X、Y 方向旋钮，观察目镜，使得至少有两个较完整的齿处于视场内，任选一个齿进行测量。

b) 观测目镜，调节 X、Y 旋钮、旋转载物台及目镜，使齿根部法线与基准线重合，刻度线与齿底相切，找出另一齿根部的法线，见图 3 和图 4，读出齿间距的数值。

6.4.2.5.2 投影仪测量法

a) 将制备好的样品固定在投影仪的载物台平面玻璃上，打开投影仪上底部的光源，让光线通过载物台平面玻璃底面反射至样品上。

b) 调节仪器上的 X 轴、Y 轴，使得至少有两个较完整的齿处于投影仪的光屏上，调节 X、Y 轴，使 X 轴线与齿根部法线的投影相切，Y 轴线与齿底相切，将 X、Y 轴的读数调整为 0。

c) 向下移动 X 轴线与另一齿根部法线的投影相切，读出 X 轴的显示值即为齿间距数值。

6.4.2.6 其他尺寸

其他尺寸的测量，按照 6.3 测量方法进行。

7 检测报告

如需出具检测报告时，应包括下列内容：

a） 试样说明（材料牌号，规格，状态，批号）；

b） 试样数量；

c） 测试量具、仪器的范围及其最小示值；

d） 测定环境及结果；

e） 测试单位、测试日期、人员；

f） 本标准编号；

g） 其他。

参 考 文 献

[1] GB/T 1216—2004 外径千分尺
[2] GB/T 16866—2006 铜及铜合金无缝管材外形尺寸及允许偏差
[3] GB/T 6092—2004 直角尺
[4] GB/T 6312—2004 壁厚千分尺
[5] GB/T 19447—2004 热交换器用铜及铜合金无缝翅片管
[6] GB/T 20928—2007 无缝内螺纹铜管
[7] GB/T 11086—1989 铜及铜合金术语
[8] GB/T 21389—2008 游标、带表和数显卡尺
[9] JJG 1—1999 钢直尺
[10] JJG 4—1999 钢卷尺
[11] JJG 33—2002 万能角度尺检定规程
[12] JJG 571—2004 读数、测微显微镜
[13] JJF 1093—2002 投影仪校准规范
[14] JJF 1102—2003 内径表校准规范
[15] JB/T 6830 投影仪
[16] JB/T 7980—1999 半径样板
[17] JB/T 10006—1999 内测千分尺
[18] JJG 117—2005 平板

ICS 77.040.99
H 13

中华人民共和国国家标准

GB/T 26303.2—2010

铜及铜合金加工材外形尺寸检测方法
第2部分：棒、线、型材

Measuring methods for dimensions and shapes of wrought copper and copper alloy—Part 2: Rod, wire and profile

2011-01-14 发布 2011-11-01 实施

中华人民共和国国家质量监督检验检疫总局
中国国家标准化管理委员会
发布

前　言

GB/T 26303《铜及铜合金加工材外形尺寸检测方法》共有三部分：

——GB/T 26303.1　铜及铜合金加工材外形尺寸检测方法　第1部分：管材；

——GB/T 26303.2　铜及铜合金加工材外形尺寸检测方法　第2部分：棒、线、型材；

——GB/T 26303.3　铜及铜合金加工材外形尺寸检测方法　第3部分：板带材。

本部分为第2部分。

本部分由中国有色金属工业协会提出。

本部分由全国有色金属标准化技术委员会归口。

本部分由宁波博威集团有限公司、浙江海亮股份有限公司负责起草。

本部分由宁波长振铜业有限公司、宁波金田铜业(集团)股份有限公司、上海飞轮实业有限公司参加起草。

本部分主要起草人：刘庆、谢识才、张明、冯焕锋、姜绍军、蔡洎华、胡仁昌、刘剑、王永如、郭莉。

铜及铜合金加工材外形尺寸检测方法 第2部分:棒、线、型材

1 范围

GB/T 26303 的本部分规定了铜及铜合金棒、线、型材外形尺寸的检测仪器及量具、试样制备、检测环境条件及检测方法、检测报告等。

本部分适用于铜及铜合金圆形棒线材、非圆形棒线材和型材的外形尺寸的检测。

2 规范性引用文件

下列文件对于本文件的应用是必不可少的。凡是注日期的引用文件,仅注日期的版本适用于本文件。凡是不注日期的引用文件,其最新版本(包括所有的修改单)适用于本文件。

GB/T 4909.2 裸电线试验方法 第2部分:尺寸测量

GB/T 11086—1989 铜及铜合金术语

3 术语和定义

下列术语和定义适用于本部分。

3.1

棒 rod/bar

沿整个长度方向上具有均一的横截面,以直状供应的实心加工产品。直径等于和小于 12 mm 的拉制棒也可成卷供应。

横截面形状有:圆形、椭圆形、正方形、矩形、等边三角形和正多边形,见图1。

[GB/T 11086—1989,定义 4.2]

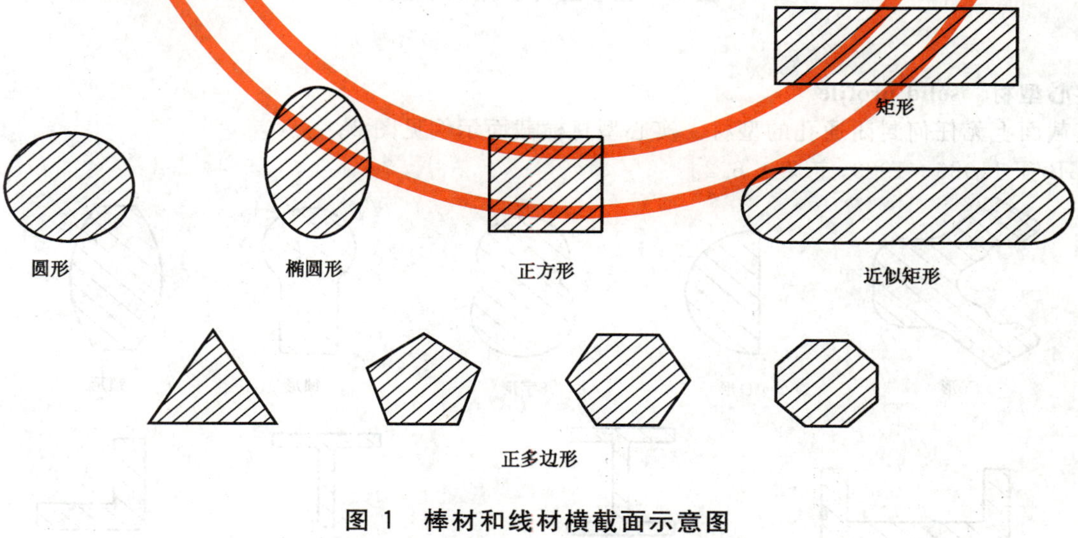

图1 棒材和线材横截面示意图

3.2

线 wire

沿整个长度方向上具有均一的横截面,以卷状供应的实心加工产品。

横截面形状有:圆形、椭圆形、正方形、矩形、等边三角形和正多边形,见图 1。

[GB/T 11086—1989,定义 4.3]

3.3

型材　profile

沿整个长度方向上具有均一的横截面,而横截面形状不同于棒、线、管、板、带材的加工产品。型材以直状或卷状供货。

[GB/T 11086—1989,定义 4.6]

3.3.1

空心型材　hollow profile

横截面有一个或多个封闭通孔,但横截面形状与管材不同的型材。空心型材横截面示例见图 2。

[GB/T 11086—1989,定义 4.6.1]

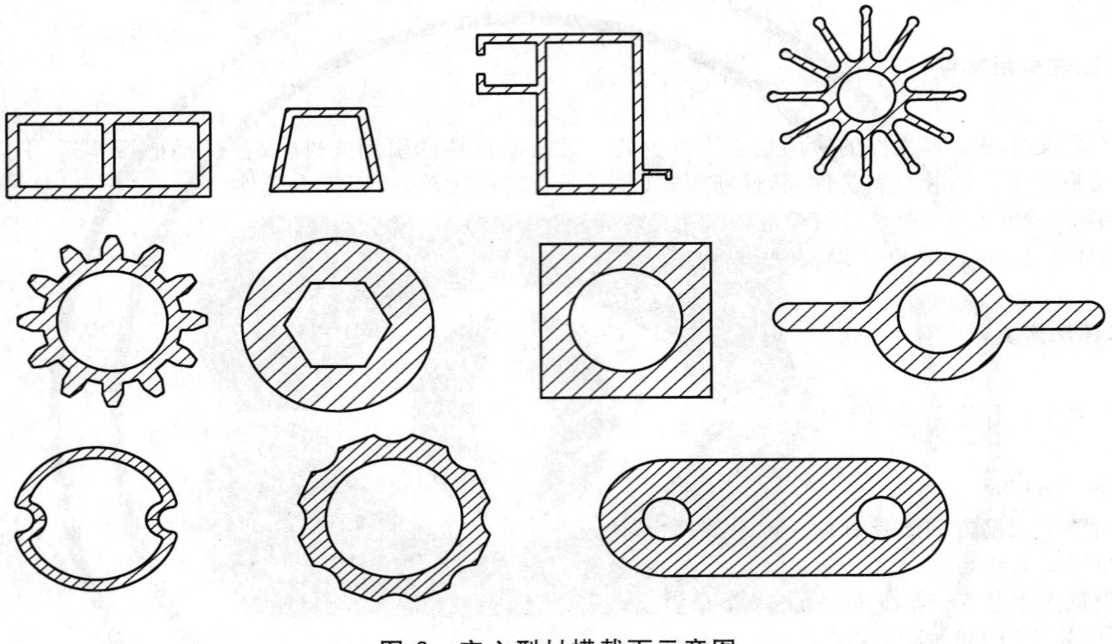

图 2　空心型材横截面示意图

3.3.2

实心型材　solid profile

横截面上无任何封闭通孔的型材。实心型材横截面示例见图 3。

[GB/T 11086—1989,定义 4.6.2]

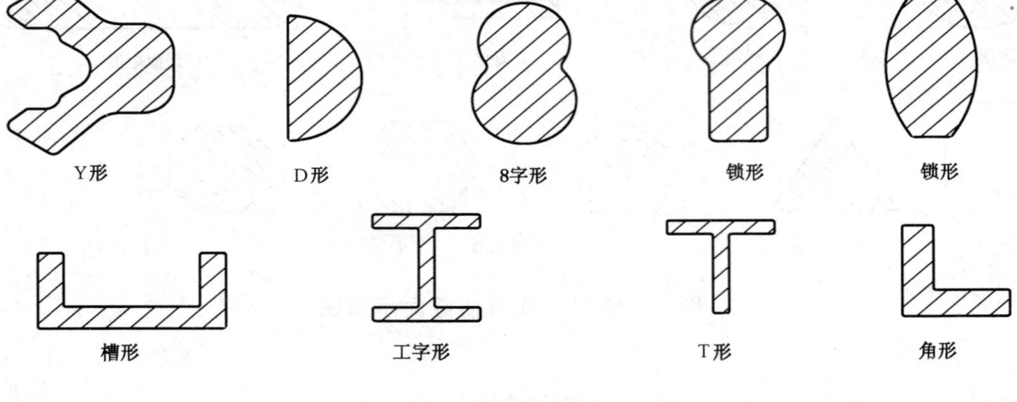

图 3　实心型材横截面示意图

3.4

直径　diameter

通过圆形棒线材横截面圆心的弦长。

3.5

平均直径　average diameter

圆形棒线材任一横截面上最大直径和最小直径的平均值。

3.6

内径　inside diameter

通过空心型材横截面内孔圆心的弦长。

3.7

圆度　roundness

指圆形棒线材任一横截面上最大和最小直径之差。

3.8

对边距　distance between parallel surfaces

多边形棒材相对两平行面间的垂直距离。

3.9

宽边　broad side

对于扁线或矩形棒材，相对较窄的两平面间的垂直距离。

3.10

窄边　narrow side

对于扁线或矩形棒材，相对较宽的两平面间的垂直距离。

3.11

直度　straightness

在规定的长度上所出现的最大弧深。

3.12

侧面弯曲度　edgewise curvature

对于非等边形棒线材或型材，在规定的长度上侧面所出现的最大弧深。

3.13

曲面间隙　nonplanar interspace

沿宽度方向，型材曲面与标准弧样板之间的最大间隙。

3.14

平面间隙　plane interspace

型材放在平板上，沿宽度方向，型材底面与平板之间的最大间隙。

3.15

长度　lengths

从棒、线、型材一端，沿与轴线相平行的方向到另一端之间的距离。

3.16

轴长　axial length

横截面呈轴对称的非圆形棒线材（如近似矩形、椭圆形等）和型材（如 8 字形、锁形等）的对称轴线的长度，见图 4。

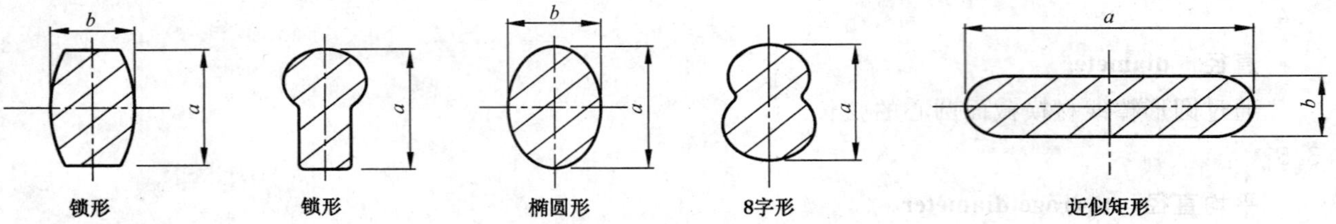

a——长轴；

b——短轴。

图 4 轴长示意图

3.17

棒材扭拧度 rod twist

多边形棒材在规定长度内两截面平行的两边相对扭转的最大垂直距离 h(或角度 α)，见图 5。

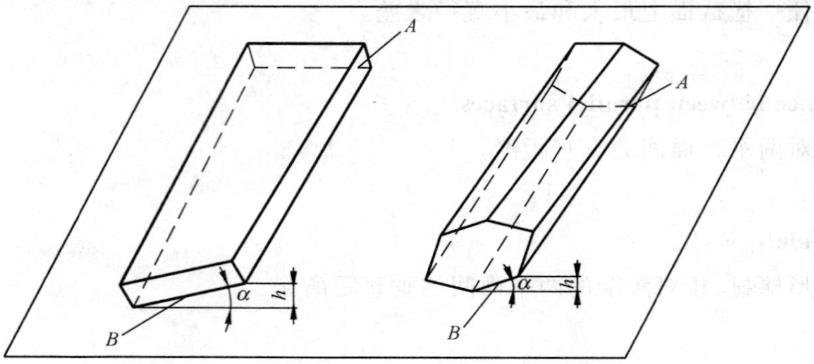

图 5 棒材扭拧度示意图

3.18

型材扭拧度 profile twist

型材在规定长度内翘起端的两侧端点与平板间的间隙值 T_1 与 T_2 的差值，见图 6。

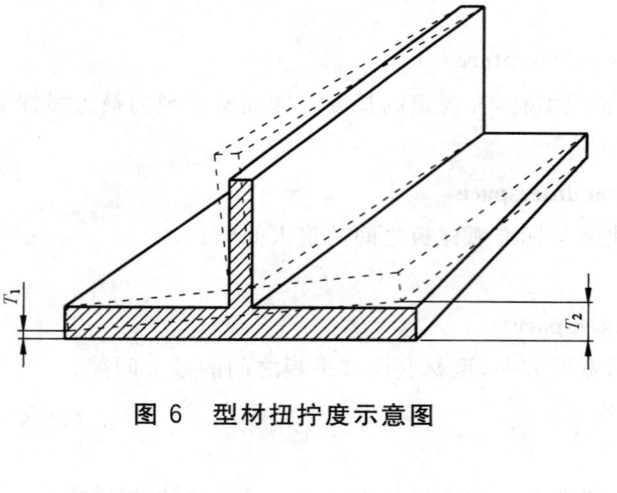

图 6 型材扭拧度示意图

3.19

切斜度 cut the degree of inclination

棒材或型材经切割后，端面与横截面倾斜的最大垂直距离。

3.20

圆角半径(*R* 角) corner radius

型材或非圆棒线材截面中两条直线相交处的过渡圆弧的半径，见图 7。

3.21

角度(θ)　angle

型材或非圆棒线材两平面相交所形成的夹角，见图 7。

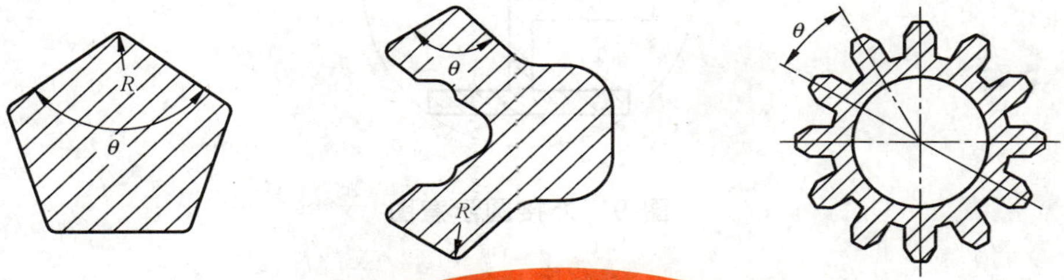

图 7　圆角半径和角度示意图

3.22

横截面积　the area of cross section

垂直棒线材轴线的截面的面积。

3.23

型材壁厚　the wall thickenss of profile

型材中翅壁、空腔壁的两平行平面之间的垂直距离，壁厚分为 A、B、C 三种，见图 8。

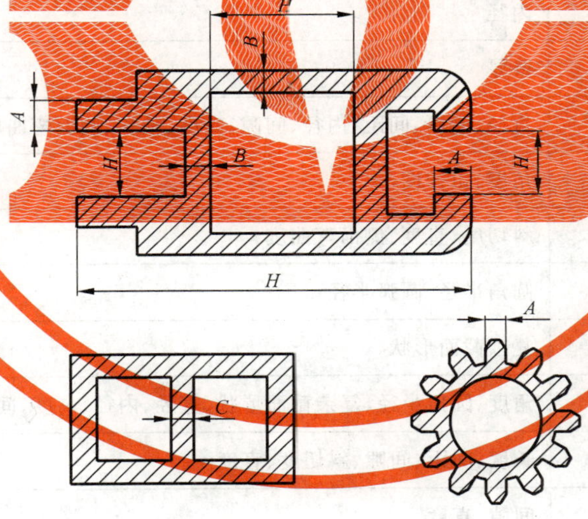

A——翅壁壁厚；

B——封闭空腔周壁壁厚；

C——两个封闭空腔的隔断壁厚；

H——非壁厚尺寸。

图 8　型材壁厚示意图

3.24

外接圆　circumscribing circle

能够将型材横截面完全包围的最小的圆，见图 9。

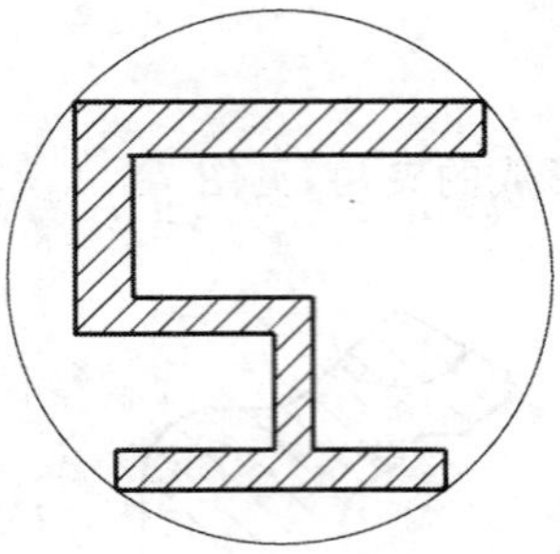

图 9　外接圆示意图

4　测量仪器及量具

4.1　测量仪器及量具的精度应能满足产品尺寸测量精度要求。

4.2　测量仪器及量具的各项性能应处于完好状态，具有有效的检定合格证书(或合格标识)。

4.3　各检测项目所使用的测量仪器、量具应符合表 1 的规定。

表 1　各检测项目所使用的测量仪器、量具

测量仪器及量具	检 测 项 目
外径千分尺	直径、宽边、窄边、高度、间距、圆度、轴长
内测千分尺	内径
壁厚千分尺	壁厚
游标卡尺	直径、壁厚、间距、内径、间隙、高度、轴长、侧面弯曲度、扭拧度
万能角度尺	角度、扭拧度
直角尺	斜切度、直度、侧面弯曲度
半径样板(R 规)	圆角半径、圆弧半径
特制样板	复杂截面形状
投影仪、显微镜	角度、圆角半径、复杂截面形状、直径、内径、高度、间距
钢直尺、钢卷尺	长度、间距、间隙、斜切度、直度
塞尺	间隙、直度
标准直尺	作为标准直线
平板	作为标准平面

5　试样制备

对于表 2 要求的检测项目需要制样，并按表 2 的规定进行制取，除此以外的检测项目，可在成品上检测。

表 2 取制样

检测项目		试样尺寸	制样要求
直径	直径小于 1 mm 线材，高精度测量	长度：20 mm～30 mm	用镶样粉镶样，使试样轴线垂直于镶样平台
内径	内径小于 5 mm 产品，高精度测量	长度：20 mm～30 mm	用镶样粉镶样，使试样轴线垂直于镶样平台
圆角半径	高精度测量	长度：20 mm～30 mm	试样截面应垂直于产品轴线，横截面表面须经砂纸磨平，再对表面进行抛光处理
角度	高精度测量	长度：20 mm～30 mm	试样截面应垂直于产品轴线，横截面表面须经砂纸磨平，再对表面进行抛光处理
型材壁厚、非壁厚	外接圆小于 5 mm 产品，高精度测量	长度：20 mm～30 mm	试样截面应垂直于产品轴线，横截面表面须经砂纸磨平，再对表面进行抛光处理

6 检测环境条件

一般尺寸测量在室温下进行，有检测环境要求的检测项目，应按照相应要求进行。

7 检测方法

7.1 圆截面棒线材外形尺寸

7.1.1 直径

用外径千分尺、游标卡尺测直径，在横截面距端面不小于 200 mm 处，在相互垂直的方向上测量，至少在抽样产品的两端和中部共测量三处，所测得的最大值和最小值为直径范围。对于直径小于 1 mm 线材或尺寸精度要求较高时，需采用投影仪或显微镜测量。

7.1.1.1 外径千分尺测量法

a) 将量具测量面分隔至足够大，保证抽样产品可方便地置于量具中；
b) 将抽样产品置于测量面间，保持量具的基准线与抽样产品纵向轴线垂直，并使量具与轴线处于同一平面内；
c) 旋转微分筒，使测量面的两测量点与抽样产品被测量点接触在一起，再旋转棘轮，使两测量点与抽样产品被测量点紧贴，并且力量适度，不使抽样产品变形；
d) 读取数值；
e) 反向旋转微分筒，退出抽样产品或找出不同被测量点进行重复测量。

7.1.1.2 游标卡尺测量法

a) 打开制动螺钉，滑动指示装置，使外测量面分开至足够大，保证抽样产品可方便地置于量具中；
b) 将抽样产品置于外测量面间；

c) 滑动指示装置，使两外测面与抽样产品被测量点接触在一起，保持量具的基准线与抽样产品纵向轴线垂直，并使量具与轴线处于同一平面内，再调整微动装置，使两外测量面与抽样产品被测量点紧贴，并且力量适度，不使抽样产品变形；

d) 读取数值；

e) 反向滑动指标装置，退出抽样产品或找出不同被测量点进行重复测量。

7.1.1.3 投影仪或显微镜测量法

切取试样，经制样抛光后，将试样置于投影仪或显微镜下，使试样圆周清晰地成像于视场中。调整仪器的基准直线与圆周的左边圆弧相切，并沿基准直线方向上读取数值，然后沿垂直基准直线方向移动工作台，使基准直线与圆周的右边圆弧相切，并沿基准直线方向上读取第二个数值，两次读数的差值即为试样直径。

7.1.2 圆度

用外径千分尺测圆度，在横截面距端面不小于 200 mm 处，测得直径最大值和最小值之差，外径千分尺测量法同 7.1.1.1。

7.1.3 直度

将抽样产品放在测试平板上，将规定长度钢直尺紧靠在抽样产品向内弯曲的一侧，然后用直角尺或钢直尺测量直尺与内弯曲侧的最大距离。

7.2 非圆截面棒线材外形尺寸

7.2.1 宽边

用外径千分尺在平直试样的两端距端面不小于 200 mm 处和中部各测量一次，所测得的最大值和最小值为宽边范围。

7.2.2 窄边

宽边＜4.00 mm 时，用外径千分尺在平直试样的两端距端面不小于 200 mm 处和中部各测量一次，所测得的最大值和最小值为窄边范围。

宽边在 4.00 mm～10.00 mm 时，用外径千分尺在平直试样的两端距端面不小于 200 mm 处和中部，每处的平面两侧各测量一次，所测得的最大值和最小值为窄边范围。

宽边＞10.00 mm～100.00 mm 时，用外径千分尺在平直试样的两端距端面不小于 200 mm 处和中部，每处的平面两侧和中间各测量一次，所测得的最大值和最小值为窄边范围。

外径千分尺测量法同 7.1.1.1。

7.2.3 对边距

在抽样产品相对平行两侧面间，用外径千分尺或游标卡尺在相互垂直的方向上测量，至少在试样的两端和中部共测量三处，所测得的最大值和最小值为对边距范围。外径千分尺测量法同 7.1.1.1，游标卡尺测量法同 7.1.1.2。

7.2.4 侧面弯曲度

将棒线材或型材放在测试平板上，将规定长度 L_1 钢直尺紧靠在抽样产品 A 边向内弯曲的一侧，然后测量直尺与 A 边的最大距离 h_1，见图 10。

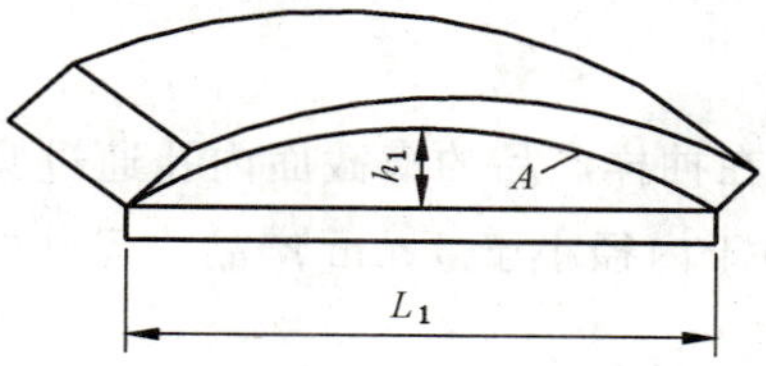

图 10　侧面弯曲度检测示意图

7.2.5　棒材扭拧度

见图 5，直条状供货的多边形棒材，将待测量的棒材，置于一足够大的平板上，对于偶数多边形棒材，使其相平行的较大面之一与平板接触，固定一端，使棒材固定端的两个侧面与平板垂直，另一端自由伸展；对于非偶数多边形棒材，使其一底面与平板接触，固定一端，使棒材固定端横截面底边上的高与平板垂直，另一端自由伸展。

用肉眼找出与棒材固定端横截面上和平面接触的边 A，相对棒材另一面上自由端横截面上的边 B 与平面的最大垂直距离 h（或夹角 α），用钢直尺和万能角度尺测量。

7.3　型材外形尺寸

7.3.1　壁厚尺寸

见图 8，用壁厚千分尺或游标卡尺测量两对边距，游标卡尺测量法同 7.1.1.2。对于外接圆小于 5 mm 型材或尺寸精度要求较高时，需采用投影仪或显微镜测量。

7.3.1.1　壁厚千分尺测量方法

a)　将量具测量面打开至足够大，保证抽样产品的壁厚能方便地置于量具中；

b)　将壁厚置于量具测量面中，使测砧位于抽样产品内腔，保持量具基准线与抽样产品纵向轴线垂直，并使量具与轴线处于同一平面内；

c)　旋转微分筒，使测量面的两测量点与抽样产品被测量点接触在一起，再旋转棘轮，使两测量点与抽样产品被测量点紧贴，并且力量适度，不使抽样产品变形；

d)　读取数值；

e)　反向旋转微分筒，退出抽样产品或找出不同被测量点进行重复测量。

7.3.1.2　投影仪或显微镜测量法

切取试样，经制样抛光后，将试样置于投影仪或显微镜下，使试样两对边棱廓线清晰地成像于视场中。调整仪器的基准直线与两对边中一条边相切，并沿基准直线方向上读取数值，然后沿垂直基准直线方向移动工作台，使基准直线与两对边中另一条边相切，并沿基准直线方向上读取第二个数值，两次读数的差值即为试样两对边距。

7.3.2　非壁厚尺寸

见图 8，用外径千分尺或游标卡尺测量两对边距，外径千分尺测量法同 7.1.1.1，游标卡尺测量法同 7.1.1.2。对于外接圆小于 5 mm 型材或尺寸精度要求较高时，需采用投影仪或显微镜测量，投影仪或显微镜测量法同 7.3.1.2。

7.3.3 内径

用内测千分尺或游标卡尺测量在抽样产品的横截面内孔通过圆心的距离，在相互垂直的方向上测量，游标卡尺测量法同7.1.1.2。对于内径小于5 mm产品或尺寸精度要求较高时，需采用投影仪或显微镜测量。

7.3.3.1 内测千分尺测量方法

a) 移动活动测量爪，使两测量爪间隙足够小，保证量具可方便地置于内径中；
b) 将量具置于抽样产品内径中，保持量具的基准线与抽样产品纵向轴线垂直，并使量具与轴线处于同一平面内；
c) 旋转微分筒，使两测量爪与抽样产品被测量点接触，再转动测力装置，使两测量爪与被测量点紧贴，并且力量适度，不使抽样产品变形；
d) 读取数值；
e) 反向旋转微分筒，移出抽样产品或找出不同被测量点进行重复测量。

7.3.3.2 投影仪或显微镜测量法

切取试样，经制样抛光后，将试样置于投影仪或显微镜下，使试样内圆周清晰地成像于视场中。调整仪器的基准直线与内圆周的左边圆弧相切，并沿基准直线方向上读取数值，然后沿垂直基准直线方向移动工作台，使基准直线与内圆周的右边圆弧相切，并沿基准直线方向上读取第二个数值，两次读数的差值即为试样内径。

7.3.4 型材扭拧度

见图6，将型材放在平板上，并使其一端紧贴平板。型材借自重达到稳定时，测量型材翘起端的两侧端点与平板间的间隙值 T_1 和 T_2，计算出 T_2 与 T_1 的差值。

7.3.5 型材直度

将型材放在平板上，借自重达到稳定时，沿型材长度方向用钢直尺或塞尺测量型材底面与平板间的最大间隙值(h)，见图11。

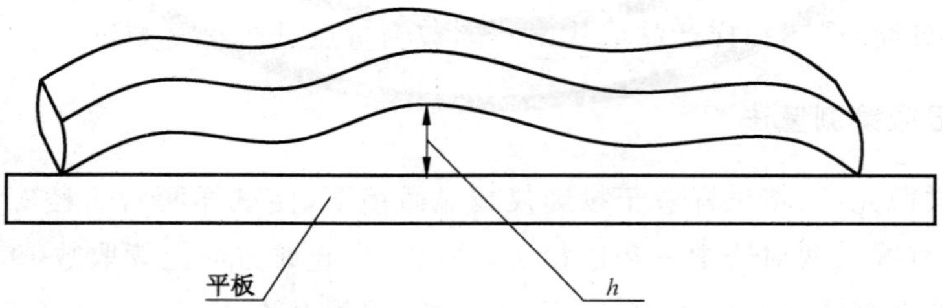

图11 型材直度检测示意图

7.3.6 曲面间隙

将标准弧样板紧贴在型材的曲面上，沿宽度方向用塞尺或钢直尺测量型材曲面与标准弧样板之间的最大间隙值(x)，见图12。

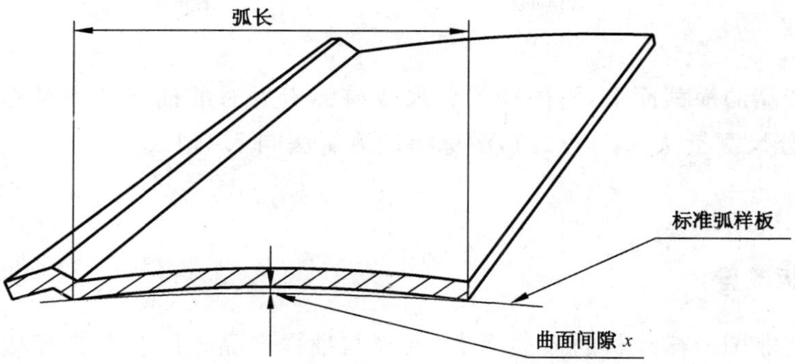

图 12　曲面间隙检测示意图

7.3.7　平面间隙

将型材放在平板上，型材借自重达到稳定时，沿宽度方向用塞尺或钢直尺测量型材与平板之间的最大间隙值(*F*)，见图 13。

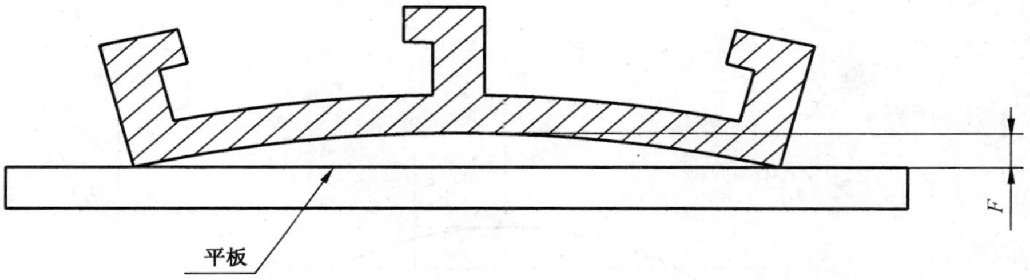

图 13　平面间隙检测示意图

7.4　棒、线、型材其他外形尺寸

7.4.1　高

轮廓为非偶数多边形棒线材或型材，在抽样产品的横截面上，用外径千分尺或游标卡尺对准抽样产品顶点和垂直于底边的连线，测量出顶点与底边的垂直距离 h，见图 14，外径千分尺测量法同 7.1.1.1，游标卡尺测量法同 7.1.1.2。

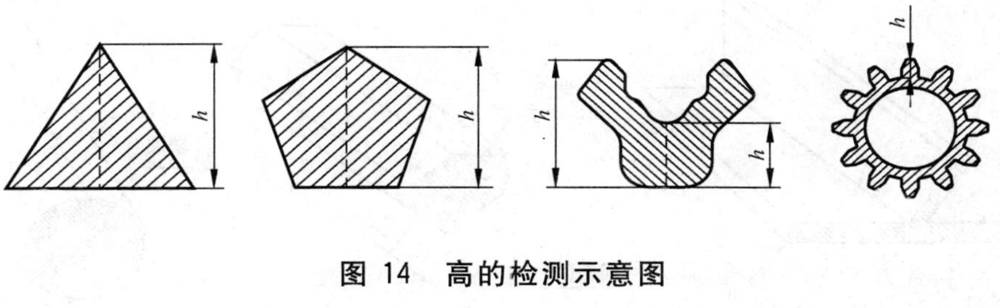

图 14　高的检测示意图

7.4.2　长度

用钢卷尺或钢直尺测量从棒、线、型材一端，使量具与棒、线、型材外缘紧贴，沿与轴线相平行的方向到另一端的距离。

7.4.3 轴长

见图 4，在抽样产品的横截面上，用外径千分尺或游标卡尺对准抽样产品对称轴两端，测量出两端连线的距离，外径千分尺测量法同 7.1.1.1，游标卡尺测量法同 7.1.1.2。

7.4.4 圆角半径

7.4.4.1 用半径样板测量

见图 7，在型材或非圆形棒线材的横截面上，选择与抽样产品轮廓圆角半径接近的半径样板，用半径样板紧靠轮廓圆角半径并保持与轴线垂直，目测轮廓圆角半径与半径样板之间形成的间隙，其形成间隙最小的半径样板尺寸，即为轮廓圆角半径测量的近似值。或者用特制样板比较测量。

7.4.4.2 投影仪或显微镜测量(高精度测量)

切取截面垂直于产品轴线的试样，抛光后，将试样置于投影仪或显微镜下，使试样清晰地成像于视场中。调整仪器和试样使被测圆弧成像于视场中，以仪器的基准直线截取一段弧，移动仪器的横向和纵向坐标测得此弧的旋长(S)和弓高(h)，见图 15，然后按式(1)算出圆弧半径(R)。

$$R=\frac{S^2}{8h}+\frac{h}{2} \qquad (1)$$

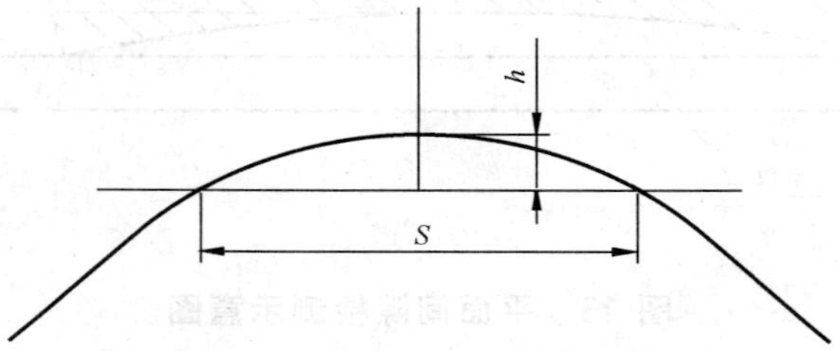

图 15 圆角半径检测示意图

7.4.5 切斜度

用直角尺和钢直尺测端面与横截面倾斜的最大垂直距离 d，见图 16。

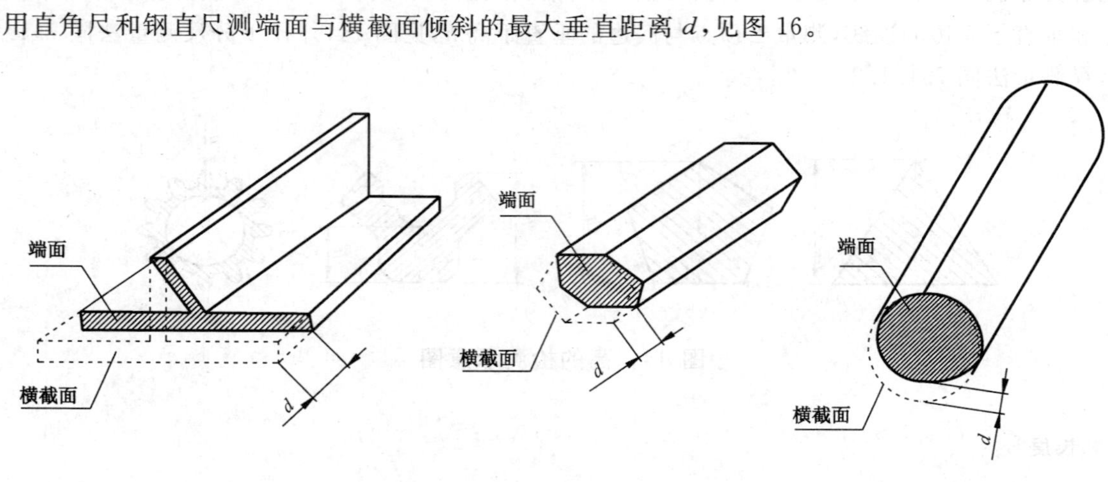

图 16 切斜度检测示意图

7.4.6 角度

7.4.6.1 万能角度尺测量

见图 7，在型材或非圆形棒线材的横截面上，用万能角度尺两测量面紧靠轮廓线两边并保持与轴线垂直，读取万能角度尺示值，即为轮廓角度值。或者用特制样板比较测量。

7.4.6.2 投影仪或显微镜测量（高精度测量）

切取截面垂直于产品轴线的试样，抛光后，将试样置于投影仪或显微镜下，使试样清晰地成像于视场中。调整试样基面的直线与仪器的基准直线相切并读取角度数值，然后调整仪器的角度分划板，使仪器基准直线分别与试样轮廓两边相切，此时角度分划板在两边移动的角度即为此两边的角度。

7.4.7 横截面积

棒线材横截面积按 GB/T 4909.2 的规定进行检测。

8 检测报告

如需出具检测报告时应包括以下内容：

a） 试样说明（材料牌号、状态、规格、批号）；

b） 试样数量；

c） 检测仪器及量具的范围及其最小示值；

d） 检测环境及结果；

e） 检测单位、检测日期、人员；

f） 本标准编号；

g） 其他。

参 考 文 献

[1] GB/T 1216—2004 外径千分尺
[2] GB/T 4423—2007 铜及铜合金拉制棒
[3] GB/T 6092—2004 直角尺
[4] GB/T 6312—2004 壁厚千分尺
[5] GB/T 6892—2006 一般工业用铝及铝合金挤压型材
[6] GB/T 8061—2004 杠杆千分尺
[7] GB/T 11086—1989 铜及铜合金术语
[8] GB 14846—2008 铝及铝合金挤压型材尺寸偏差
[9] GB/T 21389—2008 游标、带表和数显卡尺
[10] GB/T 21652—2008 铜及铜合金线材
[11] YS/T 662—2007 铜及铜合金挤制棒
[12] JJG1 钢直尺
[13] JJG 30 通用卡尺
[14] JJG 33 万能角度尺
[15] JJG 571 读数、测微显微镜
[16] JJF 1093 投影仪校准规范
[17] JB/T 6830 投影仪
[18] JB/T 7980 半径样板
[19] JB/T 10006 内测千分尺
[20] JJG 117 平板检测规程
[21] QB/T 2443 钢卷尺
[22] ASTM B249M—2006 加工铜合金线材的一般要求
[23] ASTM B250M—2007 加工铜合金棒材、条材、型和锻件的一般要求

ICS 77.040.99
H 13

中华人民共和国国家标准

GB/T 26303.3—2010

铜及铜合金加工材外形尺寸检测方法 第3部分：板带材

Measuring methods for dimensions and shapes of wrought copper and copper alloys—Part 3: Sheets and strips

2011-01-14 发布

2011-11-01 实施

中华人民共和国国家质量监督检验检疫总局
中国国家标准化管理委员会 发布

前　言

GB/T 26303《铜及铜合金加工材外形尺寸检测方法》共有三部分：

——GB/T 26303.1　铜及铜合金加工材外形尺寸检测方法　第1部分：管材；

——GB/T 26303.2　铜及铜合金加工材外形尺寸检测方法　第2部分：棒、线、型材；

——GB/T 26303.3　铜及铜合金加工材外形尺寸检测方法　第3部分：板带材。

本部分为第3部分。

本部分由中国有色金属工业协会提出。

本部分由全国有色金属标准化技术委员会归口。

本部分由中铝洛阳铜业有限公司负责起草。

本部分由宁波金田铜业(集团)股份有限公司参加起草。

本部分主要起草人：朱迎利、余建华、孙水珠、孟惠娟、朱景明、赵万花、洪燮平、张守宁。

铜及铜合金加工材外形尺寸检测方法 第3部分:板带材

1 范围

GB/T 26303 的本部分规定了铜及铜合金板带材外形尺寸检测的仪器及量具、试样制备、检测环境条件、检测方法、检测报告等内容。

本部分适用于铜及铜合金板带材外形尺寸的检测。

2 术语和定义

下列术语及定义适用于本部分。

2.1

厚度　thickness

板带材上、下两平行平面之间的垂直距离。

2.2

宽度　width

板带材的一个侧边至与之相对应的另一侧边之间的垂直距离。

2.3

长度　length

板材沿纵向一端到另一端的垂直距离。

2.4

平整度　flatness

板材与平整平面之间的最大垂直距离。

2.5

侧边弯曲度　edgewise curvature

在一定长度内,板带材侧边弯曲弧弧高。

2.6

纵向卷曲度(卷弯)　longtitudinal curl (coil set)

带材卷曲端与基准平面之间的最大垂直距离。如图 1 中 t 所示。

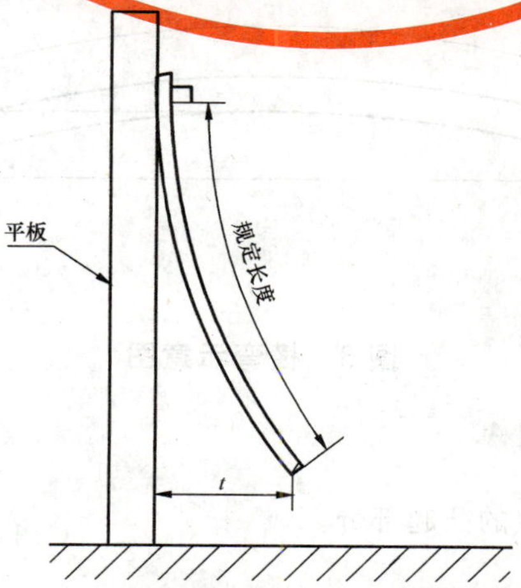

图 1　纵向卷曲度(卷弯)示意图

2.7

扭曲度　twist

带材纵向悬垂端与基准平面之间的夹角或悬垂端两侧与基准平面最大垂直距离的差值。如图 2 所示。

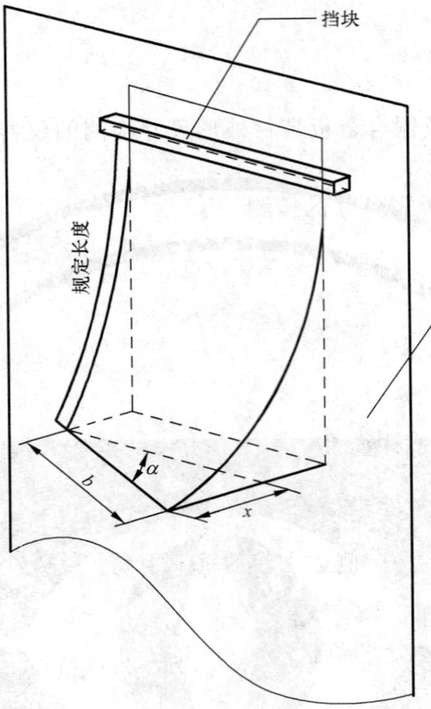

α——悬垂端与垂直平板间的夹角；

b——带材宽度；

x——悬垂端两侧与基准平面最大垂直距离差。

图 2　扭曲度示意图

2.8

横弯　crossbow

带材横截面弓起的最大弧高。如图 3 所示。

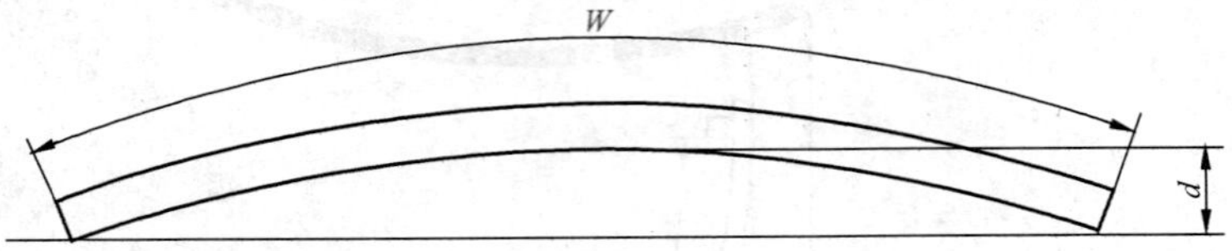

W——试样宽度；

d——横弯。

图 3　横弯示意图

2.9

毛刺　burrs

板带材边部因剪切或锯切产生的凸起部分。

2.10

圆角半径　coner radius

板带材横截面上连接相交两边的圆弧的弧线到圆心的距离。

2.11

圆边半径　radius of rounded edge

板带材侧边为圆弧时，圆弧的弧线到圆心的距离。

2.12

斜角角度　angle

U 型带材凹槽或 T 型带材突台两侧边与垂直平面的夹角。如图 4 中 θ 角所示。

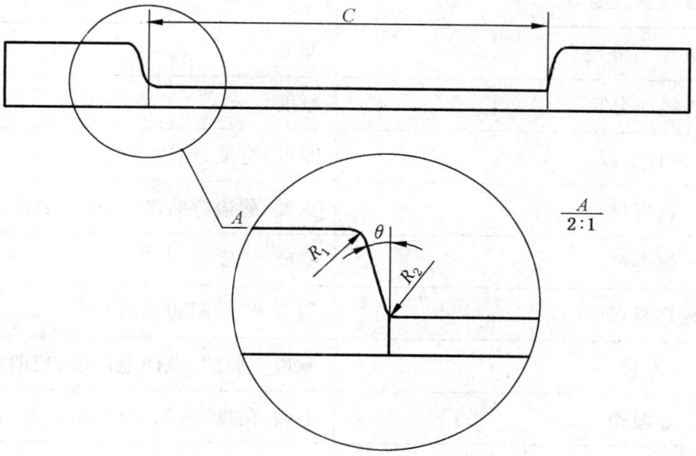

a) U 型带

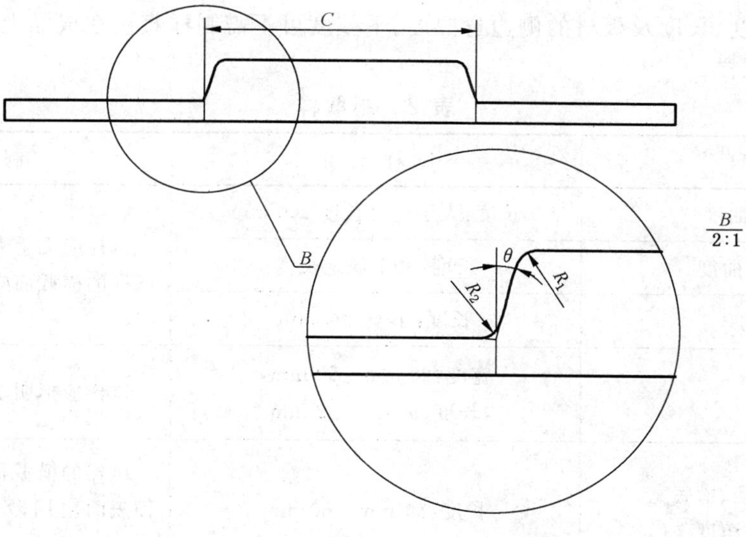

b) T 型带

C——槽底宽或台底宽；

θ——斜角角度；

R_1、R_2——圆角半径。

图 4　异型带的斜角角度、槽底宽或台底宽示意图

2.13

槽底宽或台底宽　width of the sudden unit or groove

U型带材凹槽或T型带材突台两侧边与底边两交点间的距离。如图4中C所示。

3　测量仪器及量具

3.1　测量仪器及量具的精度应满足产品尺寸测量精度的要求。

3.2　测量仪器及量具的各项性能应处于完好状态，具有有效的检定合格证书(或合格标识)。

3.3　各检测项目所使用的测量仪器、量具应符合表1的规定。

表1　各检测项目所使用的测量仪器、量具

测量仪器及量具	检测项目
数显千分尺	厚度
外径千分尺	厚度
游标卡尺	厚度、宽度、侧边弯曲度
钢直尺	宽度、侧边弯曲度、纵向卷曲度、扭曲度
钢卷尺	宽度、长度
半径样板(R规)	圆角半径、圆边半径
平板	侧边弯曲度、纵向卷曲度、扭曲度
显微镜	毛刺、角度、圆弧半径、槽底宽、台底宽、横弯
投影仪	毛刺、角度、圆弧半径、槽底宽、台底宽

4　试样制备

板带材厚度、宽度、长度及板材的侧边弯曲度、平整度可不需制样直接在成品上检测，其他检测项目应按表2规定制取试样。

表2　制取样

检测项目	试样尺寸	制样要求
带材侧边弯曲度	长度：大于规定长度200 mm	试样应无毛刺等影响测量的缺陷，试样的横截面应与纵边垂直
纵向卷曲、扭曲度	长度：大于规定长度	
横向弯曲	长度：小于100 mm	
毛刺	宽度：20 mm～50 mm， 长度：50 mm±2 mm	试样应标明检测位置并清洗、晾干
圆角半径、圆边半径、槽底宽、台底宽、斜角角度	长度：30 mm～50 mm	试样的横截面应与纵向垂直，横截面表面应用砂纸磨平，不应有变形、毛边等影响测量结果的缺陷

5　检测环境条件

一般尺寸测量在室温下进行，有检测环境要求的检测项目，应按照相应要求进行。

6 测量方法

6.1 厚度

6.1.1 带材厚度

带材厚度用千分尺在带材的头、尾部分别测量。带宽大于 100 mm、距离边部不小于 5 mm 处测量；带材宽度不大于 100 mm 时，在距离边部不小于 3 mm 处测量。所测得的最大值和最小值为厚度范围。

6.1.1.1 千分尺测量方法

a) 将千分尺的两测量面分开距离略大于被测尺寸。将待测带材置于两测量面之间，保持千分尺的测量轴线与板带材表面垂直；

b) 旋转微分筒，使测砧与测微螺杆的端面与带材表面轻轻接触，再适当用力旋转棘轮，使其紧贴；

c) 读取数值；

d) 反向旋转微分筒，退出千分尺。

6.1.2 板材厚度

板材厚度用千分尺或游标卡尺在板材的纵向和横向边部的头、中、尾部分别测量，测量应在距板材顶角不小于 100 mm、距边部不小于 10 mm 处进行。所测得的最大值和最小值为厚度范围。

6.1.2.1 千分尺测量方法

按 6.1.1.1 的规定进行。

6.1.2.2 游标卡尺测量方法

a) 将量爪张开比被测尺寸稍大，将待测板材置于游标卡尺两测量面之间，保持游标卡尺的测量轴线与板材厚度基面垂直；

b) 然后慢慢推动游标尺框，使量爪刚好接触被测板材表面。被测件应尽量靠近量爪测量面的根部；

c) 读取数值；

d) 反向滑动游标尺框，退出游标卡尺。

6.2 宽度

板带材宽度用游标卡尺、钢直尺或钢卷尺测量。板材在头、中、尾部测量；带材在头、尾部测量。所测得的最大值和最小值为宽度范围。

6.2.1 游标卡尺测量方法

游标卡尺测量方法按 6.1.2.2 进行。

6.2.2 钢直尺或钢卷尺测量方法

a) 将钢直尺或钢卷尺的零刻线与板带材的一个侧边边缘对齐；

b) 使钢直尺或钢卷尺的尺身与板带材表面紧贴，沿板带材横向将钢直尺或钢卷尺拉直；

c) 读取板带材对应的另一侧边数值。

6.3 长度

板材长度用钢卷尺进行测量，其测量方法按 6.2.2 进行。

6.4 平整度

6.4.1 把板材放在平板上，用规定长度的直边量具靠向板面。

6.4.2 用钢直尺测量板材与直边量具之间的最大距离，如图 5 中 d 所示。

6.4.3 应在板材表面纵向、横向及对角线等方向上进行测量，所测得的最大值即为该板材的平整度。

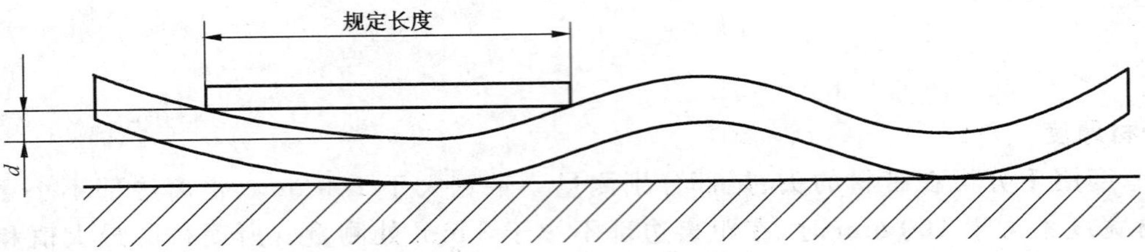

图5　平整度示意图

6.5　侧边弯曲度

6.5.1　把板带材放在平板上，用规定长度的直边量具靠在弯曲边缘上。

6.5.2　用钢直尺测量侧边弯曲弧线距直边量具之间的最大距离。如图6中 h 所示。

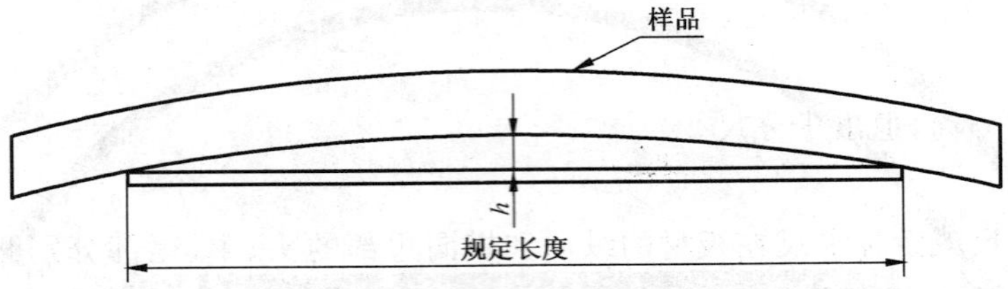

图6　侧边弯曲度示意图

6.6　纵向卷曲度(卷弯)

6.6.1　将试样一端固定在垂直放置的平板上，并使其自然下垂；

6.6.2　用钢直尺测量试样自然悬垂端与垂直平板间的最大垂直距离，见图1所示；

6.6.3　测量时应在试样的两端各测量一次，并取两次测量结果的最大值。

6.7　扭曲度

6.7.1　将试样一端固定在垂直放置的平板上，使其自然下垂；

6.7.2　用钢直尺分别测量试样自然悬垂端两侧边与垂直平板间的最大垂直距离，见图2所示，并计算其差值 x；

6.7.3　悬垂端与垂直平板间的夹角 α 可以按式(1)计算：

$$\alpha = \arc \sin \frac{x}{b} \quad \cdots\cdots(1)$$

式中：

α——悬垂端与垂直平板间的夹角，单位为度(°)；

x——悬垂端两侧与基准平面最大垂直距离差，单位为毫米(mm)；

b——带材宽度，单位为毫米(mm)。

6.7.4　测量时应在试样的两端各测量一次，取两次测量的最大值。

6.8　横弯

6.8.1　把试样放在显微镜工作台上，调整仪器使试样横截面清晰地成像于视场中。

6.8.2　调整仪器基准直线与试样横截面弯曲内侧两端点连线相切，并读取数值。

6.8.3　移动仪器基准直线使其与试样横截面弯曲内侧最高点相切并读取数值，两次读数的差值 d 即为横弯值，见图3所示。

6.9　毛刺

6.9.1　将试样放在显微镜或投影仪仪器工作台上，并置于仪器物镜视场内，毛刺所在边应与工作台垂直；

6.9.2 调整焦距使被测试样的毛刺及试样表面清晰地成像在物镜视窗内；

6.9.3 以被测表面为基准，调整仪器上某一基准直线与其相切，并读取数值 s；

6.9.4 沿毛刺方向平移仪器基准直线（或平移仪器工作台）使其与毛刺顶端相切，读取第二个数值 r，两次读数的差值 $u(u=|s-r|)$ 即为毛刺的高度，如图7所示；

6.9.5 每个试样应选择不少于五个部位进行测量，以检测数据中的最大值作为最终检测结果报出。

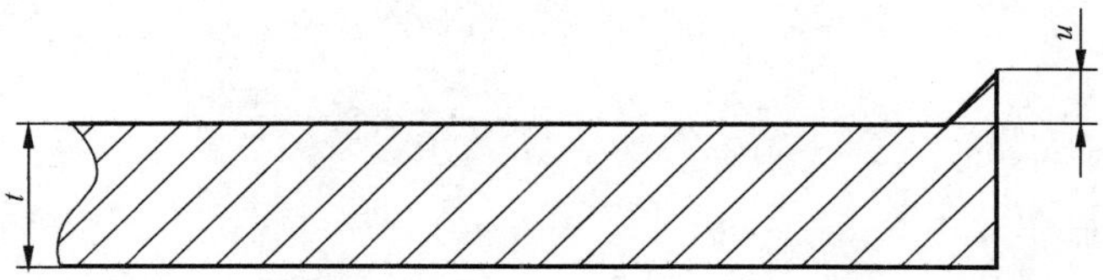

t——厚度；

u——毛刺高度。

图7 毛刺示意图

6.10 圆角半径和圆边半径

6.10.1 显微镜或投影仪测量方法

将被测试样置于仪器显微镜下，调整仪器和试样使被测圆弧清晰成像于视场中，以仪器的基准直线截取一段弧，移动仪器的横向和纵向坐标测得此弧的旋长(S)和弓高(h)，然后以式(2)求得此圆弧的半径(R)。

$$R=\frac{S^2}{8h}+\frac{h}{2} \qquad \cdots\cdots(2)$$

式中：

R——圆弧的半径，单位为毫米(mm)；

S——弧的旋长，单位为毫米(mm)；

h——弧的弓高，单位为毫米(mm)。

注：对圆角半径和圆边半径精度要求较高时，用显微镜或投影仪测量。

6.10.2 半径样板(R规)测量方法

在板带材横截面上，选择和圆角或圆边半径接近的半径样板(R规)紧靠圆弧，目测圆弧与半径样板(R规)之间的间隙，其形成间隙最小的半径样板(R规)尺寸，即为圆角半径或圆边半径测量的近似值。

6.11 斜角角度、槽底宽或台底宽

6.11.1 将被测试样置于显微镜或投影仪下，调整仪器和试样使其清晰地成像于视场中。

6.11.2 调整试样基面直线(U型带为凹槽底边、T型带为突台底边所在直线)与仪器的任意一条基准直线相切并读取角度数值，然后调整仪器的角度分划板，使该基准直线与试样斜边相切，角度分划板移动的角度减去90°即为斜角角度。

6.11.3 调整仪器的基准直线与凹槽或突台的一个侧边相切，读取基准直线与试样基面直线交点处数值，然后沿试样基面直线移动仪器工作台并调整仪器基准直线，使仪器的基准直线与凹槽或突台的另一个侧边相切，并读取其在试样基面直线上第二个交点数值，两次读数的差值即为槽底宽或台底宽。

7 检测报告

如需出具检测报告，应包括如下内容：

a) 试样说明(材料牌号、状态、规格、批号);

b) 试样数量;

c) 测量仪器及量具的测试范围及最小示值;

d) 检测环境及结果;

e) 检测单位、检测日期、人员;

f) 本标准编号;

g) 其他。

参 考 文 献

[1] GB/T 1216—2004 外径千分尺

[2] GB/T 2040—2008 铜及铜合金板材

[3] GB/T 2059—2008 铜及铜合金带材

[4] GB/T 2529—2005 导电用铜板和条

[5] GB/T 2061—2004 散热器散热片专用纯铜及黄铜带箔材

[6] GB/T 17793—1999 一般用途的加工铜及铜合金板带材外形尺寸及允许偏差

[7] GB/T 20254.1—2006 引线框架用铜及铜合金带材 第1部分:平带

[8] GB/T 20254.2—2006 引线框架用铜及铜合金带材 第2部分:U型带

[9] GB/T 21389—2008 游标、带表和数显卡尺

[10] JJG 1—1999 钢直尺

[11] JJG 4—1999 钢卷尺

[12] JJG 21—2008 千分尺

[13] JJG 30—2002 通用卡尺

[14] JJG 56—2000 工具显微镜

[15] JJG 58—1996 半径样板

[16] JJG 117—2005 平板检测规程

[17] JJF 1093—2002 投影仪校准规范

[18] JB/T 6830—1993 投影仪

[19] JB/T 7980—1999 半径样板

[20] QB/T 2443—1999 钢卷尺

[21] EN 1758—1997 铜及铜合金 引线框架用带材

[22] SEMI G4—94 引线框架冲压生产中所用的集成电路引线框架标准

ICS 77.120
H 71

中华人民共和国国家标准

GB/T 26304—2010

锡　　粉

Tin powder

2011-01-14 发布　　2011-11-01 实施

中华人民共和国国家质量监督检验检疫总局
中国国家标准化管理委员会　发布

前　言

本标准由中国有色金属工业协会提出。

本标准由全国有色金属标准化技术委员会归口。

本标准由广西华锡集团股份有限公司负责起草。

本标准由中国有色金属工业标准计量质量研究所、云南锡业集团(控股)有限责任公司参加起草。

本标准主要起草人:叶有明、林文霜、赵军锋、彭林华、罗珮珍。

锡　　粉

1　范围

本标准规定了锡粉的要求、试验方法、检验规则及标志、包装、运输、贮存、质量证明书及合同(或订货单)的内容。

本标准适用于以锡锭为原料所生产的锡粉。

2　规范性引用文件

下列文件对于本文件的应用是必不可少的。凡是注日期的引用文件，仅注日期的版本适用于本文件。凡是不注日期的引用文件，其最新版本(包括所有的修改单)适用于本文件。

GB/T 728　锡锭

GB/T 3260.1～3260.6　锡化学分析方法

GB/T 5158.4　金属粉末　总氧含量的测定　第4部分:还原-提取法

GB/T 5314　粉末冶金用粉末的取样

GB/T 8170　数值修约规则与极限数值的表示和判定

GB/T 10574.1　锡铅焊料化学分析方法

GB/T 13220　细粉末粒度分布的测定　声波筛分法

3　要求

3.1　产品分类

锡粉按其粒度分布分为 FSn 1、FSn 2、FSn 3 三个牌号，每个牌号分 A 和 AA 两个品级，A 为常规锡粉，AA 为低铅锡粉。

3.2　化学成分

锡粉化学成分应符合表 1 的规定。

3.3　粒度分布

锡粉各牌号和品级的粒度分布应符合表 2 的规定。

3.4　外观质量

锡粉的外观为银灰色粉末，色泽均匀，无凝块及附着油渍和异物。

4　试验方法

4.1　锡粉化学成分的分析方法按 GB/T 3260.1～3260.6、GB/T 5158.4 和 GB/T 10574.1 的规定进行。

4.2　锡粉粒度分布分析按 GB/T 13220 的规定进行。

4.3　锡粉的外观质量用目视检查。

表 1

牌号	品级	化学成分(质量分数)/%								
		Sn 不小于	杂质,不大于							
			Cu	Fe	Bi	Pb	Sb	As	总氧量	杂质总量
FSn 1 FSn 2 FSn 3	A	99.50	0.008	0.007	0.015	0.032	0.020	0.008	0.35	0.50
FSn 1 FSn 2 FSn 3	AA	99.50	0.008	0.007	0.015	0.010	0.020	0.008	0.35	0.50
注 1:需方如对锡粉的化学成分有特殊要求时,可由供需双方商定。 注 2:锡含量为 100%减去实测杂质含量之和的余量。										

表 2

牌号	品级	粒度分布	
		粒度/μm	不大于/%
FSn 1	A、AA	+150	0.5
		+75	2.0
FSn 2	A、AA	+150	0.5
		+45	2.0
FSn 3	A、AA	+150	0.5
		+38	2.0
注:如需方对锡粉的粒度分布有特殊要求时,可由供需双方商定。			

5　检验规则

5.1　检查和验收

5.1.1　产品应由供方质量技术检验部门进行检验,保证产品质量符合本标准及合同(或订货单)的规定,并填写质量证明书。

5.1.2　需方应对收到的产品按本标准的规定进行检验,如检验结果与本标准及合同(或订货单)的规定不符时,应在收到产品之日起 60 日内,以书面形式向供方提出,由供需双方协商解决。如需仲裁,仲裁取样在需方由供需双方共同进行。

5.2 组批

锡粉应成批提交检验，每批产品应由同一牌号、同一品级的锡粉组成。每批重量不超过 2 000 kg。

5.3 检验项目

每批锡粉出厂前应进行化学成分、粒度分布、外观质量检验。

5.4 取样和制样

5.4.1 取样

锡粉的取样和仲裁取样按 GB/T 5314 规定进行。

5.4.2 制样

5.4.2.1 将所取试样迅速并充分地混匀，缩分制成三份，供需双方各一份，仲裁备用一份。每份试样量约 300 g 左右。

5.4.2.2 标签需注明生产单位、产品名称、试样编号、产品批号、数量、分析元素、取样日期、取样人等，并在试样容器的封口处粘贴上封条，封条须由供需双方签章认可。

5.5 检验结果的判定

5.5.1 化学成分分析结果与本标准的规定不符时，按批判不合格。

5.5.2 粒度分布的测定结果与本标准不符时，应从该批产品中另取双倍数量的试样进行重复试验。重复检验的结果全部合格，则判整批产品合格。若重复试验结果仍有试样不合格，则判该批产品不合格。

5.5.3 外观质量与本标准的规定不符时，则按批判为不合格。

5.5.4 检验结果的数值按 GB/T 8170 规定修约、表示和判定。

6 标志、包装、运输、贮存和质量证明书

6.1 标志

产品外包装上应注明下列内容：

a） 生产厂名称、厂址、商标和联系电话(或传真)；

b） 产品名称和牌号；

c） 产品批号和产品执行标准；

d） 产品净重；

e） 生产日期。

产品包装上应有明显的“防潮”标志或字样。

6.2 包装、运输、贮存

6.2.1 锡粉用塑料复合袋包装，每袋 2 kg，封口后装入塑料桶，桶内衬一层塑料薄膜，每桶装 20 袋、净重 40 kg 。经供需双方商议，也可根据需方的要求包装。

6.2.2 运输时要防雨淋、防潮湿、防止接触化学药剂。

6.2.3 贮存时库房环境要常温、干燥。

6.2.4 锡粉有效贮存期为 6 个月，超过有效贮存期，经检验合格仍可使用。

6.3 质量证明书

每批产品应附有质量证明书，注明下列内容：

a) 供方名称、地址、电话、传真；

b) 产品名称、牌号和品级；

c) 批号；

d) 净重和件数；

e) 各项分析结果和质量检验部门印记；

f) 本标准编号；

g) 生产日期；

h) 有效贮存期。

7 合同(或订货单)内容

本标准所列产品的合同(或订货单)内应包含下列内容：

a) 产品名称；

b) 牌号；

c) 对杂质含量的特殊要求；

d) 净重和件数；

e) 本标准编号；

f) 包装；

g) 数量；

h) 其他。

ICS 77.120.40
H 13

中华人民共和国国家标准

GB/T 26305—2010

氧化镍化学分析方法 镍量的测定 电沉积法

The method for chemical of nickel oxide—Determination of nickel content—Electrolytic deposition method

(ISO 12169:1996,MOD)

2011-01-14 发布 2011-11-01 实施

中华人民共和国国家质量监督检验检疫总局
中国国家标准化管理委员会 发布

前　言

本标准按照 GB/T 1.1—2009 给出的规则起草。

本标准修改采用 ISO 12169:1996《氧化镍　镍量的测定　电解沉积法》。与 ISO 12169:1996 相比，本标准主要变化如下：

——引用标准采用与国际标准 ISO 3696 对应的 GB/T 6682《分析实验室用水规格和试验方法》；

——试剂用乙醇代替甲醇；

——在 4.8、4.9 中，用"优级纯"试剂代替"试剂级"试剂；

——在 5.1 中将"半微量分析天平，感量 0.01 mg"，根据实际操作要求改为"分析天平，感量 0.1 mg"；

——在 5.3 中将"阳极为螺旋线圈状"改为"阳极为螺旋线圈状或网状"；

——在 7.1.1 中，将称样量"精确到 0.001 g" 改为"精确到 0.1 mg"，用"烧杯"代替"派热克斯烧杯"；

——在 7.1.4 中用"中速定量滤纸"代替"40# 滤纸(whatman)"；

——时间进行量化。将 7.2.3 中电解沉积"隔夜"改为"14 h"；7.2.5 中"干燥一会儿"改为"干燥 2 min"；

——在 8.2 精密度部分，用重复性限和再现性限代替实验室试验和统计分析。

本标准与 ISO 12169:1996 各条款的对应关系见附录 D。

本标准由全国有色金属标准化技术委员会(SAC/TC 243)归口。

本标准负责起草单位：金川集团有限公司、中国有色金属工业标准计量质量研究所。

本标准参加起草单位：浙江华友钴业股份有限公司、兰州大学。

本标准主要起草人：邱平、林秀英、赵永善、祁世青、谢柏华、张海霞、刘晓燕。

氧化镍化学分析方法
镍量的测定　电沉积法

1　范围

本标准规定了氧化镍和部分还原氧化镍中镍量的电沉积测定方法。

本标准适用于氧化镍和部分还原氧化镍中镍量的电沉积测定方法，测定范围：70%～95%（质量分数）。

2　规范性引用文件

下列文件对于本文件的应用是必不可少的。凡是注日期的引用文件，仅注日期的版本适用于本文件。凡是不注日期的引用文件，其最新版本（包括所有的修改单）适用于本文件。

GB/T 6682　分析实验室用水规格和试验方法（ISO 3696：1987，MOD）

3　方法原理

试料用硝酸和氯酸钾溶液溶解，加硫酸冒烟除去硝酸，用焦硫酸钾熔融分解溶解残渣。在氨水介质中电解沉积镍，称量沉积物质量。用原子吸收光谱法测定氨电解液中残余镍的质量加上沉积镍的质量即为实际镍的质量。测定样品中用水分修正沉积物中镍的净质量。

4　试剂

除非特别说明，所用试剂为分析纯，水为GB/T 6682中规定的2级水。

4.1　盐酸，ρ_{20}＝1.18 g/mL，稀释至（1＋1）。

4.2　硫酸，ρ_{20}＝1.84 g/mL，稀释至（1＋1）。

4.3　硝酸，ρ＝1.41 g/mL，稀释至（1＋1）。

4.4　氢氟酸，ρ_{20}＝1.13 g/mL，稀释至（1＋1）。

警告：氢氟酸对皮肤和粘膜具有极强的刺激性、腐蚀性，会造成严重的灼伤且不易治愈。一旦皮肤接触了氢氟酸，用水充分清洗后就医。

4.5　氨水，ρ_{20}＝0.89 g/mL。

4.6　氯酸钾（$KClO_3$），优级纯。

警告：氯酸钾是一种强氧化剂，与某些物质混合后，会发生爆炸。

4.7　焦硫酸钾（$K_2S_2O_7$），优级纯。

4.8　丁二酮肟溶液：1 g丁二酮肟溶解于100 mL乙醇中。

5　仪器

5.1　分析天平，感量0.1 mg。

5.2　电解沉积装置（见图1）。

5.3 铂阴极和铂阳极，铂阴极最好是网状，高 41 mm，直径 41 mm，阳极为螺旋线圈状或网状。

6 取样及制样

6.1 取样及试样的制备应按常规的方法进行，一旦发生争议，则按相关国家标准执行。

6.2 实验室样品通常是成分均匀的粉末，不需要进一步制备。

6.3 如果实验室样品有较大颗粒或试片，样品应通过槽格缩分法获得。

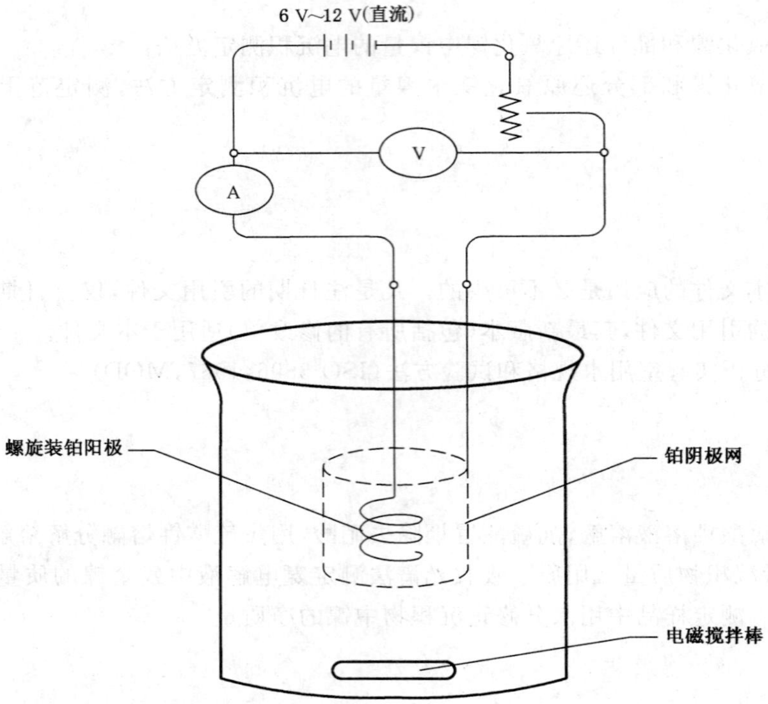

图 1 电解沉积装置

7 步骤

7.1 试样及试液的制备

7.1.1 称取约 2 g 试样，精确到 0.1 mg，然后置于 400 mL 烧杯中。

7.1.2 加 1 g 氯酸钾(4.6)并用 20 mL 水润湿，冲洗烧杯内壁。加 60 mL 硝酸(ρ=1.41 g/mL)后盖上烧杯。在加热板上加热至明显溶解后(1 h～2 h)，从加热板上移开。

7.1.3 再加 0.5 g 氯酸钾(4.6)和 30 mL 硝酸(ρ=1.41 g/mL)，摇匀，在加热板加热 1 h 后取下冷却，用水冲洗烧杯壁。

7.1.4 加 25 mL 硫酸(4.2)，加热蒸发至近干，向冷却后的残留物中加 40 mL 水和 15 mL 硫酸(4.2)，盖上烧杯加热至盐类溶解。当无水硫酸镍固体开始分解时，不要搅动溶液。

注 1：在开始冒烟阶段，为了避免喷溅及由工具造成的损失，建议用玻璃纤维或石棉垫垫上烧杯。

7.1.5 用中速定量滤纸过滤掉不溶残余物，将滤液收集到 400 mL 烧杯中。

注 2：部分特殊氧化镍能在稀酸中溶解，而不需另外添加氯酸钾。这类氧化物在 60 mL 硝酸中(4.3)就会被溶解。在 7.1.4 步骤中获得的清澈的溶液不需过滤，可以按 7.1.7 规定进行下一步操作。

7.1.6 将滤纸和残余物一起移至铂坩埚中干燥、炭化，然后灼烧使碳氧化。冷却后，加 0.5 mL 硫酸

(4.2)和2 mL氢氟酸(4.4)。小心蒸发干燥,残余物与2 g焦硫酸钾(4.7)熔融,熔化物冷却后在20 mL~30 mL水中溶解,与7.1.5中的溶液混合。

7.1.7 将清亮的溶液用水稀释至150 mL,然后按7.2的规定进行电解沉积。

7.2 镍、钴和铜的电解沉积

7.2.1 在溶液(7.1.7)中放入一个电磁搅拌棒,一边搅拌,一边加入氨水(4.5)至250 mL。

7.2.2 称量清洁的空白阴极,然后接到已连好阳极的电解沉积装置上。以上操作中应确保在断电的情况下进行。

7.2.3 电极完全浸在溶液中,用两块半片表面皿盖上烧杯,开启电解沉积装置的换气扇(如果有的话),通电并按以下步骤对溶液进行电解沉积:

在0.2 A电流条件下电解沉积14 h(不搅拌),用水冲洗两块表面皿和烧杯壁,加氨水(4.5)至250 mL,在搅拌条件下先以0.5 A电流电解30 min,然后提高电流至1.0 A,继续电解60 min。

7.2.4 取1 mL~2 mL电解液并放在滴试板上检验沉积是否完全,与(1~2)滴丁二酮肟溶液(4.8)混合后,如果没有出现粉色,则电解已经完成。

7.2.5 关掉电磁搅拌棒,但不要停止通电,从电解液中取出阴极时用水冲洗阴极。然后,先后在两个盛有已醇的烧杯中浸洗阴极,在100 ℃温度下干燥2 min。关掉电解装置电源。保留电解液,然后按7.3的规定测定残留镍量。

7.2.6 冷却并称量阴极,记录下质量,减去空白阴极质量(7.2.2),得到不纯镍沉积物的净质量。

注3:有证据显示,在一定的电解条件下,如快速电镀,铂可能从阳极线圈上溶解,并部分沉积在阴极上。这可以通过电解沉积过程前后称量阳极线圈质量来检验。用以上方法进行尚未发现质量损失。

7.3 测定电解后液中的镍量

在电热板上加热蒸发电解后的电解液(7.2.5)至近干,加20 mL盐酸(4.1)和水使盐类溶解。移取试液至250 mL容量瓶中,用水稀释至刻度,混匀。按附录A的规定,用原子吸收光谱法测定该溶液中的残留镍量。

7.4 测定电解沉积镍中的铜量和钴量

将称量过的阴极(7.2.6)放入一烧杯中并加入100 mL硝酸(4.3)。盖上烧杯加热直至沉积物溶解。继续加热约30 min,冲洗阴极并移开。加热至近干,冷却,加入25 mL盐酸(ρ_{20}=1.18 g/mL),盖上烧杯使其分解直至停止冒泡,蒸发至刚好干燥,冷却,再加入25 mL盐酸(ρ_{20}=1.18 g/mL),并重复加热蒸发。在20 mL盐酸(4.1)中溶解盐类,如需要可加热。冷却,将此溶液移至250 mL容量瓶中,用水稀释至刻度,混匀。按附录B的规定,用原子吸收光谱法测定该溶液中的钴量和铜量。

7.5 水分的测定

测定试料中的水分量,先称量一个预先干燥的称量瓶,装入一份约2 g试样后称量,精确至0.1 mg,在105 ℃下打开盖子,烘干4 h。盖上瓶盖,在干燥器中冷却后再次称量。记录下干燥前后的质量。

8 分析结果的计算

8.1 计算方法

8.1.1 试样中水分量用质量分数w_{H_2O}表示,按式(1)计算:

$$w_{H_2O}=\frac{(m_{W1}-m_{W2})\times 100}{m_0} \quad \cdots\cdots(1)$$

式中：

m_0 ——试料质量，单位为克(g)；

m_{W1}——干燥前试料及瓶子质量，单位为克(g)；

m_{W2}——干燥后试料及瓶子质量，单位为克(g)。

8.1.2 试样中镍量用质量分数 w_{Ni} 表示，通过水分含量修正后，用式(2)计算：

$$w_{Ni} = \frac{(m_1 - m_{Cu} - m_{Co} + m_{Ni}) \times 100}{m_0 \times (100 - W_{H_2O})} \times 100 \quad \cdots\cdots\cdots\cdots(2)$$

式中：

m_0 ——试料质量，单位为克(g)；

m_1 ——阴极(7.2.6)上析出镍(含铜、钴)的质量，单位为克(g)；

m_{Cu}——沉积镍中(7.4)测得的铜质量，单位为克(g)；

m_{Co}——沉积镍中(7.4)测得的钴质量，单位为克(g)；

m_{Ni}——电解液中(7.3)测得的一残留镍含量，单位为克(g)。

8.2 精密度

8.2.1 重复性

在重复性条件下获得的两次独立测试结果的测定值，在测定范围内，这两个测试结果的绝对差值不超过重复性限(r)，超过重复性限(r)的情况不超过5%。在测定范围内重复性限(r)为0.12%。

8.2.2 再现性

在再现性条件下获得的两次独立测试结果的绝对差值不大于再现性限(R)，超过再现性限(R)的情况不超过5%。在测定范围内再现性限(R)为0.25%。

9 干扰性

尽管一般情况下氧化镍中不含锌和镉，但它们一旦存在就会在氨溶液中与镍共同沉积下来。

如果知道含有锌和镉，则应用原子分光光度计测定镍沉积溶解后溶液中的锌量、镉量，不纯镍沉积物的量也应做相应修正。

如果氨溶液中三价铬量超过0.2 mg，则会延长镍的电解沉积，尤其是在大电流情况下，可能导致电解液中残留较多镍。但铬对镍沉积的影响不很明显(<0.01%)。

10 试验报告

试验报告应包括以下内容：

a) 使用标准编号；

b) 分析结果；

c) 独立重复试验次数；

d) 分析中所发现的异常情况；

e) 在本标准中未包括的或认为是自选的任何操作。

附 录 A
(规范性附录)
原子吸收光谱法测定电解之后电解液中的镍量

A.1 总则

本附录规定了电解沉积镍之后,其电解液(7.3)中残余镍的测定方法。

A.2 试剂

除非特别说明,所用试剂为分析纯,水为2级水。

A.2.1 镍标准贮存溶液(1 000 mg/L)

称取1 g纯度≥99.9%(质量分数)的金属镍,精确至0.1 mg,移入500 mL烧杯中,加入40 mL硝酸(4.3)使其溶解。蒸发至稠浆状,冷却后加20 mL盐酸(ρ=1.18 g/mL)。盖上烧杯使其分解,直到停止产生气泡,蒸发至近干。在50 mL盐酸(4.1)中将其溶解,然后移至1 000 mL容量瓶中,用水稀释至刻度,混匀。

A.2.2 镍标准溶液(100 mg/L)

移取25.0 mL镍标准贮存溶液(A.2.1)至250 mL容量瓶中,然后加入10 mL盐酸(4.1),用水稀释至刻度,混匀。

A.3 仪器

A.3.1 滴定管:容量为25 mL,分刻度为0.1 mL,应符合标准A级的规定。
A.3.2 容量瓶:容量为250 mL和1 000 mL,应符合标准A级的规定。
A.3.3 移液管:容量为25 mL,应符合标准A级的规定。
A.3.4 原子吸收分光光度计:配有适于空气-乙炔火焰的燃烧头和镍空心阴极灯。该光度计在本方法应用中应满足附录C中规定的仪器参数。

A.4 步骤

A.4.1 原子吸收分光光度计的调节

按照产品说明书确定仪器各项参数。将波长调至232.0 nm处,根据厂商推荐调整镍空心阴极灯电流,点燃燃烧头,调整空气、乙炔气流量以便获得在吸入水时形成清洁、不发光的氧化性火焰,将仪器调零。

A.4.2 测定

于原子吸收分光光度计上测定电解后电解液(7.3)中镍的吸光度,从工作曲线上查得试液的吸光度所对应的镍量。

A.4.3 工作曲线的绘制

A.4.3.1 用滴定管移取 0 mL、5.00 mL、10.00 mL、15.00 mL 和 20.00 mL 镍标准溶液(A.2.2)分别至 5 个 250 mL 容量瓶中,各加入 20 mL 盐酸(4.1),用水稀释至刻度,混匀。250 mL 标准溶液中分别含镍 0 mg、0.50 mg、1.00 mg、1.50 mg 和 2.00 mg。

A.4.3.2 于原子吸收分光光度计上测定系列标准溶液(A.4.3.1),从“零溶液”开始测定,以镍浓度为横坐标,吸光度为纵坐标绘制工作曲线。

A.5 分析结果的计算

计算电解液中的镍量 m_{Ni}(单位为 g),用来修正 8.1.2 的镍量,计算公式如式(A.1)所示:

$$m_{Ni} = C_{Ni} \times 10^{-3} \quad \cdots\cdots(A.1)$$

式中:

C_{Ni}——试液(7.3)中测得的镍量,单位为毫克(mg)。

注 4:有些原子吸收分光光度计可能要采用标尺放大。

注 5:如果分析溶液(7.3)中的镍量很高,该溶液可稀释做出恰当的修正。

附 录 B
（规范性附录）
原子吸收分光光度计测定电解沉积镍中的钴和铜量

B.1 总则

本附录规定了电解沉积镍（见7.4）中钴和铜量的测定方法。

B.2 试剂

除非特别说明，所用试剂为分析纯，水为2级水。

B.2.1 钴标准贮存溶液（1 000 mg/L）

称取1 g纯度≥99.9%（质量分数）的金属钴，精确至0.1 mg，移至500 mL烧杯中，加入30 mL盐酸（4.1）并加热使其溶解完全，冷却，移至1 000 mL容量瓶中，再加25 mL盐酸（4.1），用水稀释至刻度，混匀。

B.2.1.1 钴标准溶液（100 mg/L）

移取50.0 mL钴标准贮存溶液（B.2.1）至500 mL容量瓶中，然后加入25 mL盐酸（4.1），用水稀释至刻度，混匀。

B.2.2 铜标准贮存溶液（1 000 mg/L）

称取1 g纯度≥99.9%（质量分数）的金属铜，精确至0.1 mg，移至500 mL烧杯中，加入40 mL硝酸（4.3），静置至反应停止。加热使其溶解完全后，继续加热蒸发至近干，冷却，加25 mL盐酸（ρ=1.18 g/mL），盖上烧杯使其分解直至停止产生气泡，再次蒸发至刚好干燥。加入50 mL盐酸（4.1）将其溶解，如需要可加热。冷却后移至1 000 mL容量瓶中，用水稀释至刻度，混匀。

B.2.2.1 铜标准溶液（50 mg/L）

移取25.0 mL铜标准贮存溶液（B.2.2）至500 mL容量瓶中，然后加入25 mL盐酸（4.1），用水稀释至刻度，混匀。

B.3 仪器

B.3.1 滴定管

容量为25 mL，分刻度为0.1 mL，应符合标准A级的规定。

B.3.2 容量瓶

容量为100 mL、500 mL和1 000 mL，应符合标准A级的规定。

B.3.3 移液管

容量为10 mL、20 mL、25 mL和50 mL，应符合标准A级的规定。

B.3.4 原子吸收分光光度计

配有适于空气-乙炔火焰的燃烧头和钴及铜空心阴极灯。该光度计在本方法应用中应满足附录C中规定的仪器参数。

B.4 步骤

B.4.1 原子吸收分光光度计的调节

按照产品说明书确定仪器各项参数。将波长调至240.7 nm处，根据厂商推荐调整镍空心阴极灯电流，点燃燃烧头，调整空气、乙炔气流量以便获得在吸入水时形成清洁、不发光的氧化性火焰，将仪器调零。

B.4.2 测定

B.4.2.1 钴的测定

B.4.2.1.1 移取10.0 mL试液(7.4)至100 mL容量瓶中，加入5 mL盐酸(4.1)，用水稀释至刻度，混匀。

B.4.2.1.2 于原子吸收分光光度计上测定试液(B.4.2.1.1)中钴的吸光度，从工作曲线上查得试液的吸光度所对应的钴量。

B.4.2.2 铜的测定

B.4.2.2.1 移取20.0 mL试液(7.4)至100 mL容量瓶中，加入5 mL盐酸(4.1)，用水稀释至刻度，混匀。

B.4.2.2.2 于原子吸收分光光度计上测定试液(B.4.2.2.1)中铜的吸光度，从工作曲线上查得试液的吸光度所对应的铜量。

注6：如果稀释的试液中钴或铜的含量过高，应从最初试液(7.4)中取更少试液。

B.4.3 工作曲线的绘制

B.4.3.1 用滴定管分别移取钴和铜标准溶液(B.2.1.1和B.2.2.1)0 mL、4.00 mL、8.00 mL、12.00 mL和16.00 mL，各自放入两组100 mL容量瓶中，各加入5 mL盐酸(4.1)，用水稀释至刻度，混匀。这些100 mL标准溶液中相应地含有钴0 mg、0.40 mg、0.80 mg、1.20 mg和1.60 mg；铜0.00 mg、0.20 mg、0.40 mg、0.60 mg和0.80 mg。

B.4.3.2 于原子吸收分光光度计上分别测定钴和铜的系列标准溶液(B.4.3.1)，从"零溶液"开始测定，分别以钴和铜的浓度为横坐标，吸光度为纵坐标绘制钴和铜的工作曲线。

B.5 分析结果的计算

计算电解沉积镍中的钴(m_{Co})量和铜(m_{Cu})量，单位为克(g)，用来修正8.1条中的镍量，计算公式如式(B.1)和式(B.2)所示：

$$m_{Co} = C_{Co} \cdot F \times 10^{-3} \quad \cdots\cdots(B.1)$$

$$m_{Cu} = C_{Cu} \cdot F \times 10^{-3} \quad \cdots\cdots(B.2)$$

式中：

C_{Co}——试液(B.4.2.1)中测得的钴量，单位为毫克(mg)。

C_{Cu}——试液(B.4.2.2)中测得的铜量，单位为毫克(mg)。

F ——试液(7.4)与各自在B.4.2中所取试液的体积比。

附　录　C
（规范性附录）
原子吸收分光光度计操作参数的校验

C.1　序言

不论对于同一制造商还是不同制造商，每个原子吸收分光光度计的参数都会随仪器的不同而不同。因此，使用仪器前需调好仪器，以满足其性能要求。

C.2　仪器的初调

C.2.1　按照产品说明书要求，使用单缝（通常约为 10 cm）燃烧器喷出薄层空气-乙炔火焰，确定原子吸收分光光度计各项参数。

C.2.2　用单元素阴极灯作为光源对该元素进行试验，按制造商建议操作光源。

注 7：尽管二元合金阴极灯比单元素阴极灯提供更稳定的发射源，一般仍不提倡使用多种元素阴极灯。

C.2.3　点燃燃烧器并吸水直到达到热平衡。

C.2.4　吸入处于中间含量的标定溶液进行试验，并调整仪器到最理想吸收状态。使用本标准附录 A 或附录 B 中规定的波长，并根据制造商的推荐设定光谱通带狭缝，然后测试该元素吸光度值。

C.2.5　吸入稀盐酸（1＋19）冲洗燃烧器系统，然后将仪器调零，按 C.3.2 和 C.3.3 的规定操作参数进行校验。

C.2.6　光度计应在吸收模式下使用。

C.3　仪器性能的检测

C.3.1　性能检测溶液

附录 A 或附录 B 的校准曲线，是用 5 个标准溶液（包括“零”溶液）建立起来的。对于仪器的性能检测，选择两对标准溶液，包括了标准溶液曲线的上部和下部，即：两个最高浓度的标准溶液之间，与之相对应的是“零”溶液和低浓度溶液之间的吸光度值。

C.3.2　仪器响应曲线的线性关系

C.3.2.1　吸入元素含量最高浓度的两个标准溶液进行试验，记录下仪器的读数并计算其差值。

C.3.2.2　吸入“零”溶液和低浓度元素的标准溶液进行试验，记录下仪器读数并计算其差值。

C.3.2.3　用 C.3.2.2 中求得的差值除以 C.3.2.1 中求得的差值，如果其值≥0.7，则仪器线性关系符合要求。

C.3.2.4　如果其比值＜0.7，需进一步调节仪器，使仪器满足要求。否则，应通过降低标定溶液的最高浓度来减小本方法的试验范围。

C.3.3　最低稳定性

C.3.3.1　吸入稀盐酸（1＋19）并将仪器调零。

C.3.3.2　吸入最高浓度的标准溶液并记录吸收值。

C.3.3.3　吸入稀盐酸（1＋19）。

注 8：仪器读数应回零。

C.3.3.4 重复测定最高浓度和标准溶液 6 次,但在两次读数之间不能调整仪器。设定时吸入稀盐酸(1+19)。

C.3.3.5 最高浓度标准溶液,其读数的变异性用百分数表示,如式(C.1)所示:

$$100 \times \frac{(A_h - A_l) \times 0.4}{\overline{A}} \qquad \cdots\cdots(\text{C.1})$$

式中:

$\overline{A}$ ——最高浓度标准溶液测定 6 次,所读取吸光度值的平均值;

A_h ——6 次吸光度值读数的最大值;

A_l ——6 次吸光度值读数的最小值。

注 9:$(A_h - A_l) \times 0.4$ 是一个估计的标准偏差。

C.3.3.6 如果变异性<1.5%,则仪器的最低稳定性符合要求。

注 10:这个试验也可用于校准曲线图中的其他项目测试。还可用来评价仪器回零时的最低稳定性。

附 录 D
（资料性附录）
本标准与 ISO 12169:1996 各条款的对应关系

表 D.1 本标准与 ISO 12169:1996 各条款的对应关系

序号	本标准条款	ISO 12169:1996 条款
1	1 范围	1 范围
2	2 规范性应用文件	2 规范性应用文件
3	3 原理	3 原理
4	4 试剂	4 试剂
5	5 仪器	5 仪器
6	6 取样及制样	6 取样及制样
7	7 步骤	7 步骤
8	7.1 试样及试液的制备	7.1 试样及试液的制备
9	7.2 镍、钴和铜的电解沉积	7.2 镍、钴和铜的电解沉积
10	7.3 测定电解后液中的镍量	7.3 测定电解后液中的镍量
11	7.4 测定电解沉积镍中的铜量和钴量	7.4 测定电解沉积镍中的铜量和钴量
12	7.5 水分的测定	7.5 水分的测定
13	8 结果表述	8 结果表述
14	8.1 计算方法	8.1 计算方法
15	8.2 精密度	8.2 精密度
16	8.2.1 重复性	8.2.1 实验室试验
17	8.2.2 再现性	8.2.2 统计分析
18	9 干扰性	9 干扰性
19	10 试验报告	10 试验报告
20	A.1 总则	A.1 总则
21	A.2 试剂	A.2 试剂
22	A.3 仪器	A.3 仪器
23	A.4 步骤	A.4 步骤
24	A.4.1 原子吸收分光光度计的调节	A.4.1 原子吸收分光光度计的调节
25	A.4.2 测定	增加及 A.5.1
26	A.4.3 工作曲线的绘制	A.4.2 标准系列溶液的制备、A.4.3 吸光度的测定、A.4.4 标准曲线的绘制
27	A.5 结果的表示方法	A.5 结果的表示方法
28	B.1 总则	B.1 总则
29	B.2 试剂	B.2 试剂

表 D.1（续）

序号	本标准条款	ISO 12169:1996 条款
30	B.3　仪器	B.3　仪器
31	B.4　步骤	B.4　步骤
32	B.4.1　原子吸收分光光度计的调节	B.4.1　原子吸收分光光度计的调节
33	B.4.2　测定	B.4.2　试液的制备
34	B.4.2.1　钴的测定	B.4.2.1　钴的测定
35	B.4.2.2　铜的测定	B.4.2.2　铜的测定
36	B.4.3　工作曲线的绘制	B.4.3　标准系列溶液的制备、B.4.4　吸光度的测定、B.4.5　标准曲线的绘制
37	B.5　结果的表示方法	B.5　结果的表示方法
38	C.1　序言	C.1　序言
39	C.2　仪器的初调	C.2　仪器的初调
40	C.3　仪器性能的检测	C.3　仪器性能的检测
41	C.3.1　性能检测溶液	C.3.1　性能检测溶液
42	C.3.2　仪器响应曲线的线性关系	C.3.2　仪器响应曲线的线性关系
43	C.3.3　最低稳定性	C.3.3　最低稳定性

ICS 77.150.30
H 62

中华人民共和国国家标准

GB/T 26306—2010

易切削铜合金棒

Free-cutting copper alloy rod and bar

2011-01-14 发布　　2011-11-01 实施

中华人民共和国国家质量监督检验检疫总局
中国国家标准化管理委员会　发布

前言

本标准修改采用 ASTM B 16/B 16M—2005《螺纹切削机用易切削黄铜杆材、棒材和型材的标准规范》和 ASTM B 301/B 301M—2008《易削铜杆材、棒材、线材和型材标准规范》，与 ASTM B 16/B 16M—2005 和 ASTM B 301/B 301M—2008 的一致性程度为修改。

本标准与美国 ASTM B 16/B 16M—2005 和 ASTM B 301/B 301M—2008 的主要差异如下：

——本标准比美国标准多了 HPb57-4、HPb58-2、HPb58-3、HPb59-1、HPb59-2、HPb59-3、HPb60-2、HPb60-3、HPb63-3、HBi59-1、HBi60-1.3、HBi60-2、HMg60-1、HSi75-3、HSi80-3、HSb60-0.9、HSb61-0.8-0.5、HBi60-0.5-0.01、HBi60-0.8-0.01、HBi60-1.1-0.01、QPb1、QTe0.3、QTe0.5-0.008、QSn4-4-4 等 24 个牌号，并增加了这些牌号相应的技术要求；

——本标准不包括美国标准中 C14510、C14520 牌号；

——本标准比美国标准多了内部质量、扭拧度、超声波探伤、残余应力、耐脱锌腐蚀性能、晶粒度、切削性的要求和相应的检验方法规定；

——本标准不包括美国标准中的电阻率和导电率的要求和相应的检验方法规定；

——本标准不包括美国标准中棒材 O60 状态。

本标准由中国有色金属工业协会提出。

本标准由全国有色金属标准化技术委员会(SAC/TC 243)归口。

本标准负责起草单位：浙江海亮股份有限公司、宁波博威集团有限公司。

本标准参加起草单位：路达(厦门)工业有限公司、宁波长振铜业有限公司。

本标准主要起草人员：冯焕锋、刘永、蔡洎华、姜少军、孙刚锋、周何滨、刘庆、张明、胡振青、王硕。

易切削铜合金棒

1 范围

本标准规定了易切削铜合金棒材的要求、试验方法、检验规则及标志、包装、运输、贮存、质量证明书和合同(或订货单)等内容。

本标准适用于易切削铜合金棒。

2 规范性引用文件

下列文件对于本文件的应用是必不可少的。凡是注日期的引用文件,仅注日期的版本适用于本文件。凡是不注日期的引用文件,其最新版本(包括所有的修改单)适用于本文件。

GB/T 228—2002 金属材料 室温拉伸试验方法

GB/T 2828.1 计数抽样检验程序 第1部分:按接收质量限(AQL)检索的逐批检验抽样计划

GB/T 3310 铜合金棒材超声波探伤方法

GB/T 5121(所有部分) 铜及铜合金化学分析方法

GB/T 5231—2001 加工铜及铜合金化学成分和产品形状

GB/T 6394 金属平均晶粒度测定方法

GB/T 8888 重有色金属加工产品的包装、标志、运输和贮存

GB/T 10119 黄铜耐脱锌腐蚀性能的测定

GB/T 10567.2 铜及铜合金加工材残余应力检验方法 氨熏试验法

GB/T 26303.2 铜及铜合金加工材外形尺寸检测方法 第2部分:棒、线、型材

YS/T 336 铜、镍及其合金管材和棒材断口检验方法

3 要求

3.1 产品分类

3.1.1 牌号、状态、规格

棒材的牌号、状态、规格应符合表1的规定。

表1 产品的牌号、状态、规格

牌号	状态	直径(或对边距)/mm	长度/mm
HPb57-4、HPb58-2、HPb58-3、HPb59-1、HPb59-2、HPb59-3、HPb60-2、HPb60-3、HPb62-3、HPb63-3	半硬(Y_2)、硬(Y)	3~80	500~6 000
HBi59-1、HBi60-1.3、HBi60-2、HMg60-1、HSi75-3、HSi80-3	半硬(Y_2)	3~80	500~6 000
HSb60-0.9、HSb61-0.8-0.5	半硬(Y_2)、硬(Y)	4~80	500~6 000

表 1（续）

牌　　号	状　　态	直径(或对边距)/mm	长度/mm
HBi60-0.5-0.01、HBi60-0.8-0.01、HBi60-1.1-0.01	半硬(Y_2)	5～60	500～5 000
QTe0.3、QTe0.5、QTe0.5-0.008、QS0.4、QSn4-4-4、QPb1	半硬(Y_2)、硬(Y)	4～80	500～5 000
注 1：直径(或对边距)不大于 10 mm，长度不小于 4 000 mm 的棒材可成盘(卷)供货。 **注 2**：经双方协商，可供其他规格牌号的棒材，具体要求应在合同中注明。			

3.1.2 标记示例

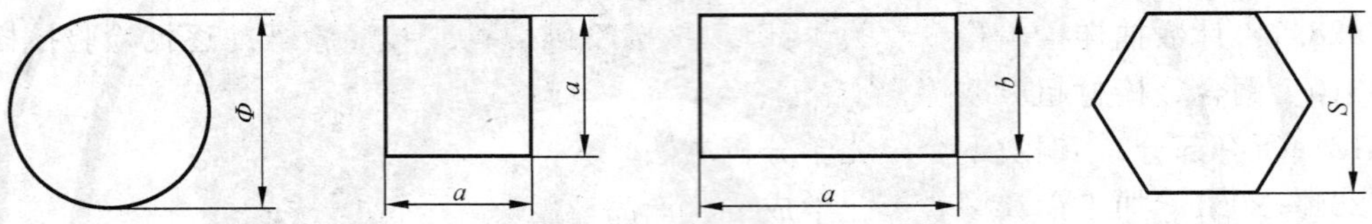

a) 圆形　b) 正方形　c) 矩形　d) 正六角形

图 1 棒材截面形状示意图

产品截面形状如图 1 所示。标记按产品名称、牌号、状态、精度等级、规格和标准编号的顺序表示，标记示例如下：

示例 1：用 HPb59-2 制造的、供应状态 Y_2、高精级、外径为 20 mm、长度为 2 000 mm 的圆形棒，标记为：

圆棒 HPb59-2 Y_2 高　20×2000　GB/T 26306—2010

示例 2：用 HBi59-1 制造的、供应状态为 Y、高精级、边长为 20 mm、长度为 2 000 mm 的方形棒，标记为：

正方形棒 HBi59-1 Y 高　20×2000　GB/T 26306—2010

示例 3：用 HSi75-3 制造的、供应状态为 Y_2、普通级、高度为 25 mm、宽度为 40 mm、长度为 2 000 mm 的矩形棒，标记为：

矩形棒 HSi75-3 Y_2　40×25×2000　GB/T 26306—2010

示例 4：用 QTe0.3 制造的、供应状态为 Y、高精级、对边距为 10 mm、长度为 1 000 mm 的正六角形棒，标记为：

正六角形棒 QTe0.3 Y 高　10×1000　GB/T 26306—2010

3.2 化学成分

棒材牌号为 HPb59-1、HPb59-3、HPb60-2、HPb62-3、HPb63-3、QTe0.5、QSn4-4-4 的化学成分应符合 GB/T 5231 中相应牌号的规定，其他牌号的化学成分应符合表 2 的规定(棒材牌号与美国 ASTM 标准相对应牌号见附录 B)。

表 2　棒材的化学成分

牌号	化学成分(质量分数)/%														
	Cu	Pb	Fe	Sn	Ni	Bi	Te	P	S	Si	Cd	Sb	As	Zn	杂质总和
HPb57-4	56.0～58.0	3.5～4.5	0.5	0.5	—	—	—	—	—	—	—	—	—	余量	1.2
HPb58-2	57.0～59.0	1.5～2.5	0.5	0.5	—	—	—	—	—	—	—	—	—	余量	1.0
HPb58-3	57.0-59.0	2.5～3.5	0.5	0.5	—	—	—	—	—	—	—	—	—	余量	1.0
HPb59-2	57.0～60.0	1.5～2.5	0.5	0.5	1.0	—	—	—	—	—	—	—	—	余量	1.0
HPb60-3	58.0～61.0	2.5～3.5	0.3	0.3	—	—	—	—	—	—	—	—	—	余量	0.8
HBi59-1	58.0～60.0	0.1	0.2	0.2	0.3	0.8～2.0	—	—	—	—	0.01	—	—	余量	0.3
HBi60-1.3[a]	59.0～62.0	0.2	0.1	—	—	0.3～2.3	—	—	—	—	0.01	—	—	余量	0.5
HBi60-2	59.0～62.0	0.1	0.2	0.3	0.3	2.0～3.5	—	—	—	—	0.01	—	—	余量	0.5
HBi60-0.5-0.01	58.5～61.5	0.1	—	—	—	0.45～0.65	0.010～0.015	—	—	—	0.01	—	0.01	余量	0.5
HBi60-0.8-0.01	58.5～61.5	0.1	—	—	—	0.70～0.95	0.010～0.015	—	—	—	0.01	—	0.01	余量	0.5
HBi60-1.1-0.01	58.5～61.5	0.1	—	—	—	1.00～1.25	0.010～0.015	—	—	—	0.01	—	0.01	余量	0.5
HMg60-1	59.0～61.0	0.1	0.2	0.3	0.3	0.3～0.8	Mg 0.5～2.0	—	—	—	0.01	—	—	余量	0.5
HSi75-3	73.0～77.0	0.1	0.1	0.2	0.1	—	Mn<0.1	0.04～0.15	—	2.7～3.4	0.01	—	—	余量	0.5
HSi80-3	79.0～81.0	0.1	0.6	—	0.5	—	—	—	—	2.5～4.0	0.01	—	—	余量	1.5
HSb60-0.9	58.0～62.0	0.2	0.05～0.9[b]	—	—	—	—	—	—	—	0.01	0.3～1.5	—	余量	0.2
HSb61-0.8-0.5	59.0～63.0	0.2	—	—	—	—	—	—	—	0.3～1.0	0.01	0.4～1.2	—	余量	0.2

表 2（续）

牌号	化学成分(质量分数)/%													
	Cu	Pb	Fe	Sn	Ni	Bi	Te	P	S	Si	Cd	Sb	As	Zn	杂质总和
QPb1	≥99.5[c]	0.8～1.5	—	—	—	—	—	—	—	—	—	—	—	—	—
QS0.4	≥99.90[d]	—	—	—	—	—	—	0.002～0.005	0.20～0.50	—	—	—	—	—	—
QTe0.3[e]	余量	0.01	0.008	0.001	0.002	0.001	0.20～0.35	0.001	0.002 5	—	0.01	0.001 5	0.002	0.005	0.1
QTe0.5-0.008[f]	余量	0.01	0.008	0.01	0.005	0.001	0.4～0.6	0.004～0.012	0.003	—	0.01	0.003	0.002	0.008	0.2

注 1：含量有上下限者为合金元素，含量为单个数值为杂质元素，单个数值表示最高限量。

注 2：杂质总和为表中所列杂质元素实测值总和。

[a] 此牌号 0.05<Sb+B+Ni+Sn<1.2。

[b] 此值为 Ni+Fe+B 量。

[c] 此值包含 Pb。

[d] 此值包含 S 和 P。

[e] 此牌号 Te+ Cu+Ag≥99.9%。

[f] 此牌号 Te+ P+ Cu+Ag≥99.8%。

3.3 外形尺寸及尺寸允许偏差

3.3.1 棒材的直径(或对边距)及其允许偏差应符合表3的规定。

表3 棒材的直径(或对边距)及其允许偏差

单位为毫米

直径(或对边距)	圆形		正方形、矩形、正六角形	
	高精级	普通级	高精级	普通级
3～6	±0.02	±0.04	±0.04	±0.07
>6～12	±0.03	±0.05	±0.04	±0.08
>12～18	±0.03	±0.06	±0.05	±0.10
>18～30	±0.04	±0.07	±0.06	±0.10
>30～50	±0.08	±0.10	±0.10	±0.13
>50～80	±0.10	±0.12	±0.15	±0.24
注：当需方有要求时，单向偏差值为表中数值的2倍。				

3.3.2 棒材的圆度应不大于直径允许偏差之半。

3.3.3 棒材的定尺或倍尺长度的允许偏差为+15 mm。倍尺长度应加入锯切分段时的锯切量，每一锯切量为5 mm。

3.3.4 棒材的直度应符合表4的规定。

表4 棒材的直度

单位为毫米

<table>
<tr><th>直径(或对边距)</th><th>长　度</th><th colspan="2">最大弧深</th></tr>
<tr><td colspan="4">圆形</td></tr>
<tr><td rowspan="2"><6.35</td><td>1 000～3 000</td><td colspan="2">1.5(在任何1 000 mm长度上)</td></tr>
<tr><td>≥3 000</td><td colspan="2">12(在任何3 000 mm长度上)</td></tr>
<tr><td rowspan="2">≥6.35</td><td>1 000～3 000</td><td>2(在任何1 000 mm长度上)</td><td rowspan="2">0.40(在总长度的任何300 mm长度上)</td></tr>
<tr><td>≥3 000</td><td>6.35(在任何3 000 mm长度上)</td></tr>
<tr><td colspan="4">正方形、矩形、正六角形</td></tr>
<tr><td rowspan="2"><6.35</td><td>1 000～3 000</td><td colspan="2">4(在任何1 000 mm长度上)</td></tr>
<tr><td>≥3 000</td><td colspan="2">12.7(在任何3 000 mm长度上)</td></tr>
<tr><td rowspan="2">≥6.35</td><td>1 000～3 000</td><td colspan="2">3(在任何1 000 mm长度上)</td></tr>
<tr><td>≥3 000</td><td colspan="2">9.5(在任何3 000 mm长度上)</td></tr>
</table>

3.3.5 圆角半径

多边形棒材横截面的棱角处允许有圆角，其最大圆角半径应不超过表5的规定。

表 5　方形、矩形和正六角形棒的圆角半径　　单位为毫米

截面的名义宽度(对边距)	3～6	>6～12	>12～18	>18～30	>30～50	>50～80
圆角半径	0.5	0.8	1.2	1.8	2.8	4.0
注：此项供方可不检验，但必须保证。						

3.3.6　倒角

棒材端部经供需双方协商，并在合同中注明时可按要求倒角。

3.3.7　切斜

棒材端部应锯切平整，切口在不使棒材长度超出允许偏差的条件下，最大切斜量应不超过棒材直径(或对边距)的 2.5%。

3.3.8　扭拧度

正方形、矩形和正六角形棒的扭拧度，按每 300 mm 不应超过 1°控制(精确到度)。供货最大长度 6 000 mm 总扭拧度不应超过 15°。

3.4　力学性能

棒材的室温纵向力学性能应符合表 6 的规定。

表 6　棒材的室温纵向力学性能

牌号	状态	直径(或对边距) mm	抗拉强度 R_m N/mm²	伸长率 A %
			不小于	
HPb57-4、HPb58-2、HPb58-3	Y_2	3～20	350	10
		>20～40	330	15
		>40～80	315	20
	Y	3～20	380	8
		>20～40	350	12
		>40～80	320	15
HPb59-1、HPb59-2、HPb60-2	Y_2	3～20	420	12
		>20～40	390	14
		>40～80	370	19
	Y	3～20	480	5
		>20～40	460	7
		>40～80	440	10
HPb59-3、HPb60-3、HPb62-3、HPb63-3	Y_2	3～20	390	12
		>20～40	360	15
		>40～80	330	20
	Y	3～20	490	6
		>20～40	450	9
		>40～80	410	12

表 6（续）

牌　　号	状　态	直径(或对边距) mm	抗拉强度 R_m N/mm²	伸长率 A %
			不小于	
HBi59-1、HBi60-2、HBi60-1.3、HMg60-1、HSi75-3	Y_2	3～20	350	10
		＞20～40	330	12
		＞40～80	320	15
HBi60-0.5-0.01、HBi60-0.8-0.01、HBi60-1.1-0.01	Y_2	5～20	400	20
		＞20～40	390	22
		＞40～60	380	25
HSb60-0.9、HSb61-0.8-0.5	Y_2	4～12	390	8
		＞12～25	370	10
		＞25～80	300	18
	Y	4～12	480	4
		＞12～25	450	6
		＞25～40	420	10
QSn4-4-4	Y_2	4～12	430	12
		＞12～20	400	15
	Y	4～12	450	5
		＞12～20	420	7
HSi80-3	Y_2	4～80	295	28
QTe0.3、QTe0.5、QTe0.5-0.008、QS0.4、QPb1	Y_2	4～80	260	8
	Y	4～80	330	4
注：矩形棒按短边长分档。				

3.5 内部质量

棒材断口应致密，无缩尾。不允许有超出 YS/T 336 中规定的气孔、夹杂和分层等缺陷。

3.6 超声波探伤

当需方有要求并在合同中注明时，可对棒材进行超声探伤试验，试验结果应符合双方协议要求。

3.7 残余应力

当需方有要求并在合同中注明时，可进行残余应力试验，试验结果不应有肉眼可见的裂纹。

3.8 耐脱锌腐蚀性能

当需方有要求并在合同中注明时，HBi59-1、HBi60-1.3、HBi60-2、HMg60-1、HSi75-3、HSi80-3、

HSb60-0.9、HSb61-0.8-0.5 八个无铅牌号的棒材可进行耐脱锌腐蚀性能的测定，其性能应符合表 7 的规定。如果需方不要求时，供方可不进行该项检测，但应保证表 7 的性能。

表 7　棒材耐脱锌腐蚀性能

试剂及装置	温度/℃	时间/h	失锌层深度/μm 不大于			
			横向		纵向	
			最大深度	平均深度	最大深度	平均深度
恒温水浴或油浴槽	75±2	24	250	150	350	200

3.9　晶粒度

当需方有要求并在合同中注明时，可对棒材进行晶粒度检测。

3.10　切削性

当需方有要求并在合同中注明时，棒材应进行切削性的检验。如果用户不要求时，供方可不进行该项检测，但应保证棒材的相对切削率(w)大于 75%(以美国 C36000 合金的 100%切削性指数为基准)。

3.11　表面质量

棒材表面应光亮、清洁，不允许有影响使用的缺陷。

4　试验方法

4.1　化学成分仲裁分析方法

棒材的化学成分仲裁分析按 GB/T 5121 的规定进行，超出 GB/T 5121 分析范围的，由供需双方协商。

4.2　外形尺寸测量方法

棒材的外形尺寸测量方法按 GB/T 26303.2 的规定进行。

4.3　力学性能的检验方法

棒材室温拉伸试验按 GB/T 228—2002 的规定进行。试样号为 R1、R3、R7、R8、R9，试样号的选取应符合表 8 的规定。

表 8　试样号的选取

直径(或对边距)/mm	试验编号
≤4	R9
>4～5	R8
>5～15	R7
>15～25	R3
>25	R1

4.4 内部质量检验方法

棒材的内部质量检验方法按 YS/T 336 的规定进行。

4.5 超声波探伤检验方法

棒材的超声波探伤试验按 GB/T 3310 的规定进行。

4.6 残余应力检验方法

棒材的残余应力检验按 GB/T 10567.2 的规定进行。

4.7 耐脱锌腐蚀性能检测方法

棒材的耐脱锌腐蚀性能检测方法按 GB/T 10119 的规定进行。

4.8 晶粒度测定方法

棒材的晶粒度测定按 GB/T 6394 的规定进行。

4.9 切削性检测方法

棒材切削性检测方法参照附录 A 的规定进行。

4.10 表面质量

棒材的表面质量应目视检验。

5 检验规则

5.1 检查和验收

5.1.1 棒材应由供方质量检验部门进行检验，保证产品质量符合本标准及合同(或订货单)的规定，并填写质量证明书。

5.1.2 需方对收到的产品应按本标准及合同(或订货单)的规定进行检验，如检验结果与本标准及合同(或订货单)的规定不符时，应以书面形式向供方提出，由供需双方协商解决。属于表面质量及尺寸偏差的异议，应在收到产品之日起一个月内提出，属于其他性能的异议，应在收到产品之日起三个月内提出。如需仲裁，仲裁取样应由供需双方共同进行。

5.2 组批

棒材应成批提交检验，每批应由同一牌号、状态和规格的棒材组成，每批重量应不超过 5 000 kg。

5.3 检验项目

5.3.1 每批棒材应进行化学成分、外形尺寸及其允许偏差、力学性能、内部质量及表面质量的检验。

5.3.2 如需方有要求，还应进行超声波探伤试验、残余应力试验、晶粒度、耐脱锌腐蚀性能及切削性的检验。

5.4 取样

棒材的取样应符合表 9 规定。

表9 取样

检验项目	取样规定	要求的章条号	试验方法的章条号
化学成分	2个试样/炉(供方);1个试样/批(需方)	3.2	4.1
外形尺寸及其允许偏差	按照GB/T 2828.1规定的取样,一般检测水平Ⅱ或供需双方协商,接收质量限AQL=2.5	3.3	4.2
力学性能	任取2根/批,1个试样/根	3.4	4.3
内部质量	任取2根/批,1个试样/根	3.5	4.4
超声波探伤	逐根检查	3.6	4.5
残余应力	任取2根/批,1个试样/根	3.7	4.6
耐脱锌腐蚀性能	任取2根/批,1个试样/根	3.8	4.7
晶粒度	任取2根/批,1个试样/根	3.9	4.8
切削性	任取2根/批,1个试样/根	3.10	4.9
表面质量	按照GB/T 2828.1规定的取样,一般检测水平Ⅱ或供需双方协商,接收质量限AQL=2.5	3.11	4.10

5.5 检测结果的判定

5.5.1 化学成分不合格时,判该批产品不合格。

5.5.2 棒材的外形尺寸和表面质量不合格时,判该根不合格。每批中不合格件数超出接收质量限时判整批不合格,或由供方逐根检验,合格者单独编批交货。

5.5.3 当力学性能、内部质量、残余应力、晶粒度、耐脱锌腐蚀性能、切削性能的试验结果中有试样不合格时,应从该批产品(包括原受检不合格的那根棒材)中另取双倍数量的试样进行重复试验,重复试验结果全部合格,则判整批产品合格。若重复试验结果仍有试样不合格,则判该批产品不合格或逐根检验,合格者单独编批交货。

5.5.4 当超声波探伤不合格时,判单根棒材不合格。

6 标志、包装、运输、贮存和质量证明书

棒材的标志、包装、运输、贮存和质量证明书按GB/T 8888的规定进行。

7 合同(或订货单)内容

订购本标准所列材料的合同(或订货单)内应包括下列内容:

a) 产品名称;
b) 牌号;
c) 状态;
d) 尺寸规格;
e) 精度等级(普通级或高精级);
f) 重量或根数;
g) 其他选做项(超声探伤、残余应力、耐脱锌腐蚀性能、晶粒度、切削性等);
h) 本标准编号。

附　录　A
（资料性附录）
切削性检测方法

A.1　范围

本附录规定了铜及铜合金切削性的检测方法。

本附录适用于铜及铜合金切削性的检测。

A.2　原理

以铅黄铜 HPb62-3(美国 C36000)的切削性指数为 100%，与待测试样做对比试验，并以试样切削试验过程中测得的切削力或通过电流、电压值计算出的切削力为主要评定指标。

A.3　主要设备

自动车床、切削力测力仪或 EX 电量监控仪、合金刀具、游标卡尺、直尺。

A.4　试样

A.4.1　对比试样

长度为 200 mm，直径为 ϕ25 mm 的 HPb62-3(美国 C36000)合金直棒，其标准成分为：Cu 61.5%，Zn 35.5%，Pb 3.0%(各元素的扩展不确定度为 0.06%)。

A.4.2　待测试样

制作与对比试样状态、直度和形状相同的待测试样。

A.5　试验方法及步骤

试验方法分为两种，使用切削力测力仪时按照方法一进行，使 EX 电量监控仪时按照方法二进行。

A.5.1　方法一

将对比试样 HPb62-3 和待测试样，分别放在同一台装有切削力测力仪的自动车床上，按相同的试验条件(车床主轴转速、切削速度、合金刀具及其参数、进给量、切削状态、环境温度等)进行切削力检测试验。每个试样至少收集切削力 F(含轴向力 F_X、径向力 F_Y、主切削力 F_Z 三个分力)的三组平均值数据，每组试验数据采集的点数在 50 个以上。

确定切削参数：1)精车：切削量为 0.5 mm，转速为 820 r/min，走刀速度为 0.260 mm/r；2)粗车：切削量为 1 mm，转速为 610 r/min，走刀速度为 0.260 mm/r(切削参数选精车或粗车中一种)。

A.5.2　方法二

A.5.2.1　将对比试样 HPb62-3 和待测试样，分别放在同一台装有 EX 电量监控仪自动车床上，按相同的试验条件(车床主轴转速、切削速度、合金刀具及其参数、进给量、切削状态、环境温度等)进行切削性检测试验。

A.5.2.2 测试步骤

A.5.2.2.1 开启车床,进行空转,从EX电量监控仪上记下空载电流量备用。

A.5.2.2.2 确定切削参数:1)精车:切削量为0.5 mm,转速为820 r/min,走刀速度为0.260 mm/r;2)粗车:切削量为1 mm,转速为610 r/min,走刀速度为0.260 mm/r(切削参数选精车或粗车中一种)。

A.5.2.2.3 进行切削试验,每个试样记录同一时间点上三相电流 I_a、I_b、I_c,三相电压 U_a、U_b、U_c 的数据,至少收集十组数据。

A.5.2.3 计算方法

消耗在切削过程中的功率称为切削功率 P_m,切削功率为轴向力 F_x、径向力 F_y 和主切削力 F_z 所消耗的功率之和,因 F_y 方向没有位移,所以不消耗功率,于是得到式(A.1):

$$P_m = (F_z \cdot v + F_x \cdot n_w \cdot f/1\,000) \times 10^{-3} \qquad \cdots\cdots\cdots\cdots(A.1)$$

式中:

P_m——切削功率,单位为千瓦(kW);

F_z——主切削力,单位为牛顿(N);

v——切削速度,单位为米每秒(m/s);

F_x——轴向力,单位为牛顿(N);

n_w——工件转速,单位为转每秒(r/s);

f——进给量,单位为毫米每秒(mm/s)。

式(A.1)中等号右侧的第二项是消耗在进给运动中的功率,它相对于 P_m 来说,一般很小(>1%~2%),可以略去不计,于是可得式(A.2):

$$F_z = P_m \times 1\,000/v \qquad \cdots\cdots\cdots\cdots(A.2)$$

由机床测得的电流 I_a、I_b、I_c,电压 U_a、U_b、U_c,计算出平均电流和平均电压 $\overline{U}$,平均电流减去空载电流作为切削电流 I,平均电压不变。根据式(A.2)计算车床切削功率 P_m 如式(A.3):

$$P_m = I \cdot \overline{U} \cdot \eta \qquad \cdots\cdots\cdots\cdots(A.3)$$

式中:

P_m——切削功率,单位为千瓦(kW);

I——切削电流,单位为安培(A);

$\overline{U}$——平均电压,单位为伏特(V);

η——机床的传动效率,一般取为0.75~0.85,大值适用于新机床,小值适用于旧机床。

将式(A.3)带入式(A.2)中,可得式(A.4):

$$F_z = I \cdot \overline{U} \cdot \eta \times 1\,000/v \qquad \cdots\cdots\cdots\cdots(A.4)$$

式中:

I——切削电流,单位为安培(A);

$\overline{U}$——平均电压,单位为伏特(V);

η——机床的传动效率,一般取为0.75~0.85,大值适用于新机床,小值适用于旧机床;

v——切削速度,单位为米每秒(m/s)。

切削速度计算见式(A.5):

$$v = \pi \cdot D \cdot n_w/1\,000 \qquad \cdots\cdots\cdots\cdots(A.5)$$

式中:

π——圆周率;

D——试样直径，单位为毫米(mm)；

n_w——工件转速，单位为转每秒(r/s)。

将式(A.5)带入式(A.4)中可得式(A.6)：

$$F_z=\frac{I\cdot\overline{U}\cdot\eta\times10^6}{\pi\cdot D\cdot n_w} \qquad\cdots\cdots(A.6)$$

式中：

I——切削电流，单位为安培(A)；

$\overline{U}$——平均电压，单位为伏特(V)；

η——机床的传动效率，一般取为0.75～0.85，大值适用于新机床，小值适用于旧机床；

π——圆周率；

D——试样直径，单位为毫米(mm)；

n_w——工件转速，单位为转每秒(r/s)。

A.6 切削性的评定

A.6.1 用主切削力评定

一般以主切削力 F_z 表示切削力，因为切削力的另两个分力轴向力 F_x 和径向力 F_y 对切削的影响可以很小，可以忽略不计，因此将测得的主切削力 F_z 数值近似看作是切削力数值，来评定切削性。

评定切削性的计算公式如式(A.7)所示：

$$\omega=(F_{z0}/F_{z1})\times100\% \qquad\cdots\cdots(A.7)$$

式中：

ω——相对切削率，单位为百分数(%)；

F_{z0}——HPb62-3合金的主切削力，单位为牛顿(N)；

F_{z1}——被测合金的主切削力，单位为牛顿(N)。

A.6.2 用切削力评定

切削力 F 为轴向力 F_x、径向力 F_y、主切削力 F_z 三者的合力，计算式如式(A.8)：

$$F=\sqrt{(F_x^2+F_y^2+F_z^2)} \qquad\cdots\cdots(A.8)$$

式中：

F——切削力，单位为牛顿(N)；

F_x——轴向力，单位为牛顿(N)；

F_y——径向力，单位为牛顿(N)；

F_z——主切削力，单位为牛顿(N)。

评定切削性的计算公式如式(A.9)所示：

$$\omega=(F_0/F_1)\times100\% \qquad\cdots\cdots(A.9)$$

式中：

ω——相对切削率，单位为百分数(%)；

F_0——HPb62-3合金的切削力，单位为牛顿(N)；

F_1——被测合金的切削力，单位为牛顿(N)。

附 录 B
（资料性附录）
本标准与美国 ASTM 标准对应的牌号

本标准牌号	ASTM 牌号
HPb59-2	C37700
HPb62-3	C36000
QS0.4	C14700
QTe0.5	C14500
QPb1	C18700

ICS 77.120.99
H 68

中华人民共和国国家标准

GB/T 26307—2010

银　　靶

Silver target

2011-01-14 发布　　2011-11-01 实施

中华人民共和国国家质量监督检验检疫总局
中国国家标准化管理委员会　发布

前言

本标准由全国有色金属标准化技术委员会(SAC/TC 243)归口。

本标准由北京有研亿金新材料股份有限公司负责起草。

本标准主要起草人：闫琳、杨华、李蕊、杨永刚、雷继锋、熊晓东、江轩。

银　　靶

1　范围

本标准规定了银靶的要求、试验方法、检验规则和标志、包装、运输、贮存及质量证明书与订货单(或合同)内容。

本标准适用于半导体器件用的各类银溅射靶材(以下简称银靶)。其他用途的靶材也可参照使用。

2　规范性引用文件

下列文件对于本文件的应用是必不可少的。凡是注日期的引用文件,仅注日期的版本适用于本文件。凡是不注日期的引用文件,其最新版本(包括所有的修改单)适用于本文件。

GB/T 4135　银

GB/T 6394　金属平均晶粒度测定方法

GB/T 11067　银化学分析方法

GB/T 15077　贵金属及其合金材料几何尺寸测量方法

3　要求

3.1　产品分类

银靶的类型按化学成分为 IC-Ag99.99 一种。

银靶的形状和尺寸主要由设备基台确定,外形主要为圆形、矩形和异型。

3.2　化学成分

银靶 IC-Ag99.99 的化学成分应符合 GB/T 4135 的规定。需方对某种特定杂质元素含量有要求的,由供需双方协商确认。

3.3　晶粒度

银靶的横向平均晶粒度应在 50 μm～150 μm。

3.4　外观质量

银靶表面应无凹坑、划伤、裂纹、凸起等缺陷;无润滑痕迹、颗粒附加物和其他沾污;应清洁光滑,无指痕,无油污和锈蚀。

3.5　表面粗糙度

银靶表面粗糙度 Ra 值应不大于 1.6 μm。

3.6　几何尺寸

3.6.1　圆形银靶的直径 ϕ 主要有:25 mm 、50 mm、100 mm、150 mm、200 mm、300 mm,厚度通常为 3 mm～35 mm。

3.6.2 矩形银靶的尺寸主要有：152 mm×76.2 mm、680 mm×90 mm、376 mm×40 mm，厚度通常为3 mm～35 mm。

3.6.3 银靶的尺寸及其允许偏差应符合表1的规定。经双方协商，可提供其他规格及允许偏差的银靶。

表1

单位为毫米

矩形	允许偏差	圆形 ϕ	允许偏差	厚度	允许偏差
50～<120	±0.15	25～<120	±0.15	3～35	±0.1
120～<400	±0.2	120～300	±0.2		
400～700	±0.3	—	—		

4 试验方法

4.1 银靶IC-Ag99.99的化学成分的分析方法按GB/T 11067(所有部分)的规定执行。

4.2 晶粒度的检测采用现场金相或取样检测。现场金相的检测方法见附录A，取样检测按GB/T6394的规定进行。

4.3 外观质量用目视检查，如发现异常现象，在10倍放大镜条件下进行目视检查。

4.4 表面粗糙度由粗糙度仪检测。

4.5 银靶几何尺寸的测量按GB/T 15077的规定进行。

5 检验规则

5.1 检验和验收

5.1.1 产品应由供方检验部门进行检验，保证产品质量符合本标准(或订货合同)的规定，并填写质量证明书。

5.1.2 需方应对收到的产品按本标准的规定进行复验。如复验结果与本标准(或订货合同)的规定不符时，应在收到产品之日起三个月内向供方提出，由供需双方协商解决。如需仲裁，仲裁取样应由供需双方在需方场所共同进行。

5.2 组批

产品应成批提交验收。每批应由同一投料批、同一规格的产品组成。

5.3 检验项目及取样

检验项目、取样位置及数量应符合表2的规定。

表2

检验项目	取样位置	取样数量	要求的章条号	检验的章条号
化学成分	铸锭缩孔下	按铸锭数量的20%进行抽检，但不少于1个铸锭；每铸锭取1个样	3.2	4.1

表 2（续）

检验项目	取样位置	取样数量	要求的章条号	检验的章条号
晶粒度	机加工前靶坯溅射面任意部位	按成品数量的10%进行抽检，但不少于1个	3.3	4.2
外观质量	任意部位	逐件	3.4	4.3
表面粗糙度	任意部位	按成品数量的10%进行抽检，但不少于1个	3.5	4.4
几何尺寸	—	逐件	3.6	4.5

5.4 检验结果的判定

5.4.1 化学成分不合格时，判该锭不合格。重新取双倍数量的铸锭取样进行检验，若仍有不合格，则判该批不合格。

5.4.2 晶粒度不合格时，重新取双倍样进行重复试验，重复试验若仍有不合格，则判该批不合格。

5.4.3 外观质量不合格时，判该件产品不合格。

5.4.4 表面粗糙度不合格时，重新取双倍样进行检验，若仍有不合格，判该批产品不合格。但允许将剩余产品逐件检验，合格者重新组批交货。

5.4.5 几何尺寸不合格时，判该件产品不合格。

6 标志、包装、运输、贮存

6.1 标志

在已检验合格的每块银靶上进行如下标记：

a） 产品名称；

b） 纯度；

c） 规格；

d） 批号。

6.2 包装、运输和贮存

6.2.1 产品用防静电塑料袋真空封装，并放在防止碰撞的包装盒内。

6.2.2 每块产品应附标签，注明：产品名称、纯度、规格、净重、批号、生产日期、供方名称、生产厂家地址电话。

6.2.3 产品运输过程中应防止碰伤、擦伤，不得损坏和沾污产品，并保证运输过程中靶材完整。

6.2.4 产品应保存于清洁、干燥的环境中。

6.3 质量证明书

每批产品应附有质量证明书，注明下列内容：

a） 客户名称；

b） 供方名称；

c） 产品名称；

d） 纯度；

e) 规格；
f) 数量；
g) 净重；
h) 批号；
i) 检测报告和技术监督部门印记；
j) 生产日期；
k) 执行标准号。

7 订货单(或合同)内容

订购本标准所列产品的订货单(或合同)内应包括下列内容：

a) 产品名称；
b) 纯度；
c) 规格；
d) 数量；
e) 执行标准号；
f) 其他。

附 录 A
（规范性附录）
现场金相测定银靶横向平均晶粒度的检测方法

A.1 范围

本附录为现场金相测定银靶横向平均晶粒度的参考检测方法。

A.2 金相取样

取靶坯（机加工前）溅射面任意位置确认为金相取样位置，并用红笔进行标注。

A.3 金相磨样

将选取的金相位置用金相砂纸由粗到细从180目～2 500目依次进行磨光及抛光；每次磨光均须将上一次磨痕磨至消失为止，方可更换砂纸进行下一次磨光；每次更换砂纸，必须与上一次磨光方向旋转90°的方位。最终取样部位应抛光至无磨痕，表面光亮为止。

A.4 测定

将抛光后的取样部位在现场金相显微镜下观察，确认横向平均晶粒度。

ICS 77.120.99
H 61

中华人民共和国国家标准

GB/T 26308—2010

银废料分类和技术条件

Classification and specification for silver metal scraps

2011-01-14 发布 2011-11-01 实施

中华人民共和国国家质量监督检验检疫总局
中国国家标准化管理委员会 发布

前　言

本标准由全国有色金属标准化技术委员会(SAC/TC 243)归口。

本标准起草单位:湖南鑫达银业股份有限公司、深圳格林美高新技术股份有限公司、中国有色金属工业标准计量质量研究所、山东招金金银精炼有限公司。

本标准主要起草人:马振兴、肖年富、向磊、贺东江、韩红涛、许开华、欧阳勇、庄宇凯。

银废料分类和技术条件

1 范围

本标准规定了银废料的分类、要求、试验方法、检验规则和包装、标志、运输及贮存。

本标准适用于国内外贸易及再生有色金属熔炼、贵金属加工等企业产生的银废料。

2 规范性引用文件

下列文件对于本文件的应用是必不可少的。凡是注日期的引用文件，仅注日期的版本适用于本文件。凡是不注日期的引用文件，其最新版本(包括所有的修改单)适用于本文件。

GB/T 3884.2 铜精矿化学分析方法 金量和银量的测定

GB 5085(所有部分) 危险废物鉴别标准

GB/T 11067.1 银化学分析方法 银量的测定 氯化银沉淀-火焰原子吸收光谱法

GB/T 15072.2 贵金属及其合金化学分析方法银合金中银量的测定 氯化钠电位滴定法

GB/T 15072.5 贵金属合金化学分析方法金、钯合金中银量的测定 碘化钾电位滴定法

GB/T 18307 粗银化学分析方法

GB 18597 危险废物贮存污染控制标准

HJ/T 20 工业固体废物采样制样技术规范

HJ/T 298 危险废物鉴别技术规范

YS/T 88 铜、铅电解阳极泥化学分析方法 火试金重量法测定金量和银量

YS/T 240.11 铋精矿化学分析方法 银量的测定 火焰原子吸收光谱法

YS/T 248.6 粗铅化学分析方法 金量和银量的测定 火试金法

YS/T 248.7 粗铅化学分析方法 银量的测定 火焰原子吸收光谱法

3 分类

银废料按固态产品、液态产品分类，如表1所示。

表 1

类别	废料名称	主要来源或存在形式	备注
含银废液	废定影液	胶片工业中废定影液，印刷厂的菲林废液。定影液主要含 $Ag(S_2O_3)_2^{3-}$、$Ag_2(S_2O_3)_3^{4-}$、$Ag_3(S_2O_3)_4^{5-}$	
	银电镀废液	电镀银厂	含氰废液由专门机构处理
	感光废乳剂	感光胶片厂涂布车间的废料	
	含银废液	主要是实验室 $AgNO_3$ 等	
	回收银浆料	银浆料生产厂边角料或使用过程中部分尾料	

表 1（续）

类别	废料名称	主要来源或存在形式	备注
含银固体废料	感光胶片、相纸	感光胶片的废品，打孔切边、试片之后的废片，报废电影片，医院 X 光片和 CT 片，印刷厂的菲林片、照相用的废底片及照相复制的废底片等	
	镀银材料	部分装饰用镀银材料、热水瓶胆、银眼镜、汽车玻璃或其他镀银玻璃制品	
	含银电子电工废品	银电池、含银电容、磁力起动器、电子元器件等	
	银焊料、银合金	银铜、银镉、银镍等合金	
	废旧银制品	回收废旧银币、银纪念币、银纪念章、废旧银首饰或其他银制品	
	含银废催化剂	石化用含银废催化剂	
	银 电 极	报废银电极	
	含银阳极泥	电解铅、铜、锡、锌等阳极泥	
	含银废渣	铅银渣、锌银渣、铜银渣等	不得混入放射性物质

4 其他要求

4.1 废料表面杂物应尽量去除干净。

4.2 含银废催化剂，要进行除油、去污处理，有条件的要进行除碳处理。

4.3 含有易燃、易爆等危险化学品废料，供方要进行安全检查，妥善处理。

4.4 表 1 中未列出的废料，按主体金属来源或存在形式列入相同或相近的类别。

4.5 含有易燃、易爆等危险品废料必须单独回收和运输，不得与其他废料混杂。

4.6 需方另有其他要求时，可由供需双方协商解决。

5 试验方法

5.1 一般通过目视检验银废料的组成与形态，并确定银废料质量是否与对应银废料名称的要求相符。

5.2 银废料的化学成分分析根据银含量按 GB/T 11067.1、GB/T 15072.2、GB/T 15072.5、GB/T 18307、YS/T 248.6、YS/T 248.7、GB/T 3884.2、YS/T 88、YS/T 240.11 的规定或供需双方商定的分析方法进行。仲裁分析应按 GB/T 18307、YS/T 88、YS/T 240.11 进行。

6 检验规则

6.1 检查和验收

6.1.1 银废料应由供方进行检验或委托其他检验部门进行检验。

6.1.2 需方应对收到的银废料按照本标准以及合同的规定进行检验，如检验结果与本标准以及合同的规定不符时，应单独封存，并在收到之日起 15 天内向供方提出，由供需双方协商解决。

6.2 组批

银废料按表 1 分类后，废料应成批交检验，批重不限。

6.3 检验项目

6.3.1 供方应对每批银废料的组成成分与形态及合同要求进行的相关项目(如化学成分)进行检验。
6.3.2 供方应按 GB 5085、HJ/T 298 和 HJ/T 20 的规定或供需双方协商确定的检验方法对每批银废料中对环境造成影响的夹杂物和放射性污染物进行检验。

6.4 取样

取样方法由供需双方商定。

6.5 检验结果的判定

银废料的组成成分、形态或化学成分分析试验结果、对环境造成影响的夹杂物、放射性污染物检验结果或安全检查结果不符合要求时，判该批不合格。

7 标志、包装、运输和贮存

7.1 标志

废料发运时，必须附有标签，其上注明：

a) 废料名称；
b) 供方名称。

7.2 包装

废料的包装方式、尺寸和重量由供需双方商定。

7.3 运输和贮存

7.3.1 废料在运输、装卸、贮存等过程中，严禁混入爆炸物、易燃物和有毒物品等，也不得用被以上物品污染的装卸工具装运。危险废料运输和贮存应按照 GB 18597 规定进行。
7.3.2 废液运输、贮存时，应装入专用的桶、槽内，以防泄漏。

7.4 质量证明书

废料交货时，必须附有质量证明书，应包括下列内容：

a) 供方名称；
b) 废料的名称；
c) 每批的总重量；
d) 检验结果；
e) 技术监督部门的印记；
f) 标准编号。

8 订货单或(合同)内容

订购本标准所列废料的订货单(或合同)内应包括下列内容：

a) 供需双方名称；
b) 废料名称；
c) 废料重量；
d) 标准编号；
e) 发货日期；
f) 包装、运输方式；
g) 其他。

ICS 77.120.99
H 68

中华人民共和国国家标准

GB/T 26309—2010

银蒸发料

Silver evaporation material

2011-01-14 发布　　2011-11-01 实施

中华人民共和国国家质量监督检验检疫总局
中国国家标准化管理委员会　发布

前　言

本标准由全国有色金属标准化技术委员会(SAC/TC 243)归口。

本标准由北京有研亿金新材料股份有限公司负责起草。

本标准主要起草人:闫琳、白鸽玲、朱晓光、杨永刚、班立志、熊晓东、江轩。

银 蒸 发 料

1 范围

本标准规定了银蒸发料的要求、试验方法、检验规则和标志、包装、运输、贮存及质量证明书与订货单(或合同)内容。

本标准适用于制造半导体电子器件、晶体振荡器等行业用的各类银蒸发料。其他用途的银蒸发料也可参照使用。

2 规范性引用文件

下列文件对于本文件的应用是必不可少的。凡是注日期的引用文件,仅注日期的版本适用于本文件。凡是不注日期的引用文件,其最新版本(包括所有的修改单)适用于本文件。

GB/T 2828.1 计数抽样检验程序 第1部分:按接收质量限(AQL)检索的逐批检验抽样计划

GB/T 4135 银

GB/T 11067(所有部分) 银化学分析方法

GB/T 15077 贵金属及其合金材料几何尺寸测量方法

3 要求

3.1 产品分类

银蒸发料的类型按化学成分主要为牌号 IC-Ag99.99 一种。

银蒸发材料形状主要分为片状和柱状两种,如图1所示。

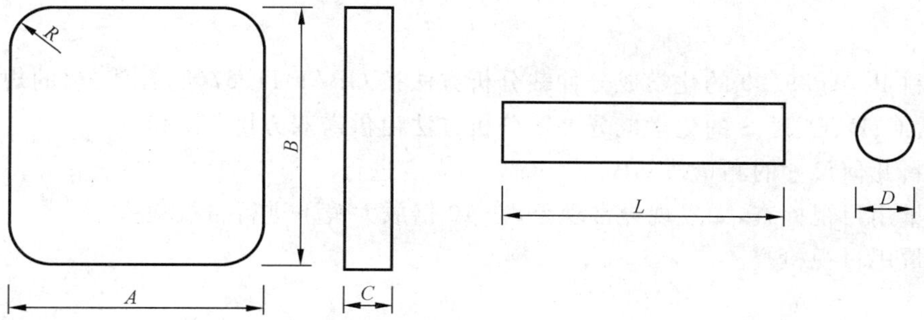

图 1

3.2 化学成分

3.2.1 银蒸发料 IC-Ag99.99 的化学成分应符合 GB/T 4135 的规定。

3.2.2 银蒸发料 IC-Ag99.99 的非金属元素含量应符合表1的规定。需方有其他特殊要求时由供需双方协商解决。

表 1

牌　　号	非金属元素(质量分数)/%,不大于				
	C	H	O	N	S
IC-Ag99.99	0.005	0.000 5	0.01	0.001	0.002

3.3　**供货状态**

银蒸发料以加工态供货。

3.4　**几何尺寸**

银蒸发料的尺寸及允许偏差如表 2 所示。

表 2

单位为毫米

片　状				柱　状	
A	*B*	*C*	*R*	*D*	*L*
10±0.5	10±0.5	2±0.2	1	3±0.2	6±0.5
15±0.5	15±0.5	2±0.2	1.5	6±0.2	6±0.5
—	—	—	—	7±0.2	20±0.5

3.5　**外观质量**

银蒸发料表面应光亮平整、洁净,边、角完整,无飞边、无毛刺、无夹杂、无裂纹等缺陷;应无油污和无锈蚀;应无颗粒附加物和其他沾污。

4　**试验方法**

4.1　银蒸发料 IC-Ag99.99 的化学成分仲裁分析方法按 GB/T 11067(所有部分)的规定执行。其他非金属杂质元素 C、H、O、N、S 的化学成分仲裁分析方法由供需双方协商决定。
4.2　银蒸发料几何尺寸的测量按 GB/T 15077 的规定进行。
4.3　外观质量用目视检查,如发现异常现象,在 10 倍放大镜下进行目视检查。
4.4　包装质量用目视检查。

5　**检验规则**

5.1　**检验和验收**

5.1.1　产品应由供方检验部门进行检验,保证产品质量符合本标准(或订货合同)的规定,并填写质量证明书。
5.1.2　需方应对收到的产品按本标准的规定进行复验。如复验结果与本标准(或订货合同)的规定不符时,应在收到产品之日起 3 个月内向供方提出,由供需双方协商解决。如需仲裁,仲裁取样应由供需双方在需方场所共同进行。

5.2 组批

产品应成批提交验收。每批应由同一投料批和同一规格的产品组成。

5.3 检验项目及取样

检验项目、取样位置及数量应符合表3的规定。

表 3

检验项目	取样位置	取样数量	要求的章条号	检验的章条号
化学成分	铸锭缩孔下	按铸锭数量的20%进行抽检，但不少于1个铸锭，每铸锭取1个样	3.2	4.1
几何尺寸	成品随机取样	按GB/T 2828.1标准取S-1，AQL=1.5抽取样品	3.4	4.2
外观质量	成品随机取样	按GB/T 2828.1标准取S-1，AQL=1.5抽取样品	3.5	4.3
包装质量	—	逐件	6.2.1	4.4

5.4 检验结果的判定

5.4.1 化学成分不合格时，判该锭不合格。重新取双倍数量的铸锭取样进行检验，若仍有不合格，则判该批不合格。

5.4.2 几何尺寸不合格时，判该批产品不合格。

5.4.3 外观质量不合格时，判该批产品不合格。

5.4.4 包装质量不合格时，判该件产品不合格。

6 标志、包装、运输、贮存及质量证明书

6.1 标志

在已检验合格的每瓶或每袋产品上应附标签，注明以下内容：

a) 产品名称；

b) 纯度；

c) 规格；

d) 净重；

e) 毛重；

f) 批号；

g) 生产日期；

h) 供方名称；

i) 生产厂家地址电话。

6.2 包装、运输和贮存

6.2.1 银蒸发料内包装可采用塑料瓶包装和真空封装两种，塑料瓶包装的瓶口铝封膜要封口完整，无开裂，无贯通。真空袋封口要平整无贯通，真空袋体无漏洞，无真空泄漏。

6.2.2 外包装采用纸箱或木箱包装。经供需双方协商还可采用其他方式包装。

6.2.3 产品运输过程中应防止碰伤、擦伤，不得损坏和沾污产品，并保证运输过程中产品及包装完整。

6.2.4 产品应保存于清洁、干燥的环境中。

6.3 质量证明书

每批产品应附有质量证明书，注明以下内容：

a） 客户名称；

b） 供方名称；

c） 产品名称；

d） 纯度；

e） 规格；

f） 数量；

g） 净重；

h） 批号；

i） 检测报告和技术监督部门印记；

j） 生产日期；

k） 执行标准号。

7 订货单（或合同）内容

订购本标准所列产品的订货单（或合同）内应包括下列内容：

a） 产品名称；

b） 纯度；

c） 规格；

d） 数量；

e） 执行标准号；

f） 其他。

ICS 71.100.10
Q 52

中华人民共和国国家标准

GB/T 26310.1—2010/ISO 8004:1985

原铝生产用煅后石油焦检测方法 第1部分:二甲苯中密度的测定 比重瓶法

Carbonaceous materials used in the production of aluminium—Calcined coke—Part 1:Determination of the density in xylene—Pyknometric method

(ISO 8004:1985,Carbonaceous materials for the production of aluminium—Calcined coke and calcined carborn products—Determination of the density in xylene—Pyknometric method,IDT)

2011-01-14 发布　　2011-11-01 实施

中华人民共和国国家质量监督检验检疫总局
中国国家标准化管理委员会　发布

前　言

GB/T 26310《原铝生产用煅后石油焦检测方法》共有5部分：

——第1部分：二甲苯中密度的测定　比重瓶法；

——第2部分：微量元素含量的测定　火焰原子吸收光谱法；

——第3部分：表观油含量的测定　加热法；

——第4部分：油含量的测定　溶剂萃取法；

——第5部分：残留氢含量的测定。

本部分为GB/T 26310的第1部分。

本部分等同采用ISO 8004:1985《铝生产用炭素材料　煅后焦及煅后炭素制品　二甲苯中密度的测定　比重瓶法》。本部分在等同采用ISO 8004:1985时，为了与我国标准体例一致，将其前言和引言删除，并将精密度条款单独列章。

本部分由中国有色金属工业协会提出。

本部分由全国有色金属标准化技术委员会归口。

本部分负责起草单位：中国铝业股份有限公司郑州研究院、中国有色金属工业标准计量质量研究所。

本部分参加起草单位：山东晨阳碳素股份有限公司、山东南山铝业股份有限公司、索通发展有限公司。

本部分主要起草人：赵春芳、仓向辉、李荣柱、李波、陈泓钧、于易如、郎光辉、钱康行。

原铝生产用煅后石油焦检测方法 第1部分:二甲苯中密度的测定 比重瓶法

1 范围

GB/T 26310的本部分规定了原铝生产用煅后石油焦在二甲苯中密度的测定方法。

本部分适用于原铝生产用煅后石油焦在二甲苯中密度的测定。

2 规范性引用文件

下列文件对于本文件的应用是必不可少的。凡是注日期的引用文件,仅注日期的版本适用于本文件。凡是不注日期的引用文件,其最新版本(包括所有的修改单)适用于本文件。

GB/T 26297.6 铝用炭素材料取样方法 第6部分:煅后石油焦(GB/T 26297.6—2010,ISO 6375:1980,IDT)

ISO 3507 比重瓶

ISO 5725 测试方法的精密度 实验室间重复性和再现性的测定

3 方法原理

于25℃下在比重瓶中测定经真空脱气的煅后石油焦在二甲苯中的密度。

4 试剂

在测定过程中,除非特别指明,只用分析纯试剂和蒸馏水(或纯度相当并经煮沸1h脱气的水)。

4.1 乙醇:95%(体积分数)。

4.2 丙酮。

4.3 二甲苯($\rho \approx 0.860$ g/mL):工业纯。

警告:二甲苯可烧伤皮肤,而且还可能通过皮肤吸收。应当在通风橱内进行操作,以避免吸入挥发物。

4.4 硫酸($\rho \approx 1.84$ g/mL):96%(质量分数)溶液。

5 装置

5.1 比重瓶:容积25 mL(见ISO 3507)。

5.2 脱气装置:示意图见图1,包含下列部件:

a) 盛比重瓶(5.1)的容器:可完全容纳不带瓶塞的比重瓶,出口和真空泵相连。由一个玻璃烧杯、可移动的盖和O型环组成。

单位为毫米

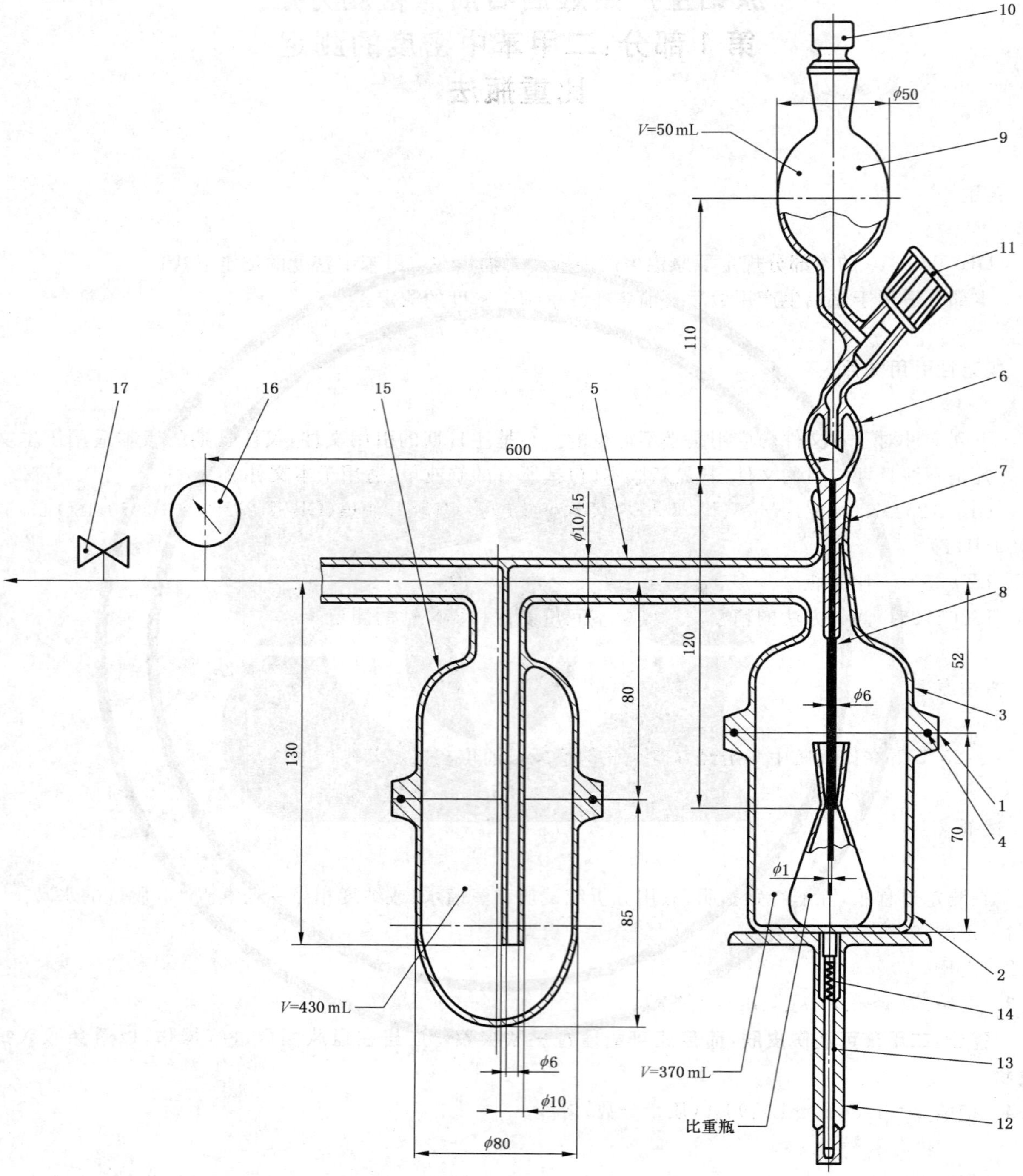

1——容器；
2——玻璃烧杯；
3——盖；
4——O 型环；
5——出口；
6——注入装置；
7——磨口连接；
8——管；
9——贮液器；
10——磨口塞；
11——特氟隆阀；
12——支撑台；
13——导杆；
14——弹簧；
15——油缓冲器；
16——压力表；
17——阀。

图 1　脱气装置示意图

b) 注入装置:通过磨口玻璃连接。管可伸至比重瓶内。带有磨口塞的贮液器中的液体可以通过特氟隆阀流进比重瓶。

c) 支撑台:当没有连接脱气装置脱气时,用于支撑整个玻璃烧杯。玻璃烧杯置于带有弹簧的导杆上,脱气过程中通过导杆的摇动来加速气泡的排出。

整套装置为玻璃材质。循环泵和脱气装置的出口通过一个油缓冲器相连。在循环泵和油缓冲器的真空系统上连接有压力表。调整真空装置使压力表显示值为 1.3 kPa±0.3 kPa,容器和注入装置之间的连接点与压力表的距离约为 600 mm。空气可通过阀门进入脱气装置,进行此项操作时必须缓慢且小心。

注:在压力 1.3 kPa±0.3 kPa 和室温 25 ℃时,二甲苯在到达平衡状态前可能会有少量蒸汽逸出,但对结果无影响。也可使用与上述设备具有同样特性的设备进行测定。

5.3 干燥箱:温度可以保持 120 ℃±2 ℃。

5.4 恒温水浴锅:温度可以保持 25 ℃±0.05 ℃。

5.5 磨样机:可以把样品磨碎到粒度为 63 μm 以下。为了防止样品污染,与样品接触的部件应由硬金属制成。

6 取样

按照 GB/T 26297.6 取样。

7 测定步骤

7.1 通则

称量应当精确至 0.000 1 g。浮力校正忽略不计。称量充有液体的比重瓶之前,使其在恒温水浴锅(5.4)中稳定在 25 ℃±0.05 ℃。

7.2 试样的制备

用磨样机(5.5)把试样磨碎到粒度 63 μm 以下。将其保存在一个密封的容器中以备测定。在测定前,将试样放入干燥箱(5.3)于 120 ℃±2 ℃下烘干 8 h。然后放于带有硅胶的干燥器中冷却。

注:为了避免每个样品颗粒的变化,建议设定合适的研磨条件,以便利用可用的研磨设备将不同类型的样品(石油焦、无烟煤、石墨)研磨到预想的粒度。

7.3 比重瓶的校准

比重瓶一般是在 20 ℃下校准的,但本方法测定温度是 25 ℃。因此要在此温度下对比重瓶重新校准。

7.3.1 测定比重瓶的质量

用热的硫酸溶液(4.4)清洗比重瓶(5.1),一定要采取必要的预防。第一次要用流动的水和蒸馏水仔细清洗,然后用乙醇(4.1)清洗,最后用丙酮(4.2)清洗。称重前要用丙酮湿润的软布擦拭比重瓶以除去静电。按照(7.1)称量比重瓶的质量(m_0)。

7.3.2 测定比重瓶的体积

在温度 23 ℃～24 ℃下,用脱了气的蒸馏水灌满比重瓶。塞紧塞子,用滤纸擦干比重瓶外面的水。将充满水的比重瓶放入恒温水浴锅(5.4)中加热至 25 ℃±0.05 ℃。

在加热过程中，小心地将溢出毛细管的液体用滤纸擦掉，当不再有液体出来时，说明比重瓶已达到水浴的温度。取出比重瓶仔细擦干，为了防止由于吸收手上的热使比重瓶中液体溢出，可以在擦干之前用冷水或丙酮(4.2)使其暂时变冷。比重瓶的外壁必须完全干燥，然后参照(7.1)称量比重瓶(m_1)。

按公式(1)计算比重瓶的容积V(单位为mL)：

$$V = \frac{m_1 - m_0}{0.997\ 05} \qquad \cdots\cdots(1)$$

式中：

m_0 ——空比重瓶的质量，单位为毫克(mg)；

m_1 ——已经脱气的和蒸馏水的质量，单位为毫克(mg)；

0.995 87——25 ℃下水的密度，单位为克每毫升(g/mL)。

比重瓶的容积V要精确到0.001 mL。

7.3.3 校准周期

每三个月校准一次比重瓶。质量m_0应恒定在±0.001 g。比重瓶的容积要重复校准，在不同的日期校准多次，以消除除了恒温水浴锅调节造成的微小的影响外的其他因素的影响，最后要采用(8～10)次校准的平均值，两次校准所允许的最大偏差为0.001 5 mL。

注：在比重瓶校准的间隔内(三个月)，比重瓶多次使用，每次质量(m_0)的变化应小于0.001 g。

7.4 二甲苯(4.3)密度的测定

依据7.3.2步骤，二甲苯的密度ρ_x按公式(2)计算：

$$\rho_x = \frac{m_2 - m_0}{V} \times 10^{-3} \qquad \cdots\cdots(2)$$

式中：

ρ_x ——二甲苯的密度，单位为克每立方毫米(g/mm^3)；

m_2——比重瓶和二甲苯(4.3)的质量，单位为毫克(mg)；

ρ_x为(8～10)次测定结果的平均值。

选取不在同一天测定的10次结果的平均值作为最终计算结果，以消除外界因素的影响。

7.5 试样密度的测定

7.5.1 试样

称取试样(7.2)5 g±0.1 g，精确至0.1 mg(m_3)，置于按7.3.1准备的清洁、干燥的比重瓶中。

7.5.2 测定

将带有试样(7.5.1)的比重瓶(不带塞子)放入脱气装置(5.2)的容器(图中的1)中。在加二甲苯之前，关闭二甲苯主入口(图中的11)，抽真空使剩余压力为1.3 kPa±0.3 kPa(此压力可保证8.2中±0.004 g/mL的重复性)。如果仅仅需要±0.01 g/mL的准确度，压力达到2.6 kPa±0.3 kPa即可。逐滴向比重瓶中加入二甲苯，直至覆没试样至少20 mm，则停止加入，继续抽真空，间断摇动比重瓶和支架，直至不再排出气泡，通常此过程需60 min。缓慢使空气进入脱气装置，取出比重瓶，填充二甲苯直至稍低于基线。静置至少30 min，完全注满二甲苯，插入瓶塞。擦干溢出的液体。重复7.3.2的操作，按照7.1称量装有试样和二甲苯的比重瓶的质量(m_4)。

8 测定结果的计算

试样在二甲苯中的密度ρ_d按公式(3)计算：

$$\rho_d = \frac{m_3}{1\,000\,V - \left[\frac{m_4 - (m_0 + m_3)}{\rho_x}\right]} \quad \cdots\cdots(3)$$

式中：

ρ_d——试样在二甲苯中的密度，单位为克每立方毫米(g/mm^3)；

m_3——试样的质量(见 7.5.1)，单位为毫克(mg)；

m_4——装有试样和二甲苯的比重瓶的质量，单位为毫克(mg)。

m_0 和 V 见 7.3.2；

ρ_x 见 7.4。

计算结果保留到小数点后第三位小数。

9 精密度

9.1 重复性

重复性限 $r = \pm 0.004$ g/mL。

9.2 再现性

再现性限 $R = \pm 0.006$ g/mL。

10 检测报告

检测报告应包含下列内容：

a) 试样名称；

b) 本部分编号；

c) 表述用到的结果和方法；

d) 测定过程中出现的异常情况；

e) 本部分或所引用的其他标准中所没有包括的以及认为可选择的所有操作。

ICS 71.100.10
Q 52

中华人民共和国国家标准

GB/T 26310.2—2010/ISO 8658:1997

原铝生产用煅后石油焦检测方法 第2部分:微量元素含量的测定 火焰原子吸收光谱法

Carbonaceous materials for use in the production of aluminium—Calcined coke—Part 2: Determination of trace elements content—Flame atomic absorption spectroscopy

(ISO 8658:1997, Carbonaceous materials for use in the production of aluminium—Green and calcined coke—Determination of trace elements by flame atomic absorption spectroscopy, IDT)

2011-01-14 发布　　2011-11-01 实施

中华人民共和国国家质量监督检验检疫总局
中国国家标准化管理委员会　发布

前　言

GB/T 26310《原铝生产用煅后石油焦检测方法》共有5部分：

——第1部分:二甲苯中密度的测定　比重瓶法；

——第2部分:微量元素含量的测定　火焰原子吸收光谱法；

——第3部分:表观油含量的测定　加热法；

——第4部分:油含量的测定　溶剂萃取法；

——第5部分:残留氢含量的测定。

本部分为GB/T 26310的第2部分。

本部分等同采用ISO 8658:1997《生产铝用炭素材料　生焦及煅后石油焦中微量元素的测定方法　火焰原子吸收光谱法》。本部分在等同采用ISO 8658:1997时,为了与我国标准体例一致,将其前言和引言删除,并将精密度条款单独列章。

本部分由中国有色金属工业协会提出。

本部分由全国有色金属标准化技术委员会归口。

本部分负责起草单位:中国铝业股份有限公司郑州研究院、中国有色金属工业标准计量质量研究所。

本部分参加起草单位:山东晨阳碳素股份有限公司、山东南山铝业股份有限公司、索通发展有限公司。

本部分主要起草人:李跃平、张炜华、石磊、张洁、陈泓钧、贾鲁宁。

原铝生产用煅后石油焦检测方法 第2部分:微量元素含量的测定 火焰原子吸收光谱法

1 范围

GB/T 26310 的本部分规定了原铝生产用煅后石油焦中微量元素的测定方法。

本部分适用于灰分含量不大于1%的煅后石油焦中微量元素的测定。测定范围(质量分数)见表1。

表1

元素	测定范围/% 不大于	元素	测定范围/% 不大于	元素	测定范围/% 不大于
钙	0.025	铬	0.005	铜	0.025
铁	0.030	铝	0.010	镁	0.010
锰	0.001	镍	0.050	硅	0.100
钒	0.100	锌	0.004	—	—

2 规范性引用文件

下列文件对于本文件的应用是必不可少的。凡是注日期的引用文件,仅注日期的版本适用于本文件。凡是不注日期的引用文件,其最新版本(包括所有的修改单)适用于本文件。

GB/T 26297.6 铝用炭素材料取样方法 第6部分 煅后石油焦(GB/T 26297.6—2010,ISO 6375:1980,IDT)

ISO 385-1:1984 实验室玻璃器皿 刻度管 第1部分:一般要求

ISO 835-1:1981 实验室玻璃器皿 刻度吸量管 第1部分:一般要求

ISO 1042:1983 实验室玻璃器皿 容量瓶

ISO 3696:1987 实验室用水 规格及检验方法

3 方法原理

将待测样品置于马弗炉中于700 ℃下灼烧10 h,所得到的灰分采用碳酸钠和硼酸的混合物熔融,用稀盐酸溶解熔融物,将所得到的溶液采用火焰原子吸收光谱法测定微量元素含量。

4 试剂

4.1 无水碳酸钠(优级纯)。

4.2 硼酸(优级纯)。

4.3 盐酸(ρ1.16 g/mL)。

4.4 氯化镧溶液(100 mg La/mL):光谱纯,$c(LaCl_3 \cdot 7H_2O)=267$ g/L。

4.5 钙标准溶液(0.1 mg/mL)

将碳酸钙(优级纯)于 110 ℃±5 ℃烘干 1 h,取出,置于装有五氧化二磷的干燥器中冷却至室温。称取 2.497 g±0.001 g 置于 250 mL 烧杯中,加入 50 mL 水,分次加入 50 mL 盐酸(4.3),完全溶解后,移入 1 000 mL 容量瓶(5.6)中,以水稀释至刻度,摇匀,储存于聚乙烯瓶中。此溶液 1 mL 含1.0 mg钙。

用移液管(5.8)移取 10.00 mL 溶液于 100 mL 容量瓶(5.6)中,加入约 20 mL 水和 5 mL 盐酸(4.3),以水稀释至刻度,摇匀。此溶液 1 mL 含 0.1 mg 钙。

4.6 铬标准溶液(0.1 mg Cr/mL)

以稀盐酸[$c(HCl)=1$ mol/L]冲洗大约 1.2 g 金属铬(Cr≥99.9%),然后以水冲洗,置于通风的烘箱中,于 110 ℃±5 ℃下烘干 10 min。称取 1 g±0.001 g 置于装有 50 mL 水的 250 mL 烧杯中,缓慢加入 50 mL 盐酸(4.3),溶解后,将溶液移入 1 000 mL 容量瓶(5.6)中,以水稀释至刻度,摇匀,储存于聚乙烯瓶中。此溶液 1 mL 含 1.0 mg 铬。用移液管(5.8)移取 10.00 mL 溶液于 100 mL 容量瓶(5.6)中,加入约 20 mL 水和 5 mL 盐酸(4.3),以水稀释至刻度,摇匀,储存于聚乙烯瓶中。此溶液 1 mL 含 0.1 mg 铬。

4.7 铜标准溶液(1.0 mg Cu/mL)

以稀硝酸[$c(HNO_3)=2$ mol/L]冲洗大约 1.2 g 金属铜(Cu≥99.9%),然后以水冲洗,置于通风的烘箱中,于 110 ℃±5 ℃下烘干 10 min。称取 1 g±0.001 g 置于装有 25 mL 水的 250 mL 烧杯中,缓慢加入 35 mL 硝酸(ρ1.42 g/ mL),溶解后,将溶液移入 1 000 mL 容量瓶(5.6)中,以水稀释至刻度,摇匀,储存于聚乙烯瓶中。此溶液 1 mL 含 1.0 mg 铜。

4.8 铁标准溶液(1.0 mg Fe/mL)

称取 1 g±0.001 g 铁(Fe≥99.9%)置于 250 mL 烧杯中,加入 25 mL 水,缓慢加入 50 mL 盐酸(4.3),溶解后,将溶液移入 1 000 mL 容量瓶(5.6)中,以水稀释至刻度,摇匀,储存于聚乙烯瓶中。此溶液 1 mL 含 1.0 mg 铁。

4.9 镁标准溶液(0.01 mg Mg/mL)

称取 1 g±0.001 g 镁(Mg≥99.9%)置于 250 mL 烧杯中,加入 50 mL 水,小心地加入 50 mL 盐酸(4.3),溶解后,将溶液移入 1 000 mL 容量瓶(5.6)中,以水稀释至刻度,摇匀,储存于聚乙烯瓶中。此溶液 1 mL 含 1.0 mg 镁。

用移液管(5.8)移取 10.00 mL 溶液于 1 000 mL 容量瓶(5.6)中,加入约 50 mL 水和 45 mL 盐酸(5.3),以水稀释至刻度,摇匀,储存于聚乙烯瓶中。此溶液 1 mL 含 0.01 mg 镁。

4.10 锰标准溶液(0.1 mg Mn/mL)

以稀硝酸[$c(HNO_3)=2$ mol/L]冲洗大约 1.2 g 金属锰(Mn≥99.9%),然后以水冲洗,置于通风的烘箱中,于 110 ℃±5 ℃下烘干 10 min。称取 1 g±0.001 g 置于装有 25 mL 水的 250 mL 烧杯中,缓慢加入 35 mL 硝酸(ρ1.42 g/mL),溶解后,将溶液移入 1 000 mL 容量瓶(5.6)中,以水稀释至刻度,摇匀,储存于聚乙烯瓶中。此溶液 1 mL 含 1.0 mg 锰。

用移液管(5.8)移取 10.00 mL 溶液于 100 mL 容量瓶(5.6)中,加入约 50 mL 水和 3 mL 硝酸(ρ1.42 g/ mL),以水稀释至刻度,摇匀。此溶液 1 mL 含 0.1 mg 锰。

4.11 镍标准溶液(1.0 mg Ni/mL)

称取 1 g±0.001 g 镍(Ni≥99.9%)置于 250 mL 烧杯中,加入 25 mL 水,小心地加入 35 mL 硝酸(ρ1.42 g/ mL),加热至完全溶解后,冷却至室温,将溶液移入 1 000 mL 容量瓶(5.6)中,以水稀释至刻度,摇匀,储存于聚乙烯瓶中。此溶液 1 mL 含 1.0 mg 镍。

4.12 铅标准溶液(1.0 mg Pb/mL)

称取 1 g±0.001 g 铅(Pb≥99.9%)置于 250 mL 烧杯中,加入 25 mL 水,小心地加入 35 mL 硝酸

(ρ1.42 g/ mL)，加热至完全溶解后，冷却至室温，将溶液移入 1 000 mL 容量瓶(5.6)中，以水稀释至刻度，摇匀，储存于聚乙烯瓶中。此溶液 1 mL 含 1.0 mg 铅。

4.13 硅标准溶液(1.0 mg Si/mL)

称取 2.139 g 硅(Si≥99.9%)和 6 g 无水碳酸钠置于铂皿或大铂坩埚中，用铂铲充分搅匀后，将混合物置于高温炉中熔融至呈透明的熔融体，冷却，加入温水，缓慢加热至完全溶解后，移至 400 mL 聚四氟乙烯烧杯中，冷却至室温，以水稀释至约 300 mL，移入 1 000 mL 容量瓶(5.6)中，以水稀释至刻度，摇匀，将溶液迅速转移至聚乙烯瓶中贮存。此溶液 1 mL 含 1.0 mg 硅。

注：该溶液的最佳保质期为一个月，一个月后应丢弃。

4.14 钒标准溶液(1.0 mg V/mL)

将五氧化二钒(V_2O_5≥99.9%)置于带盖的铂坩埚中，于 500 ℃±10 ℃下加热 30 min，置于干燥器中冷却。称取 1.785 g 置于聚四氟乙烯烧杯中，加入稍过量的氢氧化钠溶液[c(NaOH)=1 mol/L]进行溶解，以水稀释至约 250 mL，小心地滴加硫酸[$c(1/2H_2SO_4)$=9 mol/L]，直至溶液刚好使石蕊试纸变红，然后再过量 5 mL 硫酸，冷却至室温，移入 1 000 mL 容量瓶(5.6)中，以水稀释至刻度，摇匀。此溶液 1 mL 含 1.0 mg 钒。

4.15 锌标准溶液(0.1 mg Zn/mL)

称取 1 g±0.001 g 锌(Zn≥99.9%)置于 250 mL 烧杯中，加入 25 mL 水，小心地加入 25 mL 盐酸(4.3)，加热至完全溶解后，冷却至室温，将溶液移入 1 000 mL 容量瓶(5.6)中，以水稀释至刻度，摇匀。此溶液 1 mL 含 1.0 mg 锌。

用移液管(5.8)移取 10.00 mL 溶液于 100 mL 容量瓶(5.6)，加入约 20 mL 水和 5 mL 盐酸(4.3)，以水稀释至刻度，摇匀。此溶液 1 mL 含 0.1 mg 锌。

5 仪器及装置

实验室常规仪器设备及下列必需品，所有的玻璃器皿及塑料器皿在使用前都必须先用盐酸(4.3)清洗，再用水冲洗干净。

5.1 火焰原子吸收光谱仪：装有乙炔、一氧化二氮和压缩空气的燃烧器，波长和狭缝宽度均可调。

5.2 马弗炉：温度可控制在 700 ℃±10 ℃。

5.3 麦克炉。

5.4 标准筛：由聚乙烯骨架和聚酯网孔构成，孔径尺寸为 500 μm～1 000 μm。

5.5 研钵：由烧结氧化铝或带有碳化钨的黑色金属制成。

注：由其他材料制成的研钵不适宜。

5.6 符合 ISO 1042 的 A 级容量瓶。

5.7 符合 ISO 385-1 的 A 级刻度管，25 mL。

5.8 符合 ISO 835-1 的 A 级移液管。

5.9 铂坩埚：40 mL，带盖。按照下述方法将坩埚洗净：在坩埚中加入约 2.5 g 无水碳酸钠(4.1)和1 g 硼酸(4.2)，混匀，盖上铂盖，置于麦克炉(5.3)上将混合物熔化，冷却，用盐酸(4.3)溶解熔融物并用水冲洗干净，置于烘箱中于 110 ℃±5 ℃烘干，置于干燥器中冷却至室温。

5.10 铂棒或铂铲。

6 试样

按照 GB/T 26297.6 取样，将样品破碎后用研钵进行研磨，然后使之通过 0.5 mm 标准筛。

7 分析步骤

7.1 试样的制备

将破碎后的试样(6)混匀,称取最多 50 g 试样,用研钵(5.5)充分研磨,直到所有样品都通过标准筛(5.4),混匀。

7.2 试料

称取 5 g±0.001 g 试样于铂坩埚(5.9)中,将坩埚放入马弗炉(5.2),将炉温逐渐升至 700 ℃±10 ℃并保持 10 h,取出坩埚和灰分,置于干燥器中冷却至室温,迅速称重。再将坩埚和灰分一同放入马弗炉中灼烧 2 h,重复灼烧、冷却、称重,直至两次连续称重的结果相差不到 1 mg。

7.3 标准溶液的制备

7.3.1 标准溶液 A

在四个 600 mL 烧杯中分别加入 25g±0.1g 无水碳酸钠(4.1)、10 g±0.1g 硼酸(4.2)和 300 mL 水,混匀,缓慢加入 90 mL 盐酸(5.3),完全溶解后,移入 1 000 mL 容量瓶(5.6)中,分别贴上标签为 A1、A2、A3 和 A4。用移液管(5.8)移取表 2 所示体积的各元素的标准溶液到相应的容量瓶中,以水稀释至刻度,摇匀。

注 1:加硅标准溶液时要特别小心,边加边摇动,以免产生沉淀。

注 2:对应元素的浓度在表 3 中给出。

表 2 标准溶液 A 的组成

标准溶液	标准溶液的体积/mL								
	Cr (4.6) 0.1 mg/mL	Cu (4.7) 1 mg/mL	Fe (4.8) 1 mg/mL	Mn (4.10) 0.1 mg/mL	Ni (4.11) 1 mg/mL	Pb (4.12) 1 mg/mL	Si (4.13) 1 mg/mL	V (4.14) 1 mg/mL	Zn (4.15) 0.1 mg/mL
A1	0.0	0.0	0.0	0.0	0.0	0.0	0.0	0.0	0.0
A2	10.0	10.0	10.0	2.0	10.0	2.0	25.0	25.0	10.0
A3	30.0	15.0	20.0	5.0	30.0	5.0	50.0	50.0	20.0
A4	50.0	25.0	30.0	10.0	50.0	10.0	100.0	100.0	40.0

表 3 标准溶液 A 中各元素的浓度

标准溶液	浓度/(μg/mL)								
	Cr	Cu	Fe	Mn	Ni	Pb	Si	V	Zn
A1	0.0	0.0	0.0	0.0	0.0	0.0	0.0	0.0	0.0
A2	1.0	10.0	10.0	0.2	10.0	2.0	25.0	25.0	1.0
A3	3.0	15.0	20.0	0.5	30.0	5.0	50.0	50.0	2.0
A4	5.0	25.0	30.0	1.0	50.0	10.0	100.0	100.0	4.0

7.3.2 标准溶液 B

在 100 mL 烧杯中加入 2.5 g±0.1 g 无水碳酸钠(4.1)、1 g±0.1 g 硼酸(4.2)和 30 mL 水,混匀,缓慢加入 10 mL 盐酸(4.3),完全溶解后,移入 100 mL 容量瓶(5.6)中,以水稀释至刻度,摇匀。用刻度管(5.7)分别移取 20 mL 溶液至四个 100 mL 容量瓶中(5.6)中,分别贴上标签 B1、B2、B3 和 B4。在每个容量瓶中分别加入 10.00 mL 氯化镧溶液(4.4)和 4.5 mL 盐酸(4.3),用干净的移液管(5.8)移取表 4所示体积的各元素的标准溶液到相应的容量瓶中,以水稀释至刻度,摇匀。

表 4 标准溶液 B 的组成

标准溶液	钙标准溶液的体积 mL	钙的浓度 μg/mL	镁标准溶液的体积 mL	镁的浓度 μg/mL
B1	0.0	0.0	0.0	0.0
B2	1.0	1.0	5.0	0.5
B3	3.0	3.0	10.0	1.0
B4	5.0	5.0	20.0	2.0

7.4 测定

7.4.1 试样溶液 A

在装有已灰化待测样品(7.2)的铂坩埚(5.9)中,加入 1.25 g±0.01 g 无水碳酸钠(4.1)和 0.5 g±0.01 g 硼酸(4.2),用铂棒或铂铲(5.10)混匀,盖上铂盖,置于麦克炉(5.3)上熔融 14 min~15 min,冷却。

向坩埚中加入 15 mL 水,缓慢加热使熔融物部分溶解,转移至 100 mL 烧杯中,用 10 mL 温水和 6 mL 盐酸(4.3)洗净坩埚和盖,继续缓慢加热至溶液变澄清,冷却至室温,移入 50 mL 容量瓶(5.6)中,以水稀释至刻度,摇匀。

7.4.2 试样溶液 B

用移液管(5.8)移取 5.00 mL 检测溶液 A(7.4.1)于 25 mL 容量瓶(5.6)中,用刻度管(5.7)加入 2.5 mL 氯化镧溶液(4.4)和 1.0 mL 盐酸(4.3),以水稀释至刻度,摇匀。

7.4.3 试剂空白溶液 A 和 B 的制备

分别按照 7.4.1 和 7.4.2 的步骤,不加待测样品(见 7.2),制备试剂空白溶液。

7.4.4 光谱测量

7.4.4.1 各元素测定的准备

将空心阴极灯安装到火焰原子吸收光谱仪(4.1)上,按仪器要求进行预热,使仪器稳定 10 min。按表 5 选择狭缝宽度和波长,安装与火焰类型要求相应的燃烧头,按仪器要求点燃火焰,引入含有被测元素的溶液,将燃烧头调至最佳位置,对火焰条件和喷雾效率进行优化。

设置积分时间不少于 5 s,如果仪器可以进行多个数据的处理,则需设置 4 个 5 s 进行读数,打印其平均值和标准偏差,以水进行调零。

7.4.4.2 测定

按步骤7.4.4.1进行仪器准备，分析每个待测元素，在改变仪器参数设置之前完成该元素所有相关测量。按照上述步骤逐个分析待测元素。

每隔一定时间间隔，按随机顺序抽取与样品溶液对应的系列标准溶液和空白溶液进行测定，所有溶液进行两次测定，颠倒次序进行第二次测定以排除仪器漂移，计算两次测定的平均值。

表5 火焰原子吸收光谱仪的分析条件

元素	火焰	波长/nm	狭缝宽度/nm
Ca	一氧化二氮/乙炔(还原，红色)	422.7	0.7
Cr	空气/乙炔(还原，富燃，黄色)	357.9	0.7
Cu	空气/乙炔(氧化，贫燃，蓝色)	324.8	0.7
Fe	空气/乙炔(氧化，贫燃，蓝色)	248.3	0.2
Mg	空气/乙炔(氧化，贫燃，蓝色)	285.2	0.7
Mn	空气/乙炔(氧化，贫燃，蓝色)	279.5	0.2
Ni	空气/乙炔(氧化，贫燃，蓝色)	232.0	0.2
Pb	空气/乙炔(氧化，贫燃，蓝色)	283.3	0.7
Si	一氧化二氮/乙炔(还原，富燃，红色)	251.6	0.2
V	一氧化二氮/乙炔(还原，富燃，红色)	318.4	0.7
Zn	空气/乙炔(氧化，贫燃，蓝色)	213.9	0.7

8 测定结果的计算

8.1 工作曲线

对于每个分析的元素，用系列标准溶液A2～A4或B2～B4的平均吸光度减去标准溶液A1或B1的吸光度，得到相对吸光度，以元素浓度(mg/L)为横坐标，相对吸光度为纵坐标，绘制工作曲线。

8.2 计算

对于每个分析的元素，用检测溶液A或B的吸光度减去相应试剂空白A或B的吸光度，用该相对吸光度从同一元素的工作曲线上查得相应的浓度。

按公式(1)、公式(2)计算试样中各元素的质量分数：

$$E_A = \frac{c \times 50}{m \times 10^6} \times 100 \qquad (1)$$

$$E_B = \frac{c \times 50 \times 25}{m \times 10^6 \times 5} \times 100 \qquad (2)$$

式(1)、(2)中：

E_A——由试样溶液A测定的试样中元素E的质量分数；

E_B——由试样溶液B测定的试样中元素E的质量分数；

c ——从相对应的工作曲线上查得的元素浓度，单位为毫克每升(mg/L)；

50 ——试样溶液A的体积，单位为毫升(mL)；

5 ——试样溶液 A 分取到检测溶液 B 的体积,单位为毫升(mL);

25 ——试样溶液 B 的体积,单位为毫升(mL);

m ——试样的质量,单位为克(g)。

9 精密度

目前还未对该方法在多个实验室的测定结果进行统计分析,因此该方法的精密度仍未知,在接下来的修订本中将添加这些内容。

10 检测报告

检测报告应包含下列内容:

a) 样品描述;

b) 参考的标准;

c) 与第 8 章一致的检测结果;

d) 检测过程中出现的异常;

e) 未按照本际准进行的操作。

ICS 71.100.10
Q 52

中华人民共和国国家标准

GB/T 26310.3—2010/ISO 6997:1985

原铝生产用煅后石油焦检测方法
第3部分:表观油含量的测定
加热法

Carbonaceous materials used in the production of aluminium—Calcined coke—Part 3: Determination of apparent oil content—Heating method

(ISO 6997:1985, Carbonaceous materials for the production of aluminium—Calcined coke—Determination of apparent oil content—Heating method, IDT)

2011-01-14 发布　　　　2011-11-01 实施

中华人民共和国国家质量监督检验检疫总局
中国国家标准化管理委员会　发布

前　言

GB/T 26310《原铝生产用煅后石油焦检测方法》共有5部分：

——第1部分：二甲苯中密度的测定　比重瓶法；

——第2部分：微量元素含量的测定　火焰原子吸收光谱法；

——第3部分：表观油含量的测定　加热法；

——第4部分：油含量的测定　溶剂萃取法；

——第5部分：残留氢含量的测定。

本部分为GB/T 26310的第3部分。

本部分等同采用ISO 6997:1985《铝生产用炭素材料　煅后石油焦　表观油含量的测定　加热法》。本部分等同采用ISO 6997:1985时，为了与我国标准体例一致，将其前言和引言删除，并将精密度条款单独列章。

本部分由中国有色金属工业协会提出。

本部分由全国有色金属标准化技术委员会归口。

本部分负责起草单位：索通发展有限公司、中国有色金属工业标准计量质量研究所。

本部分参加起草单位：山东晨阳碳素股份有限公司、山东南山铝业股份有限公司。

本部分主要起草人：钱康行、郎光辉、刘瑞、陈泓钧、贾鲁宁。

原铝生产用煅后石油焦检测方法 第3部分:表观油含量的测定 加热法

1 范围

GB/T 26310的本部分规定了铝生产的煅后石油焦中表观油含量的测定方法。

本部分适用于用加热法测定铝生产的煅后石油焦中表观油含量。

本部分提供了两种测定方式,即:常规测定和简易测定。

2 规范性引用文件

下列文件对于本文件的应用是必不可少的。凡是注日期的引用文件,仅注日期的版本适用于本文件。凡是不注日期的引用文件,其最新版本(包括所有的修改单)适用于本文件。

GB/T 26297.6 铝用炭素材料取样方法 第6部分 煅后石油焦(GB/T 26297.6—2010,ISO 6375:1980,IDT)

3 方法原理

在非氧化性气氛中,将试样保持在一个固定的温度,并测试其质量损失,依此来计算的表观油含量的损失。为确保测定过程在非氧化性气氛中进行,应向坩埚滴入几滴甲苯。

4 仪器

4.1 瓷坩埚:容量为150 mL,带盖。

4.2 电烘箱:能够控温105 ℃~110 ℃。

4.3 马弗炉:能控温800 ℃。

4.4 钢箱:耐热550 ℃,带盖,尺寸为200 mm×100 mm×100 mm。

5 取样和制样

5.1 取样

按GB/T 26297.6的规定取样。

5.2 制样

将约200 g的试样(5.1)用研体和研杵研磨,直至全部通过4 mm的筛子。放到电烘箱(4.2)中,在105 ℃~110 ℃保温1h,对试样(5.1)进行干燥,直至两次连续称重的差值不超过0.01 g。

6 测定步骤

6.1 试料

将带盖的瓷坩埚(4.1)放到马弗炉(4.3)中加热，在约800 ℃保温约1 h。然后在干燥器中冷却到常温。称取约75.000 g试料(5.2)，精确至0.001 g(m_0)。将试料加到瓷坩埚中(不带盖)，测量其质量(m_1)，精确至0.001 g。为确保非氧化性气氛，向坩埚滴入数滴甲苯。独立地进行两次测定，取其平均值。

6.2 测定

6.2.1 常规测定

6.2.1.1 如图1所示，先在钢箱(4.4)底部铺上10 mm左右经过0.25 mm～2 mm筛选的石油焦颗粒，将放有试料(6.1)的瓷坩埚放入钢箱，在瓷坩埚和钢箱的空隙间填满石油焦颗粒。盖上钢箱并放置在冷却的马弗炉(4.3)中。加热，在550 ℃±10 ℃保温2 h。再断电冷却马弗炉。

6.2.1.2 将钢箱从马弗炉中移出，并取出瓷坩埚。应避免试料被石油焦颗粒污染。清除依附在坩埚上的石油焦颗粒，并放置在干燥器中冷却到室温。去盖称量盛有试料的瓷坩埚的质量(m_2)，精确至0.001 g。

单位为毫米

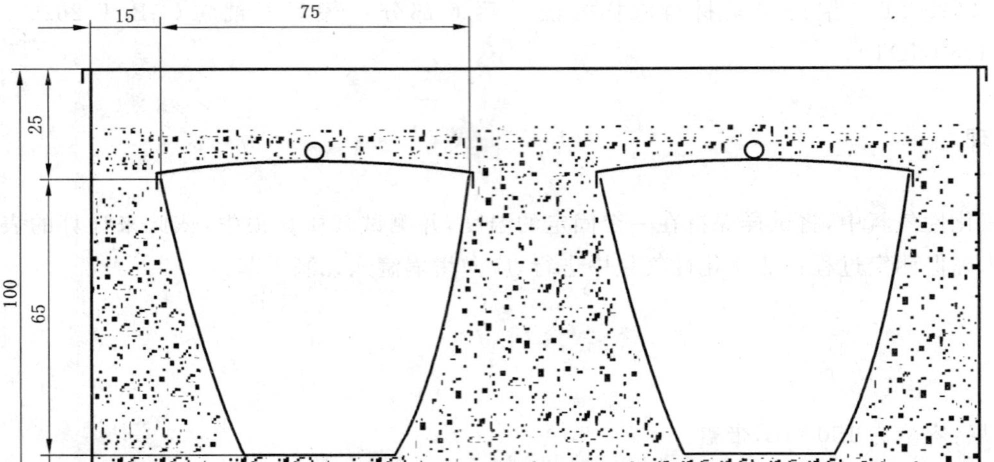

图1 瓷坩埚在耐热钢箱中的摆放

6.2.2 简易测定

将试料(6.1)放置在瓷坩埚中，盖盖，置于已预热到500 ℃±10 ℃的马弗炉(4.3)中，保温20 min。取出瓷坩埚，让其在耐火材料板上自然冷却。再将其置于干燥器冷却至室温。去盖称量瓷坩埚的质量(m_2)，精确至0.001 g。

7 测定结果的计算

按公式(1)计算表观油量，并以质量分数表示：

$$w_{表观油}(\%)=\frac{m_1-m_2}{m_0}\times 100 \qquad \cdots\cdots(1)$$

式中：

m_0——试料的质量，单位为克(g)；

m_1——加热前盛有试料的瓷坩埚的质量，单位为克(g)；

m_2——加热后盛有试料的瓷坩埚的质量，单位为克(g)。

检验结果为两次测定值的算术平均值，两次连续测量差值不大于0.01%。

8 精密度

8.1 常规测量(六个实验室)

r(重复性)= 0.050%。

R(再现性)= 0.078%。

8.2 简易测定(三个实验室)

r(重复性)= 0.036%。

R(再现性)=r(由于再现性的方差产生负值)。

结果保留到小数点后第三位。

9 检测报告

检测报告应包括下列内容：

a) 试样标识；

b) 本部分编号；

c) 检测结果：两次测定结果的平均值，保留到小数点后三位数字。应注明是常规测定还是简易测定；

d) 检测过程中观察到的异常现象；

e) 本部分没有涉及的操作或者是可以选择的详细操作；

f) 测定日期。

ICS 71.100.10
Q 52

中华人民共和国国家标准

GB/T 26310.4—2010/ISO 8723:1986

原铝生产用煅后石油焦检测方法 第4部分:油含量的测定 溶剂萃取法

Carbonaceous materials used in the production of aluminium—Calcined coke—Part 4:Determination of oil content—Method by solvent extraction

(ISO 8723:1986,Carbonaceous materials for the production of aluminium—Calcined coke—Determination of oil content—Method by solvent extraction,IDT)

2011-01-14 发布　　2011-11-01 实施

中华人民共和国国家质量监督检验检疫总局
中国国家标准化管理委员会　发布

前言

GB/T 26310《原铝生产用煅后石油焦检测方法》共有5部分：

——第1部分：二甲苯中密度的测定 比重瓶法；

——第2部分：微量元素含量的测定 火焰原子吸收光谱法；

——第3部分：表观油含量的测定 加热法；

——第4部分：油含量的测定 溶剂萃取法；

——第5部分：残留氢含量的测定。

本部分为GB/T 26310的第4部分。

本部分等同采用ISO 8723:1986《铝生产用炭素材料 煅后石油焦 表面油含量的测定 溶剂萃取法》。本部分等同采用ISO 8723:1986时，为了与我国标准体例一致，将其前言和引言删除，并将精密度条款单独列章。

本部分由中国有色金属工业协会提出。

本部分由全国有色金属标准化技术委员会归口。

本部分负责起草单位：索通发展有限公司、中国有色金属工业标准计量质量研究所。

本部分参加起草单位：山东南山铝业股份有限公司。

本部分主要起草人：钱康行、郎光辉、刘瑞、陈泓钧。

原铝生产用煅后石油焦检测方法
第4部分:油含量的测定　溶剂萃取法

1 范围

GB/T 26310的本部分规定了原铝生产用煅后石油焦中油含量的测定方法。

本部分适用于用溶剂萃取法测定原铝生产用煅后石油焦中油含量的测定。

2 规范性引用文件

下列文件对于本文件的应用是必不可少的。凡是注日期的引用文件,仅注日期的版本适用于本文件。凡是不注日期的引用文件,其最新版本(包括所有的修改单)适用于本文件。

GB/T 26297.6　铝用炭素材料取样方法　第6部分　煅后石油焦(GB/T 26297.6—2010,ISO 6375:1980,IDT)

3 方法原理

在萃取容器中用二氯甲烷萃取试料中的油,试料中损失的质量即为油含量。

注:在干燥过的试料中可能依然存在少量的水,这些少量的水会被认作是油。

4 溶剂

二氯甲烷:分析纯(纯度不小于98%)沸点为39 ℃～40 ℃。

警示:操作必须在排烟柜中进行,避免与皮肤接触和吸入气体。

注:使用过的二氯甲烷可以通过活性炭过滤或蒸馏法还原。如果蒸馏后还有黄色存在则表明存在盐酸,在此情况下,不能循环使用。

5 仪器及装置

5.1　电烘箱:能控温在110 ℃±2 ℃。

5.2　萃取装置:如图1所示,并包括下列部件:

5.2.1　圆形玻璃漏斗:容量1 000 mL,装有一个有效直径为45 mm～50 mm的玻璃烧结板,孔径为160 μm～250 μm。该烧结盘装有内部管子,允许气体排出。

5.2.2　玻璃萃取坩埚:耐真空,有效内径45 mm～50 mm,装有一个玻璃烧结板,孔径为1.6 μm～4 μm。

5.2.3　玻璃收集器:有一个直径为4 mm的聚四氟乙烯(PTFE)活塞。

5.2.4　布氏玻璃烧瓶:容量2 000 mL。

5.3　玻璃罐:在干燥和称重时支撑玻璃萃取坩埚(5.2.2)。

5.4　聚四氟乙烯封套:密闭接口。

5.5　真空装置。

5.6　干燥器:可用硅酸胶或活性氧化铝做干燥剂。

单位为毫米

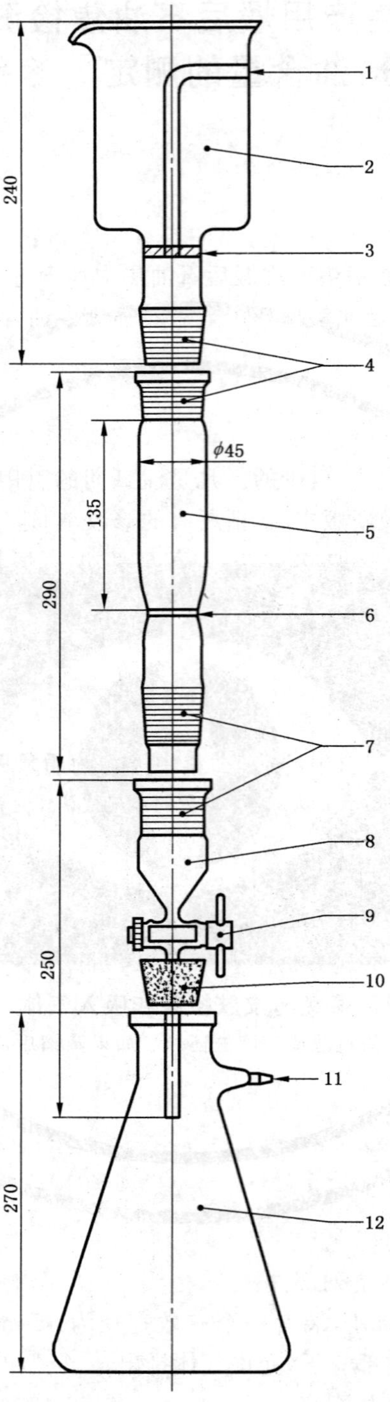

1——内阀门；
2——圆形玻璃漏斗；
3——烧结盘；
4——接头；
5——玻璃萃取坩埚；
6——烧结盘；
7——接头；
8——玻璃收集器；
9——聚四氟乙烯旋塞；
10——橡胶塞；
11——真空装置；
12——布氏烧瓶。

图 1 萃取装置

6 取样和制样

6.1 取样

按 GB/T 26297.6 的规定取样。

6.2 制样

将约 200 g 的试样(5.1)用研体和研杵研磨,直至全部通过 4 mm 的筛子。放到电烘箱(5.1)中,在 110 ℃±2 ℃保温 2 h,然后在干燥器(5.6)中冷却 1 h。

7 测定步骤

7.1 试料

用二氯甲烷洗涤玻璃萃取坩埚(5.2.2),使用的玻璃罐先在 110 ℃±2 ℃的电烘箱(5.1)中保温干燥 30 min,在干燥器(5.6)中冷却到室温。称量带玻璃罐的坩埚,精确至 0.001 g,称取约 100 g 试料(6.2)(m_0),加入坩埚,称量带玻璃罐(5.3)和试料的坩埚,精确至 0.001 g(m_1)。两次称量结果的差值为试料的质量(m_0)。

7.2 测定

独立地进行两次测定,取其平均值。

按图 1 组装萃取装置(5.2),用聚四氟乙烯封套(5.4)密封接口。关闭旋塞,通过漏斗向玻璃萃取坩埚(5.2.2)加入二氯甲烷,加到试料面以上 2 cm(约 100 mL)。等到所有泡腾停止(约 5 min)后,打开旋塞,起动真空装置(5.5)。当二氯甲烷达到旋塞的水平面,关闭旋塞。重复 10 次,每次排除前,用 1 min 时间萃取。关闭旋塞,取出玻璃萃取坩埚,并擦去其外面的湿气。与玻璃罐(5.3)一起放在电烘箱(5.1)中,于 110 ℃±2 ℃保温 30 min。从电烘箱中取出玻璃萃取坩埚和玻璃罐,放到干燥器(5.6)中,使其冷却到常温。称量萃取后玻璃坩埚、试料和玻璃罐的总质量,精确至 0.001 g 克(m_2)。

8 测定结果的计算

按公式(1)计算油量的质量分数($w_{油}$):

$$w_{油}=\frac{m_1-m_2}{m_0}\times 100\% \quad \cdots\cdots(1)$$

式中:

m_0——试料的质量,单位为克(g);

m_1——萃取前由玻璃罐支撑的盛有试料的坩埚的质量,单位为克(g);

m_2——萃取后由玻璃罐支撑的盛有试料的坩埚的质量,单位为克(g)。

检验结果为两次测定值的算术平均值,两次连续测量差值不大于 0.01%。

9 精密度

由九个不同实验室进行的实验室试验得出的精密度如下:

——重复性限 $r=0.023\%$;

——再现性限 R=0.050%。

10 检测报告

检测报告应包括下列内容：

a） 试样标识；

b） 本部分编号；

c） 检验结果：两次测定结果的平均值，保留到小数点后两位数字；

d） 检验过程中观察到的异常现象；

e） 本部分没有涉及的操作或者是可以选择的详细操作；

f） 试验日期。

ICS 71.100.10
Q 52

中华人民共和国国家标准

GB/T 26310.5—2010/ISO 10237:1997

原铝生产用煅后石油焦检测方法 第5部分:残留氢含量的测定

Carbonaceous materials used in the production of aluminium—Calcined coke— Part 5:Determination of residual hydrogen content

(ISO 10237:1997,Carbonaceous materials for the production of aluminium—Calcined coke—Determination of residual hydrogen content,IDT)

2011-01-14 发布 2011-11-01 实施

中华人民共和国国家质量监督检验检疫总局
中国国家标准化管理委员会 发布

前 言

GB/T 26310《原铝生产用煅后石油焦检测方法》共有5部分：

——第1部分:二甲苯中密度的测定　比重瓶法；

——第2部分:微量元素含量的测定　火焰原子吸收光谱法；

——第3部分:表观油含量的测定　加热法；

——第4部分:油含量的测定　溶剂萃取法；

——第5部分:残留氢含量的测定。

本部分为GB/T 26310的第5部分。

本部分等同采用ISO 10237:1997《铝生产用煅后石油焦　残留氢含量的测定》。本部分等同采用ISO 10237:1997时,为了与我国标准体例一致,将其前言删除,并将精密度条款单独列章。

本部分由中国有色金属工业协会提出。

本部分由全国有色金属标准化技术委员会归口。

本部分负责起草单位:索通发展有限公司、中国有色金属工业标准计量质量研究所。

本部分参加起草单位:山东晨阳碳素股份有限公司、山东南山铝业股份有限公司。

本部分主要起草人:钱康行、郎光辉、刘瑞、陈泓钧、于易如。

原铝生产用煅后石油焦检测方法 第5部分:残留氢含量的测定

1 范围

GB/T 26310的本部分规定了用于测定原铝生产用煅后石油焦中的残留氢含量的方法。

本部分适用于测定原铝生产用煅后石油焦中的残留氢含量。测定范围:残留氢的质量分数≤1.0%。

注:在质量分数≤1.0%时,氢主要是芳香环,侧链较少。

2 规范性引用文件

下列文件对于本文件的应用是必不可少的。凡是注日期的引用文件,仅注日期的版本适用于本文件。凡是不注日期的引用文件,其最新版本(包括所有的修改单)适用于本文件。

GB/T 26297.6 铝用炭素材料取样方法 第6部分:煅后石油焦(GB/T 26297.6—2010,ISO 6375:1980,IDT)

3 方法原理

将已破碎和干燥的试料放在750 ℃的氧气流中完全燃烧。产生的气体通过干燥剂氧化铜和铬酸铅。然后气体被干燥剂吸收产生了水,其中氢元素全部来自试料。测定干燥剂的增量来计算试料中残留氢含量。

4 溶剂

4.1 氧化铜(CuO):丝状。

4.2 铬酸铅($PbCrO_4$):颗粒尺寸为1 mm~3 mm。

4.3 硫酸(H_2SO_4):浓度为94%~96%(质量分数)。

4.4 高氯酸镁[$Mg(ClO_4)_2$]。

4.5 人造石墨:无氢,颗粒尺寸≤1 mm,水含量≤0.001%(质量分数)。

5 仪器及装置

5.1 加热箱:能保温在220 ℃±10 ℃。

5.2 天平:感量为0.1 mg。

5.3 干燥器:带干燥剂。

5.4 金属丝筛:孔径1 mm。

5.5 燃烧装置:如图1所示,包括以下部件:

单位为毫米

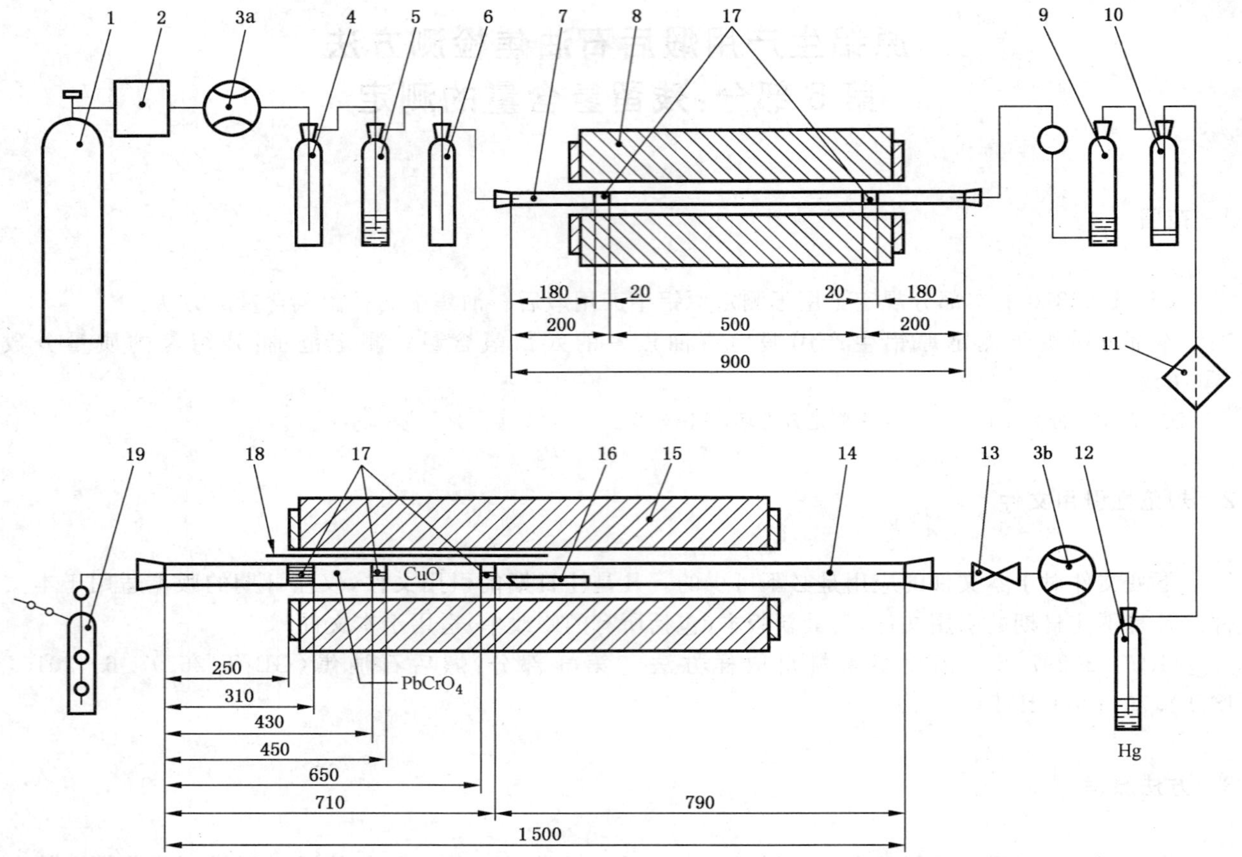

1——氧气瓶；
2——减压器；
3a 和 3b——流量计(即可变截面流量计)；
4、5 和 6——500 mL 的气体洗涤瓶；
7——石英管；
8——气体净化炉；
9——350 mL 气体清洗瓶，含烧结板和球；
10——250 mL 气体清洗瓶，含烧结板；
11——管道过滤器；
12——过压水银安全阀；
13——旋塞；
14——石英燃烧管；
15——燃烧炉；
16——陶瓷燃烧舟；
17——铜纱卷；
18——热电偶；
19——吸收单元(见图 2)。

图 1 燃烧装置示意图

5.5.1 氧气瓶。

5.5.2 减压器。

5.5.3 流量计：有一个可变截面流量计，测气流量达 40 L/h。

5.5.4 三个 500 mL 的气体洗涤瓶：第一个是空瓶，以去除外来物；第二个中加入约三分之一的硫酸(4.3)，以干燥氧气；第三个是空瓶，以去除残留的硫酸。

5.5.5 石英管：直径 20 mm，长度 900 mm，包含两个铜丝纱卷，其含铜量 95%(质量分数)以上，孔径为 0.3 mm～0.7 mm，两个纱卷之间的空间填上氧化铜(4.1)。

5.5.6 气体净化炉，围绕石英管：能保温在 425 ℃±25 ℃。

5.5.7 350 mL 气体清洗瓶：含连接器，烧结板(最大内孔 100 μm～160 μm，直径 60 mm)和球(最小直径 60 mm)，注入硫酸直至液面达到烧结板以上 20 mm～30 mm。

5.5.8 250 mL 的气体清洗瓶：用烧结板，以去除残留的硫酸。

5.5.9 管道过滤器:直径为 60 mm。

5.5.10 水银安全阀:钻有孔塞,其容积为 250 mL。

5.5.11 栓塞和流量计:流量计是一个可变截面流量计,能测气流量 14 L/h。

5.5.12 燃烧炉:能控温在 750 ℃±10 ℃。

5.5.13 石英燃烧管:直径 32 mm,长度 1 500 mm,其中一端有个铜丝纱卷,其含铜量 95%以上(质量分数),丝纱的孔径为 0.3 mm~0.7 mm,中间填上氧化铜。向燃烧管加入铬酸铅(4.2)时,在铜丝纱卷和铬酸铅之间留有 20 mm 空隙,允许铬酸盐膨胀。

注:通过在单一的旋塞处增添歧管,可使多个燃烧炉连接到同一个氧气供应点。

5.5.14 吸收单元:见图 2,含硫酸(4.3)或者高氯酸镁(4.4)。

单位为毫米

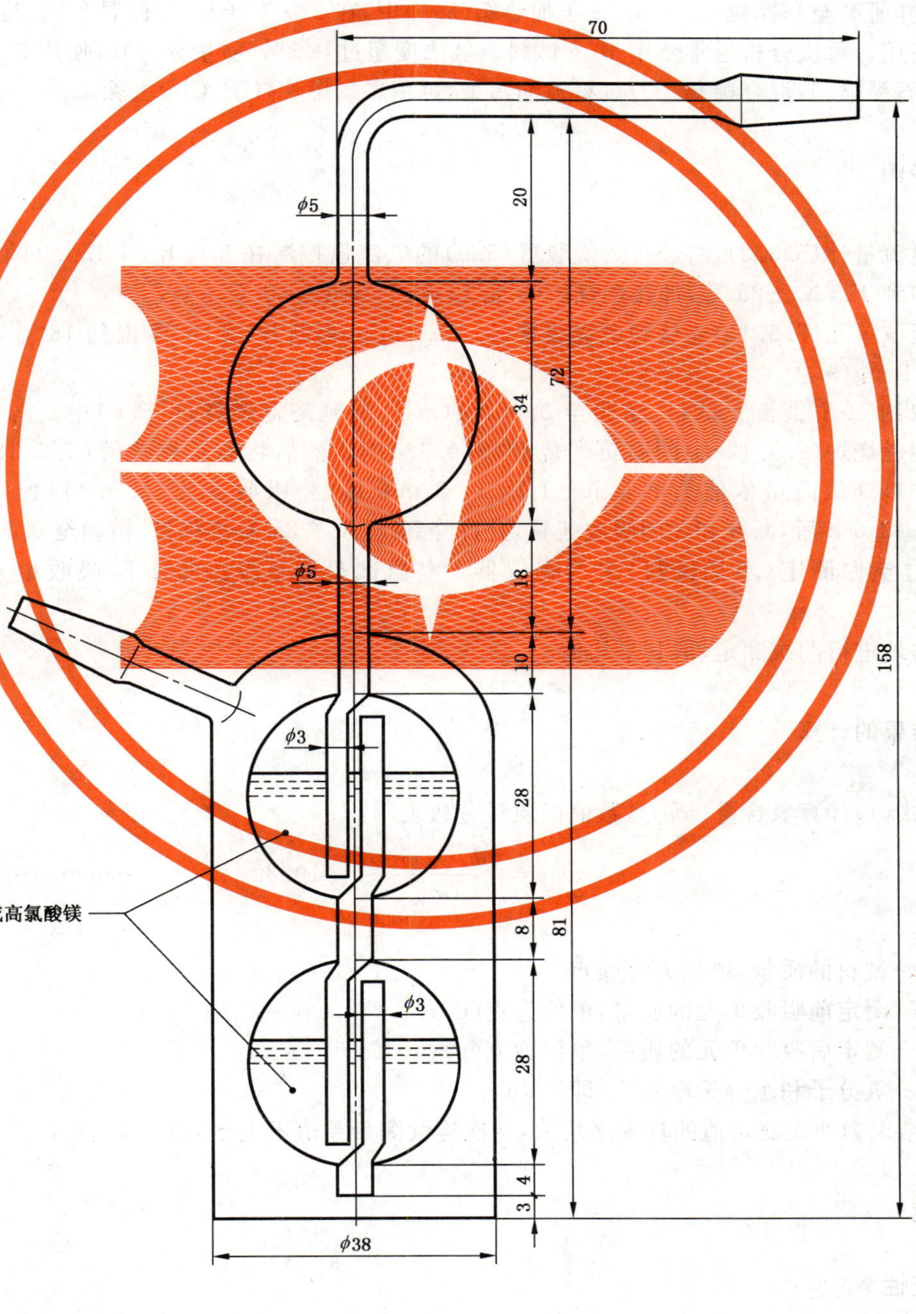

图 2 吸收单元

5.5.15 柔性密封管接头:由硅橡胶制成。

5.6 陶瓷燃烧舟:尺寸为 160 mm×14 mm×20 mm。

6 取样和制样

6.1 取样

按 GB/T 26297.6 的规定取样。

6.2 制样

将试样研磨至其颗粒≤1 mm,置于加热箱(5.1)中,在 220 ℃±10 ℃保温 2 h。将此试料置干燥器(5.3)中备用。每次分析通常使用 10 g 试料。氢浓度超过 0.3%(质量分数)时使用 5 g 试料,并和相同量的人造石墨(4.5)混合稀释。若试料被油污染,可用二氯甲烷(CH_2Cl_2)去除。

7 测定步骤

7.1 通过流量计(5.5.3),将经过燃烧装置(5.5)的氧流量控制在 8 L/h±1 L/h。随后加热气体净化炉(5.5.6)到 425 ℃±25 ℃,加热燃烧炉(5.5.12)到 750 ℃±10 ℃。

7.2 将吸收单元(5.5.14)连接到燃烧装置(5.5)20 min,再断开,关闭,降温到 18 ℃~28 ℃,再称量,精确至 0.1 mg(m_1)。

7.3 称取约 10 g 或 5 g 试料,精确至 0.001 g(m_0),放到陶瓷燃烧舟(5.6)中。马上将陶瓷燃烧舟(5.6)放到燃烧炉(5.5.12)中的石英燃烧管(5.5.13)内。然后将石英燃烧管(5.5.13)连接到流量计(5.5.3)并检查氧流量依然为 8 L/h±1 L/h。5 min 后,将吸收单元(5.5.14)连接到石英燃烧管(5.5.13)。3.5 h 后,断开和关闭吸收装置,允许降到 18 ℃~28 ℃再称量,精确至 0.1 mg(m_2)。

7.4 通过空白测定(不加试料)来检查仪器。空白试验应至少进行 1 h,吸收单元的质量增加应≤1 mg。

7.5 独立地进行两次测定,取其平均值。

8 测定结果的计算

按公式(1)计算氢含量(w_{H_2}),数值以质量分数表示:

$$w_{H_2} = \frac{(m_2 - m_1)f}{m_0} \times 100\% \qquad \cdots\cdots(1)$$

式中:

m_0——试料的质量,单位为克(g);

m_1——测定前吸收单元的质量,单位为克(g);

m_2——测定后吸收单元的质量,单位为克(g);

f ——氢分子和水分子摩尔比(即 2/18)。

检验结果为两次测定值的算术平均值,两次连续测量差值不大于 0.01%。

9 精密度

9.1 重复性

重复性条件下获得的两次独立测试结果的差值(即重复性限 r)不大于 0.005%。

9.2 再现性

再现性条件下获得的两次测定结果的差值(即再现性限 R)不大于0.01%。

10 检测报告

检测报告应包括下列内容:

a) 试样标识;

b) 本部分编号;

c) 检验结果:两次测定结果的平均值,保留到小数点后两位数字;

d) 检验过程中观察到的异常现象;

e) 本部分没有涉及的操作或者是可以选择的详细操作;

f) 试验日期。

ICS 77.150.30
H 62

中华人民共和国国家标准

GB/T 26311—2010

再生铜及铜合金棒

Rods and bars of recycling copper and copper alloys

2011-01-14 发布　　　　2011-11-01 实施

中华人民共和国国家质量监督检验检疫总局
中国国家标准化管理委员会　发布

前　言

本标准参考 JIS H 3250—2006《铜及铜合金棒》标准编制。本标准与 JIS H 3250—2006 的一致性程度为非等效。

本标准由全国有色金属标准化技术委员会(SAC/TC 243)归口。

本标准负责起草单位:宁波金田铜业(集团)股份有限公司。

本标准参加起草单位:宁波长振铜业有限公司。

本标准主要起草人:杨建军、王永如、洪夑平、楼春章、刘剑、王硕、李密、沈波。

再生铜及铜合金棒

1 范围

本标准规定了再生铜及铜合金棒的产品分类、要求、试验方法、检验规则和包装、标志、运输、贮存和质量证明书、合同(或订货单)等内容。

本标准适用于五金用的圆形、方形、六角形及其他异形再生铜及铜合金连铸、挤压、轧制、拉制棒材。

2 规范性引用文件

下列文件对于本文件的应用是必不可少的。凡是注日期的引用文件,仅注日期的版本适用于本文件。凡是不注日期的引用文件,其最新版本(包括所有的修改单)适用于本文件。

GB/T 228 金属材料室温拉伸试验方法

GB/T 5121(所有部分) 铜及铜合金化学分析方法

GB/T 8888 重有色金属加工产品的包装、标志、运输和贮存

GB/T 10119 黄铜耐脱锌腐蚀性能的测定

GB/T 10567.2 铜及铜合金加工材残余应力检验方法 氨薰试验法

GB/T 26303.2 铜及铜合金加工材外形尺寸检测方法 第2部分:棒、线、型材

YS/T 336 铜、镍及其合金管材和棒材断口检验法

3 术语及定义

下列术语及定义适用于本标准。

3.1

再生铜及铜合金产品 recycling copper and copper alloys product

直接利用铜及铜合金废料,生产出的铜及铜合金产品。

4 要求

4.1 产品分类

4.1.1 牌号、状态和规格

棒材的牌号、状态和规格应符合表1的规定。矩形棒材的宽高比应同时符合表2的规定。

表1 产品的牌号、状态、规格

合金牌号[a]	产品状态	直径(或对边距)/mm	长度/mm
RT3	硬(Y)、软(M)	7～80	500～5 000
RHPb59-2、RHPb58-2、RHPb57-3、RHPb56-4、	铸(Z)、挤制(R)、半硬(Y_2)		
RHPb62-2-0.1	挤制(R)、半硬(Y_2)		

注:经双方协商,可供其他规格棒材,具体要求应在合同中注明。

[a] 牌号前面“R”取“recycling”含义,表示再生铜及铜合金牌号。

表 2 矩形棒截面的宽高比

高度/mm	宽度/高度 不大于
≤10	2.0
>10~20	3.0
>20	3.5
注：经双方协商，可供其他宽高比棒材，具体要求应在合同中注明。	

4.1.2 标记示例

产品标记按产品名称、牌号、状态、精度、规格和标准编号的顺序表示。棒材的截面示意图见图 1。

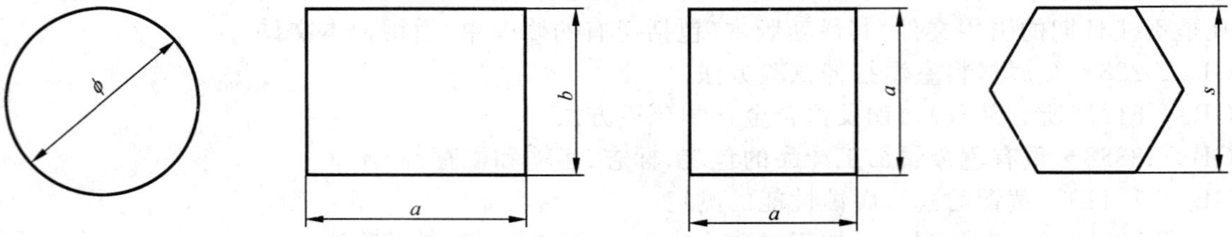

a) 圆形棒　　b) 矩形棒　　c) 正方形棒　　d) 六角形棒

图 1 棒材的截面示意图

示例 1：用 RHPb58-2 制造的、供应状态为铸态、直度为普通级，直径为 30 mm，长度为 3 000 mm 的圆棒材标记为：

圆形棒 RHPb58-2Z　30×3000　GB/T 26311—2010

示例 2：用 RHPb59-2 制造的、供应状态为半硬态、直度为高级，高度为 25 mm、宽度为 30 mm、长度为 3 000 mm 的矩形棒标记为：

矩形棒 RHPb59-2Y_2 高　25×30×3000　GB/T 26311—2010

示例 3：用 RHPb56-4 制造的、供应状态为半硬态、直度为高级，边长为 15 mm、长度为 3 000 mm 的方棒标记为：

正方形棒 RHPb56-4Y_2 高 15×3000　GB/T 26311—2010

示例 4：用 RT3 制造的、供应状态为半硬态、直度为普通级，对边距为 17 mm 的六角形棒、长度为 3 000 mm 的六角形棒，标记为：

六角形棒 RT3Y_2　17×3000　GB/T 26311—2010

4.2 化学成分

再生铜及铜合金棒材的化学成分应符合表 3 的规定。

表 3 再生铜及铜合金棒材的化学成分

组别	牌　号	化学成分(质量分数)/%								
		Cu	Pb	As	Fe	Sn	Fe+Sn	Ni	Zn	其他杂质总和
紫铜	RT3	≥99.80	≤0.06	—	≤0.10	—	—	—	—	≤0.10
铅黄铜	RHPb59-2	57.0~60.0	1.0~2.5	—	≤0.5	—	<1.0	≤0.5	余量	≤1.0
	RHPb58-2	56.5~59.5	1.0~3.0	—	≤0.8	—	<1.8	≤0.5	余量	≤1.2

表 3（续）

组别	牌　号	化学成分(质量分数)/%								
		Cu	Pb	As	Fe	Sn	Fe+Sn	Ni	Zn	其他杂质总和
铅黄铜	RHPb57-3	56.0～59.0	2.0～3.5	—	≤0.9	—	<2.0	≤0.6	余量	≤1.2
	RHPb56-4	54.0～58.0	3.0～4.5	—	≤1.0	—	<2.4	≤0.6	余量	≤1.2
含砷铅黄铜	RHPb62-2-0.1	60.0～63.0	1.7～2.8	0.08～0.15	≤0.2	≤0.2	—	—	余量	≤0.3

注 1：经供需双方协议，可供应其他牌号的棒材。

注 2：其他杂质包括 Al、Si、Mn、Cr、Cd、As、Sb、Bi 等元素。

4.3 外形尺寸及其允许偏差

4.3.1 棒材直径(或对边距)及其允许偏差

圆形棒、矩形棒、正方形棒和六角形棒材直径(或对边距)及其允许偏差应符合表 4 规定。

表 4 棒材直径(或对边距)及其允许偏差

单位为毫米

公称直径(或对边距)	拉制(Y、Y_2、Z、M)		挤制(R)
	高级	普通级	
7～10	±0.04	±0.08	±0.3
>10～18	±0.05	±0.10	
>18～30	±0.06	±0.10	
>30～50	±0.10	±0.13	±1.0%×直径(或对边距)
>50～80	±0.15	±0.24	

注 1：单向偏差为表中数值的 2 倍。

注 2：棒材直径允许偏差等级应在合同中注明，否则按普通精度供货。

4.3.2 定尺及倍尺长度允许偏差

棒材定尺或倍尺长度允许偏差为+15 mm，倍尺长度应加入锯切分段时的锯切量，每一锯切量为 5 mm。定尺或倍尺长度应在不定尺长度范围内，并在合同中注明。

4.3.3 扭拧度

拉制矩形棒、正方形棒、六角形棒的扭拧度，每 300 mm 不应超过 1°(精确到度)，供货最大长度 5 000 mm 扭拧度不应超过 15°。

4.3.4 圆角半径

拉制方棒、六角棒的横截面棱角处的圆角半径，应符合表 5 的规定。

表5 方棒、六角棒的横截面棱角处的圆角半径

单位为毫米

对边距	圆角半径，不大于
7～10	0.8
>10～18	1.2
>18～30	1.8
>30～50	2.8
>50～80	4.0
注：圆角半径供方可不作检查，但必须保证。	

4.3.5 直度

棒材直度(R、M态除外)应符合表6规定。

表6 棒材的直度

单位为毫米

长　度	圆棒				矩形棒、方形棒、六角棒	
	≥7～20		≥20～80			
	全长直度	每米直度	全长直度	每米直度	全长直度	每米直度
<1 000	≤2	—	≤1.5	—	≤5	—
≥1 000～<2 000	≤3	—	≤2	—	≤8	—
≥2 000～<3 000	≤6	≤3	≤4	≤3	≤12	≤5
≥3 000	≤12	≤3	≤8	≤3	≤15	≤5

4.3.6 圆度

圆形棒材的圆度不得超过其直径允许偏差的一半。

4.4 力学性能

需方要求时，棒材的力学性能应符合表7规定。

表7 棒材的力学性能

牌　号	状　态	抗拉强度 R_m/(N/mm²)	伸长率 A/%
		不小于	
RT3	M	≥205	≥40
	Y	≥315	—
RHPb59-2	Z	≥250	—
	R	≥360	≥12
	Y_2	≥360	≥10

表 7（续）

牌　　号	状　　态	抗拉强度 R_m/(N/mm^2)	伸长率 A/%
		不小于	
RHPb58-2	Z	≥250	—
	R	≥360	≥7
	Y_2	≥320	≥5
RHPb57-3	Z	≥250	—
	R	—	—
	Y_2	≥320	≥5
RHPb56-4	Z	≥250	—
	R	—	—
	Y_2	≥320	≥5
RHPb62-2-0.1	R	≥250	≥22
	Y_2	≥300	≥20
注：本表规定之外的状态或牌号，性能由供需双方协商确定。			

4.5　残余应力

经过拉伸冷变形的铅黄铜棒应进行消除残余应力处理。

4.6　耐脱锌腐蚀性

需方要求时，含砷黄铜 HPb62-2-0.1 棒材的耐脱锌腐蚀性能应符合表 8 的规定。

表 8　棒材耐脱锌腐蚀性能

失锌层深度/μm 不大于			
纵　　向		横　　向	
最大	平均	最大	平均
250	200	120	80

4.7　内部质量

棒材断口应致密、无缩孔。不允许有超出 YS/T 336 规定的气孔、分层和夹杂等缺陷。

4.8　表面质量

4.8.1　棒材表面应光滑、清洁，铸态棒材允许表面有环状痕迹，不允许有裂纹、起皮、气泡、夹杂等缺陷。
4.8.2　棒材表面允许有局部的和不使棒材直径超出其允许偏差的划伤、凹坑压入物、斑点等缺陷。允许有轻微的氧化色、发暗和水迹、油迹。

5　试验方法

5.1　化学成分的仲裁分析方法

棒材化学成分的仲裁分析按 GB/T 5121 的规定进行。

5.2 外形尺寸及其允许偏差测量方法

棒材的外形尺寸及其允许偏差按 GB/T 26303.2 的规定进行检验。

5.3 力学性能试验方法

棒材的力学性能试验按 GB/T 228 的规定进行。试样应符合 GB/T 228 中 R2、R3、R4、R7 试样号，制样方法符合表 9 的规定。

表 9 棒材的力学性能试验试样制样方法

棒材直径或最小对边距	试　样　号
7～10	R7
>10～15	R4
>15～20	R3
>20～40	R2
>40	R3

5.4 内部质量检验方法

棒材的断口检验按 YS/T 336 的规定进行。

5.5 残余应力检验方法

棒材的残余应力试验按 GB/T 10567.2 的规定进行。

5.6 耐脱锌腐蚀检验方法

含砷黄铜棒的耐脱锌腐蚀性能检测方法按 GB/T 10119 的规定进行。

5.7 表面质量检验方法

棒材的表面质量用目视进行检验。

6 检验规则

6.1 检验与验收

6.1.1 棒材应由供方技术监督部门进行检验，保证产品质量符合本标准及合同(或订货单)的规定，并填写质量证明书。

6.1.2 需方应对收到的产品按本标准及合同(或订货单)的规定进行检验。检验结果与本标准及合同(或订货单)规定不符时，应以书面形式向供方提出，由供需双方协商解决。属于表面质量及尺寸偏差的异议，应在收到产品之日起一个月内提出，属于其他性能的异议，应在收到产品之日起三个月内提出。如需仲裁，仲裁取样应由供需双方共同进行。

6.2 组批

棒材应成批提交验收，每批应由同一牌号、状态、规格产品组成，每批重量应不超过 5 000 kg。

6.3 检验项目

6.3.1 每批棒材应进行化学成分、外形尺寸及其允许偏差、表面质量及内部质量、残余应力的检验。

6.3.2 需方要求时，还应进行力学性能、耐脱锌腐蚀的检验。

6.4 取样

产品的取样符合表10的规定。

表10 产品的取样

检验项目	取样规定	要求的章条号	试验方法的章条号
化学成分	供方每炉取一个试样，需方每批一个取样	4.2	5.1
外形尺寸及其允许偏差	逐根	4.3	5.2
表面质量		4.8	5.7
力学性能	每批任取二根	4.4	5.3
内部质量		4.7	5.4
残余应力		4.5	5.5
耐脱锌腐蚀		4.6	5.6

6.5 检验结果的判定

6.5.1 化学成分检验不合格，判该批产品不合格。

6.5.2 外形尺寸及其允许偏差、表面质量不合格，则判该根棒材不合格。

6.5.3 力学性能、残余应力、内部质量、耐脱锌腐蚀试验结果中有试样不合格时，应从该批产品中(包括原受检不合格的那根棒材)另取双倍数量的试样进行重复试验。重复试验结果全部合格，则判整批产品合格。若试验结果仍有试样不合格，则判整批产品不合格或逐根检验，合格者交货。

7 包装、标志、运输、贮存和质量证明书

产品的包装、标志、运输、贮存和质量证明书按GB/T 8888的规定。

8 合同(或订货单)内容

本标准所列产品的合同(或订货单)应包括下列内容：

a) 产品名称；
b) 牌号；
c) 供应状态；
d) 尺寸及其允许偏差(普通级或较高级)；
e) 重量或根数；
f) 力学性能(需方要求时)；
g) 耐脱锌腐蚀(需方要求时)；
h) 本标准编号；
i) 其他。

ICS 77.120.99
H 68

中华人民共和国国家标准

GB/T 26312—2010

蒸 发 金

Gold for evaporating

2011-01-14 发布 2011-11-01 实施

中华人民共和国国家质量监督检验检疫总局
中国国家标准化管理委员会 发布

前　言

本标准由中国有色金属工业协会提出。

本标准由全国有色金属标准化技术委员会(SAC/TC 243)归口。

本标准起草单位:北京达博有色金属焊料有限责任公司、贺利氏招远贵金属材料有限公司、贺利氏招远(常熟)电子材料有限公司、北京有研亿金新材料股份有限公司。

本标准主要起草人:杜连民、向翠华、禹洁丽、房晋、周晓光、毛松林、王卫东、付建彬、闫琳。

蒸 发 金

1 范围

本标准规定了蒸发金的要求、试验方法、检验规则和标志、包装、运输、贮存。

本标准主要适用于制造半导体器件用芯片时背金用蒸发金。

2 规范性引用文件

下列文件对于本文件的应用是必不可少的。凡是注日期的引用文件，仅注日期的版本适用于本文件。凡是不注日期的引用文件，其最新版本(包括所有的修改单)适用于本文件。

GB/T 11066(所有部分) 金化学分析方法

GB/T 15077 贵金属及其合金材料几何尺寸测量方法

GB/T 25934(所有部分) 高纯金化学分析方法

3 要求

3.1 产品分类

3.1.1 蒸发金产品按化学成分分为 Z-Au 99.999 和 Z-Au 99.99 两种牌号。

3.1.2 蒸发金产品主要以片状、柱状和线盘状为主，产品形状及供货状态应满足表 1 的要求。需方有其他要求时由供需双方协商解决。

表 1

形状	定 义	供货状态
柱状	直径为 0.5 mm～8 mm、长度为 2 mm～100 mm 的线材	硬态
片状	长为 5 mm～20 mm、宽为 5 mm～20 mm、厚为 0.5 mm～3 mm 的片材	
线盘状	直径为 0.5 mm～2 mm、重量在 100 g～500 g 的线材盘成线盘状为主，线盘直径一般为 100 mm～300 mm	

3.2 产品标记示例

3.2.1 柱状蒸发金标记

Z-Au 99.999，ϕ□×□mm

——长度

——直径

示例：直径为 5 mm、长度为 20 mm、成分为 99.999%的柱状蒸发金产品 标记为：Z-Au 99.999，ϕ5×20 mm。

3.2.2 蒸发金片状产品标记

Z-Au 99.999，□×□×□mm

厚

宽

长

示例：长为 10 mm、宽为 10 mm、厚为 2 mm 的片状蒸发金产品　标记为：Z-Au 99.999，10×10×2 mm。

3.2.3 蒸发金线盘状产品标记

Z-Au 99.999，ϕ□mm，□g/线盘

每线盘重量

线材直径

示例：线径为 0.5 mm、每盘 200 g 重量的线盘状蒸发金产品　标记为：Z-Au 99.999，ϕ0.5 mm，200 g/线盘。

3.3 化学成分

产品化学成分应符合表 2 的要求，其中金质量分数为 100％减去表中规定的杂质实测值的总和而得。需方对某种特定杂质元素含量有要求的，按供需双方协商进行。

表 2

牌号	Au/％ 不小于	杂质含量(质量分数)/％，不大于							
		Ag	Cu	Fe	Pb	Bi	Sb	Si	Mn
Z-Au 99.999	≥99.999	0.000 5	0.000 1	0.000 2	0.000 1	0.000 1	0.000 1	0.000 2	0.000 1
Z-Au 99.99	≥99.99	0.005	0.002	0.002	0.001	0.002	0.001	0.005	0.000 3

牌号	Au/％ 不小于	杂质含量(质量分数)/％，不大于						
		Pd	Mg	As	Sn	Cr	Ni	总量
Z-Au 99.999	≥99.999	0.000 1	0.000 2	0.000 1	0.000 1	0.000 1	0.000 1	0.01
Z-Au 99.99	≥99.99	0.005	0.003	0.003	0.001	0.000 3	0.000 3	0.1

3.4 尺寸及允许偏差

3.4.1 产品形状如图 1 所示。片状产品尺寸及允许偏差应符合表 3 的要求；柱状产品的尺寸及允许偏差应符合表 4 和表 5 的要求；线盘状产品的长度偏差及线盘的直径不做要求，以需方要求的每盘重量范围为主协商解决。

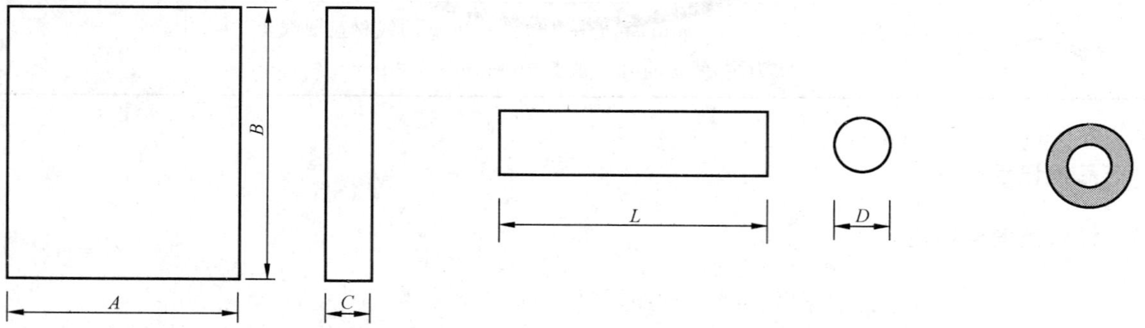

a）片状　　b）柱状　　c）线盘状

图 1 蒸发金产品图

表 3

单位为毫米

示意尺寸	A	B	C
允许偏差	±1	±1	±0.2

表 4

单位为毫米

直　　径	允许偏差
≥0.10	±0.01
≥1.00	±0.08
≥3.0	±0.08
≥5.0	±0.09
≥6.0	±0.09
≥7.0	±0.1
≥8.0	±0.1

表 5　长度允许偏差

单位为毫米

定尺长度	允许偏差
≤10	±1.0
>10	±2.0

3.4.2　供需双方可协商生产其他规格产品，需方如有其他要求在合同中注明。

3.5　外观质量

3.5.1　蒸发金产品表面应清洁，不应有拉伸润滑痕迹、油污、黑斑、锈蚀、裂纹、分层、凸起、毛刺等缺陷。
3.5.2　蒸发金产品表面应无颗粒附加物和其他沾污。
3.5.3　蒸发金产品表面允许有个别的、深度不超出直径允许偏差的凹坑和划痕等缺陷。
3.5.4　蒸发金产品的端部允许有轻微的铸、冲、剪等痕迹。

3.6　内部组织

蒸发金的内部质量由供方的生产工艺保证，内部不应有疏松、夹杂、气孔等缺陷。

4　试验方法

4.1　Z-Au 99.999 蒸发金的化学成分仲裁分析方法按 GB/T 25934 的规定进行。Z-Au 99.99 蒸发金的化学成分仲裁分析按 GB/T 11066 的规定进行。
4.2　产品尺寸测量按 GB/T 15077 的规定进行。
4.3　外观质量检验采用目视进行，必要时可采用放大镜或(10～25)倍双目显微镜检查。

5 检验规则

5.1 检查与验收

5.1.1 蒸发金产品由供方质量技术监督部门进行检验，保证产品质量符合本标准规定并填写质量证明书。

5.1.2 需方可对收到的产品按本标准规定进行检验，如检验结果与本标准(或订货合同，或技术协议)规定不符合时，应在收到产品之日起1个月内向供方提出，由供需双方协商解决。如需仲裁，可委托双方认可的单位进行复验，仲裁取样在需方由双方共同进行。

5.2 组批

蒸发金产品应成批提交验收，每批产品应为同一牌号、炉号、状态、规格的产品组成。

5.3 检验项目

每批蒸发金应进行化学成分、尺寸偏差、外观质量项目检验。

5.4 取样规则及数量

检验项目、取样位置及数量应符合表6的规定。

表 6

检验项目	取样规定	要求的章条号	检验的章条号
化学成分	按批在每个铸锭的任意部位或半成品时任取一个试样	3.3	4.1
尺寸偏差	片状或柱状产品按数量的1%进行取样，但不得少于3个； 线盘状产品取10%进行抽检，每盘任意取3个部位进行尺寸测量	3.4	4.2
外观质量	抽取10%	3.5	4.3
内部组织	—	3.6	—

5.5 检验结果的判定

5.5.1 化学成分不合格时，则判该批产品为不合格。

5.5.2 尺寸及其偏差不合格，取双倍样进行重复试验，若仍有不合格，则判该批产品不合格。但允许对余下的产品进行逐件检验，合格者重新组批交货。

5.5.3 外观质量不合格，重新取双倍样进行检验；若仍有不合格，则判该批产品不合格。但允许对余下的产品进行逐件检验，合格者重新组批交货。

6 标志、包装、运输、贮存

6.1 标志、包装

6.1.1 将检验的合格产品按要求分件包装。

6.1.2 蒸发金产品内包装真空密封，内外包装间装防震动的填充物。

6.1.3 每件包装产品塑料袋外应附有标签，其上注明：供方名称、产品名称及牌号、规格尺寸、批号、数量(净重)、生产日期。

6.2 运输、贮存

6.2.1 运输中应防止包装箱挤压变形、碰伤、雨淋、受潮及恶劣环境。

6.2.2 产品应在清洁、干燥、无腐蚀性环境中贮存。

6.3 质量证明书

每批产品应附有质量证明书,注明下列内容:

a) 需方名称及合同号;

b) 产品名称及产品牌号;

c) 采购技术文件编号或本标准编号;

d) 批号、规格尺寸;

e) 净重和件数;

f) 各项分析检验结果及质量技术监督部门印记;

g) 生产日期。

7 订货单(或合同)内容

本标准所列材料的订货单(或合同)应包括下列内容:

a) 产品名称;

b) 产品牌号;

c) 规格尺寸;

d) 数量或净重;

e) 本标准编号;

f) 供货时间;

g) 其他标准之外技术协议、采购规范编号供货要求等。

ICS 77.150.30
H 62

中华人民共和国国家标准

GB/T 26313—2010

铍青铜无缝管

Copper-beryllium alloy seamless tube

2011-01-14 发布　　　　2011-11-01 实施

中华人民共和国国家质量监督检验检疫总局
中国国家标准化管理委员会　发布

前　言

本标准修改采用 ASTM B 643—2000《铜铍合金无缝管》标准。

本标准与 ASTM B 643—2000 相比，主要差异如下：

——本标准有 QBe2、C17200 两个牌号，ASTM B 643—2000 标准只有 C17200 一个牌号；

——本标准对管材的直度要求比 ASTM B 643—2000 标准要求严；

——本标准有涡流探伤试验要求，ASTM B 643—2000 标准没有；

——本标准管材的外径范围为 3 mm～90 mm，壁厚范围为 0.3 mm～10 mm。ASTM B 643—2000 标准管材的外径范围为 15.9 mm～305 mm，壁厚范围为 0.864 mm～9.62 mm。

本标准的附录 A 为资料性附录。

本标准由中国有色金属工业协会提出。

本标准由全国有色金属标准化技术委员会归口。

本标准由宁夏东方钽业股份有限公司负责起草。

本标准由浙江星鹏铜材集团有限公司参加起草。

本标准主要起草人：吴孟海、刘守田、朱宝辉、李积贤、霍红凤、郑晓飞、赵红运、姜韬、孙军。

铍青铜无缝管

1 范围

本标准规定了铍青铜无缝管的要求、试验方法、检验规则、标志、包装、运输、贮存、质量证明书和合同(或订货单)内容。

本标准适用于石油、煤炭、电子、仪表以及其他行业应用的铍青铜无缝圆管。

2 规范性引用文件

下列文件对于本文件的应用是必不可少的。凡是注日期的引用文件,仅注日期的版本适用于本文件。凡是不注日期的引用文件,其最新版本(包括所有的修改单)适用于本文件。

GB/T 228—2002 金属材料 室温拉伸试验方法

GB/T 230.1 金属材料 洛氏硬度试验 第1部分:试验方法

GB/T 5231 加工铜及铜合金化学成分和产品形状

GB/T 5248—2008 铜及铜合金无缝管涡流探伤方法

GB/T 8888 重有色金属加工产品的包装、标志、运输和贮存

GB/T 26303.1 铜及铜合金加工材外形尺寸检测方法 第1部分:管材

YS/T 336 铜、镍及其合金管材和棒材断口检验方法

YS/T 347 铜及铜合金平均晶粒度测定方法

YS/T 470.1 铜铍合金化学分析方法 电感耦合等离子体发射光谱法测定铍、钴、镍、钛、铁、铝、硅、铅、镁量

3 要求

3.1 分类

3.1.1 管材的牌号、状态、规格应符合表1的规定。

表1 管材的牌号、状态、规格

牌号	供应状态	外径 mm	壁厚/mm														长度/ mm
			0.3	0.4	0.6	0.8	1.0	1.5	2.0	2.5	3.0	4.0	5.0	6.0	8.0	10.0	
QBe2、C17200	热加工态(R)	>30～50	○	○	○	—	—	—	—	—	—	—	—	—	—	—	≤6 000
		>50～75	—	○	○	○	○	○	○	—	—	—	—	—	—	—	
		>75～90	—	—	—	—	○	○	○	○	○	○	—	—	—	—	
	软态或固溶退火态(M)、硬态(Y)、固溶时效或软时效态(TF00)、硬时效(TH04)	3～5	○	○	○	—	—	—	—	—	—	—	—	—	—	—	
		>5～15	—	○	○	○	○	○	○	—	—	—	—	—	—	—	
		>15～30	—	—	—	—	○	○	○	○	○	○	—	—	—	—	
		>30～50	—	—	—	—	—	—	○	○	○	○	○	○	—	—	
		>50～75	—	—	—	—	—	—	—	—	○	○	○	○	○	—	
		>75～90	—	—	—	—	—	—	—	—	—	—	○	○	○	○	

注1:"○"表示可以按本标准生产的规格,超出表中规格时由供需双方协商确定。

注2:状态的表示方法与ASTM标准对照表见附录A。

3.1.2 标记示例

管材标记按管材名称、牌号、状态、规格和标准编号的顺序表示。标记示例如下：

示例 1：用 QBe2 制造的、固溶时效状态、外径为 15 mm、壁厚为 0.6 mm、长度为 3 000 mm 的管材，标记为：

管 QBe2 TF00 ϕ15×0.6×3000 GB/T 26313—2010。

示例 2：用 C17200 制造的、热加工态、外径为 50 mm、壁厚为 4 mm、长度为 5 000 mm 的管材，标记为：

管 C17200 R ϕ50×4×5000 GB/T 26313—2010。

3.2 化学成分

QBe2 牌号的化学成分应符合 GB/T 5231 规定；C17200 牌号的化学成分应符合表 2 的规定。

表 2 C17200 化学成分

牌号	主要成分/%			杂质，不大于/%		
	Be	Ni+Co	Co+Ni+Fe	Cu	Al	Si
C17200	1.80～2.00	≥0.2	≤0.6	余量	0.20	0.20

注 1：Cu 含量可用 100%与所有被分析元素含量总和的差值求得。

注 2：当表中所有元素都测定时，其总量应不小于 99.5%。

注 3：需方有特殊要求时，由供需双方协商确定。

3.3 外形尺寸及其允许偏差

3.3.1 管材外径允许偏差应符合表 3 的规定。

表 3 管材外径允许偏差

单位为毫米

外 径	允许偏差		
	状态(Y)	状态(M/TF00/TH04)	状态(R)
3～5	±0.05	±0.10	—
>5～15	±0.08	±0.15	—
>15～30	±0.15	±0.20	—
>30～50	±0.20	±0.25	±0.75
>50～75	±0.25	±0.35	±1.0
>75～90	±0.30	±0.50	±1.25

注：当规定为单向偏差时，其值应为表中数值的 2 倍。

3.3.2 管材壁厚允许偏差应符合表 4 的规定。

表 4 管材壁厚允许偏差

单位为毫米

壁厚	外径		
	3～15	>15～50	>50
0.3～1.0	±0.07	—	—
>1.0～2.0	±0.12	±0.12	—
>2.0～3.0	—	±0.15	±0.20
>3.0～4.0	—	±0.20	±0.25
>4.0～6.0	—	±0.25	±0.30
>6.0～8.0	—	—	±0.40
>8.0	—	—	壁厚的±6%

注 1：当规定为单向偏差时，其值应为表中数值的 2 倍。

注 2：以 R 态供货的壁厚允许偏差为壁厚的±10%。

3.3.3 管材长度允许偏差应符合表 5 的规定。定尺或倍尺长度应≤6 000 mm，倍尺长度应计入切断时的切口量，每个切口量为 5 mm。

表 5 管材长度允许偏差

单位为毫米

长度	外径≤30	外径>30
≤2 000	+3.0	+5.0
>2 000～4 000	+6.0	+8.0
>4 000～6 000	+12.0	+12.0

注：对定尺长度偏差另有要求的，由供需双方协商确定。

3.3.4 外径为 6 mm～90 mm 的管材的直度应符合表 6 的规定。

表 6 管材的直度

单位为毫米

长度	直度
≤1 000	≤1
>1 000～2 000	≤3
>2 000～3 000	≤5

注 1：长度大于 3 000 mm 的管材，全长中任意部位每 3 000 mm 的直度不大于 5 mm。

注 2：以 M 态或 R 态供货的管材直度或对管材直度另有要求的，由供需双方协商确定。

3.3.5 管材的端部应锯切平整，在不使管材长度超出允许偏差的条件下，允许有不超出表 7 规定的切斜度。

表 7 管材的切斜度

单位为毫米

外径	切斜度，不大于
3～30	2
>30	外径的 7%

3.4 力学性能

3.4.1 管材的室温力学性能应符合表 8 和表 9 的要求。以 M 态或 Y 态供应的产品按表 10 提供的标准时效热处理制度处理后，力学性能应符合表 9 的规定。

表 8 R 态、M 态及 Y 态管材的室温力学性能

牌　　号	状　　态	硬度试验(HRB)	拉伸试验	
			抗拉强度 R_m/(N/mm²)	断后伸长率 A/%
QBe2、C17200	R	≥50	≥450	≥15
	M	45～90	410～570	≥30
	Y	≥90	≥590	≥10
注：一般情况下，抗拉强度的上限值仅作为设计参考，不作为材料最终验收标准。				

表 9 管材时效热处理后的力学性能

牌号	状态	外径/mm	硬度试验(HRC)	拉伸试验		
				抗拉强度 R_m/(N/mm²)	规定非比例延伸强度 $R_{p0.2}$/(N/mm²)	断后伸长率 A/%
QBe2、C17200	TF00	所有尺寸	≥35	≥1 100	≥860	≥3
	TH04	≤25	≥36	≥1 200	≥1 030	≥2
		>25～50	≥36	≥1 170	≥1 000	≥2
		>50～90	≥36	≥1 170	≥930	≥2

表 10 管材的标准时效热处理制度

牌　　号	状　　态		规　　格	时效工艺
	时效前	时效后		
QBe2、C17200	M	TF00	所有尺寸	315 ℃～355 ℃×3 h～4 h，空冷
	Y	TH04	所有尺寸	315 ℃～355 ℃×2 h～3 h，空冷
注：产品时效需要安装夹具时，保温时间可适当延长。				

3.4.2 一般情况下，硬度试验作为所有状态验收的依据。当用户有要求时，可进行拉伸试验。

3.5 断口试验

当用户有要求时，产品应进行断口试验，经断口试验后的产品应无分层、气孔和夹杂等缺陷。

3.6 涡流探伤试验

当用户有要求时，对于壁厚≤3 mm 的管材，应进行涡流探伤试验，其人工标准缺陷应符合

GB/T 5248—2008 中表 3 的规定。

3.7 晶粒度

当用户有要求时，软态管材应进行晶粒度的检验。管材的平均晶粒度由供需双方协商确定。

3.8 表面质量

3.8.1 管材的内、外表面应洁净、无裂纹、起皮，不应有影响使用的缺陷。

3.8.2 管材的表面允许有修复痕迹（包括机械修复和人工修复），允许有轻微的酸洗痕迹，切口处允许有修理毛刺遗留痕迹，但修理痕迹不允许超出尺寸允许偏差。

4 试验方法

4.1 化学成分分析方法

管材的化学成分分析按 YS/T 470.1 的规定进行。

4.2 外形尺寸及其允许偏差测量方法

管材的外形尺寸及其允许偏差检验按 GB/T 26303.1 的规定进行。

4.3 力学性能试验方法

4.3.1 管材的拉伸试验按 GB/T 228 的规定进行。

拉伸试样应符合 GB/T 228—2002 附录 D 的规定，其形状尺寸和试样号，按下列规定选用：

a) 外径不大于 12 mm 的，从管材上切取全截面管段试样，按 S7 要求制备；

b) 外径大于 12 mm 的，可取纵向弧形试样，按 S01、S02、S03 要求制备。

4.3.2 管材的硬度试验方法按 GB/T 230.1 的规定进行。

4.4 断口试验方法

管材的断口试验方法按 YS/T 336 的规定进行。

4.5 涡流探伤试验方法

管材的涡流探伤试验方法按 GB/T 5248 的规定进行。

4.6 晶粒度试验方法

管材的晶粒度检验按 YS/T 347 的规定进行。

4.7 表面质量检查方法

管材的表面质量用目视检验。

5 检验规则

5.1 检查和验收

5.1.1 管材应由供方进行检验，保证管材质量符合本标准和合同（或订货单）的规定，并填写质量证明书。

5.1.2 需方应对收到的管材按本标准和合同(或订货单)的规定进行检验。检验结果与本标准及合同(或订货单)的规定不符时,应以书面形式向供方提出,由供需双方协商解决。属于表面质量及尺寸偏差的异议,应在收到管材之日起一个月内提出,属于其他性能的异议,应在收到管材之日起三个月内提出。如需仲裁,仲裁取样应由供需双方共同进行。

5.2 组批

管材应成批提交验收,每批应由同一牌号、炉号、状态和规格的管材组成。每批重量应不大于500 kg。

5.3 检验项目

5.3.1 每批管材应进行化学成分、外形尺寸、力学性能和表面质量的检验。

5.3.2 如有要求,还应进行断口试验、涡流探伤试验、拉伸试验和晶粒度试验。

5.4 取样

管材取样应符合表11的规定。

表11 管材取样规定

检验项目	取样规定	要求的章条号	试验方法的章条号
化学成分	供方每炉(需方每批)取一个试样	3.2	4.1
外形尺寸及其允许偏差	逐根	3.3	4.2
力学性能	任取2根/批、1个试样/根	3.4	4.3
断口试验	任取2根/批、1个试样/根	3.5	4.4
涡流探伤试验	逐根	3.6	4.5
晶粒度	任取2根/批、1个试样/根	3.7	4.6
表面质量	逐根	3.8	4.7

5.5 检验结果的判定

检验结果的判定如表12所示。

表12 检验结果的判定

<table>
<tr><th>检验项目</th><th>检验结果的判定</th></tr>
<tr><td>化学成分</td><td>检验不合格时,判该批产品不合格</td></tr>
<tr><td>力学性能</td><td rowspan="3">试验中有任一项不合格时,应从该批管材(包括原受检不合格的那根管材)中另取双倍试样进行重复试验。重复试验结果全部合格,则判整批产品合格。若重复试验结果仍有试样不合格,则判该批产品不合格,或逐根检验,合格者交货</td></tr>
<tr><td>断口试验</td></tr>
<tr><td>晶粒度</td></tr>
<tr><td>外形尺寸及其允许偏差</td><td rowspan="3">检验不合格时,判该根管材不合格</td></tr>
<tr><td>涡流探伤试验</td></tr>
<tr><td>表面质量</td></tr>
</table>

6 标志、包装、运输、贮存和质量证明书

管材的标志、包装、运输、贮存和质量证明书应符合 GB/T 8888 的规定。

7 合同(或订货单)内容

订购本标准所列材料的合同(或订货单)应包括下列内容：

a) 产品名称；

b) 牌号；

c) 状态；

d) 规格；

e) 拉伸试验(有要求时)；

f) 断口试验(有要求时)；

g) 涡流探伤试验(有要求时)；

h) 晶粒度(有要求时)；

i) 重量或根数；

j) 本标准编号；

k) 其他。

附 录 A
（资料性附录）
本标准与美国 ASTM B 643—2000 标准对应的状态表示方法

A.1 本标准与美国 ASTM B 643—2000 标准对应的状态及表示方法见表 A.1。

表 A.1 本标准与美国 ASTM B 643—2000 标准对应的状态及表示方法

本标准	ASTM B 643—2000	说明	冷加工率/%
M	TB00	软（或固溶退火）	0
Y	TD04	全硬	37
TF00	TF00	固溶热处理＋时效热处理（或沉淀强化热处理）	—
TH04	TH04	固溶热处理＋冷加工＋时效热处理（或沉淀强化热处理）	—

ICS 77.120
H 63

中华人民共和国国家标准

GB/T 26314—2010

锆及锆合金牌号和化学成分

Designation and composition of zirconium and zirconium alloys

2011-01-14 发布　　2011-11-01 实施

中华人民共和国国家质量监督检验检疫总局
中国国家标准化管理委员会　发布

前　言

本标准的附录 A 为资料性附录。

本标准由中国有色金属工业协会提出。

本标准由全国有色金属标准化技术委员会归口。

本标准由宝钛集团有限公司、宝鸡钛业股份有限公司负责起草。

本标准由广东东方锆业科技股份有限公司参加起草。

本标准主要起草人:冯军宁、李献军、陈峰、张健、黄永光、毛玲玲、文志刚、孙亚光。

锆及锆合金牌号和化学成分

1 范围

本标准规定了一般工业和核工业用锆及锆合金铸锭及其加工产品的牌号、化学成分及化学成分分析和分析报告等。

本标准适用于一般工业和核工业用锆及锆合金铸锭及其加工产品。

2 规范性引用文件

下列文件对于本文件的应用是必不可少的。凡是注日期的引用文件，仅注日期的版本适用于本文件。凡是不注日期的引用文件，其最新版本(包括所有的修改单)适用于本文件。

GB/T 8170 数值修约规则与极限数值的表示和判定

GB/T 13747(所有部分) 锆及锆合金化学分析方法

3 化学成分

3.1 牌号和化学成分

锆及锆合金的牌号和化学成分应符合表1的规定，其中Zr-1、Zr-3和Zr-5为一般工业用；Zr-0、Zr-2和Zr-4为核工业用，但不仅限于核工业用。

3.2 其他元素

3.2.1 其他元素是指在锆及锆合金生产过程中固有存在的微量元素，而不是人为添加的元素。

3.2.2 需方若对除表1规定以外的元素有特殊要求，经双方协商并在合同中注明时，供方应对其进行分析。

3.2.3 核工业用锆及锆合金牌号中的铀含量出厂时可不分析，但应保证符合表1的规定。

3.3 成分允许偏差

需方从产品上取样进行化学成分复验时，其成分允许偏差应符合表2的规定。

4 化学成分分析和分析报告

4.1 锆及锆合金产品化学成分中Nb元素按供需双方认可的方法进行仲裁分析，其他元素的仲裁分析按GB/T 13747的规定进行。

4.2 除产品标准另有规定外，供方可在铸锭上取样进行化学成分分析。

4.3 锆及锆合金产品的化学成分允许做第二次分析，并以第二次的分析结果为最终判定依据。

4.4 化学成分分析报告中的分析数值，其有效位数应与化学成分表中相应界限数值的有效位数一致。有效位数后面的数字应按GB/T 8170的规定进行修约。

表 1　锆及锆合金牌号和化学成分　　　　质量分数(%)

分　类			一般工业			核工业		
牌　号			Zr-1	Zr-3	Zr-5	Zr-0	Zr-2	Zr-4
化学成分	主元素	Zr	—	—	—	余量	余量	余量
		Zr+Hf[a]	≥99.2	≥99.2	≥95.5	—	—	—
		Hf	≤4.5	≤4.5	≤4.5	—	—	—
		Sn	—	—	—	—	1.20～1.70	1.20～1.70
		Fe	—	—	—	—	0.07～0.20	0.18～0.24
		Ni	—	—	—	—	0.03～0.08	—
		Nb	—	—	2.0～3.0	—	—	—
		Cr	—	—	—	—	0.05～0.15	0.07～0.13
		Fe+Ni+Cr	—	—	—	—	0.18～0.38	—
		Fe+Cr	≤0.2	≤0.2	≤0.2	—	—	0.28～0.37
	杂质元素，不大于	Al	—	—	—	0.007 5	0.007 5	0.007 5
		B	—	—	—	0.000 05	0.000 05	0.000 05
		Cd	—	—	—	0.000 05	0.000 05	0.000 05
		Co	—	—	—	0.002	0.002	0.002
		Cu	—	—	—	0.005	0.005	0.005
		Cr	—	—	—	0.020	—	—
		Fe	—	—	—	0.15	—	—
		Hf	—	—	—	0.010	0.010	0.010
		Mg	—	—	—	0.002	0.002	0.002
		Mn	—	—	—	0.005	0.005	0.005
		Mo	—	—	—	0.005	0.005	0.005
		Ni	—	—	—	0.007	—	0.007
		Pb	—	—	—	0.013	0.013	0.013
		Si	—	—	—	0.012	0.012	0.012
		Sn	—	—	—	0.005	—	—
		Ti	—	—	—	0.005	0.005	0.005
		U	—	—	—	0.000 35	0.000 35	0.000 35
		V	—	—	—	0.005	0.005	0.005
		W	—	—	—	0.010	0.010	0.010
		Cl	—	—	—	0.010	0.010	0.010
		C	0.050	0.050	0.05	0.027	0.027	0.027
		N	0.025	0.025	0.025	0.008	0.008	0.008
		H	0.005	0.005	0.005	0.002 5	0.002 5	0.002 5
		O	0.10	0.16	0.18	0.16	0.16	0.16

[a] Zr+Hf 含量为 100%减去除 Hf 以外的其他元素分析值。

表 2 锆及锆合金化学成分复验分析允许偏差

质量分数/%

元素	按表1规定范围的成分复验允许偏差，不大于	
	核工业	一般工业
Sn	0.050	—
Fe	0.020	—
Ni	0.010	—
Cr	0.010	—
Fe+Ni+Cr	0.020	—
Fe+Cr	0.020	0.025
O	0.020	0.02
Hf	0.002或规定极限的20%，取较小者	0.10
Nb		0.05
H		0.002
C		0.01
N		0.01
其他杂质元素		—

附 录 A
（资料性附录）
本标准中牌号与原相关国家标准及 ASTM 和 ASME 标准中的牌号对照

表 A.1 本标准中牌号与原相关国家标准及 ASTM 和 ASME 标准中的牌号对照

分类	本标准中牌号	原相关国家标准中牌号	对应或相当于 ASTM 标准中的牌号	对应或相当于 ASME 标准中的牌号
一般工业	Zr-1	—	UNS R60700	UNS R60700
	Zr-3	—	UNS R60702	UNS R60702
	Zr-5	—	UNS R60705	UNS R60705
核工业	Zr-0	Zr01	UNS R60001	—
	Zr-2	ZrSn1.4-0.1	UNS R60802	—
	Zr-4	ZrSn1.4-0.2	UNS R60804	—

ICS 03.100.20
A 10

中华人民共和国国家标准

GB/T 26315—2010

市场、民意和社会调查　术语

Market, opinion and social research—Vocabulary

2011-01-14 发布　　2011-05-01 实施

中华人民共和国国家质量监督检验检疫总局
中国国家标准化管理委员会　发布

前 言

本标准按照 GB/T 1.1—2009 给出的规则起草。

本标准参考了 ISO 20252:2006《市场、民意和社会调查　术语和服务要求》中第 2 章“术语和定义”,对 ISO 20252:2006 中的部分术语定义进行了修改,并根据我国实际情况增加了部分术语。

本标准由全国市场、民意和社会调查标准化技术委员会(SAC/TC 320)提出并归口。

本标准主要起草单位:中国标准化研究院、中国社会科学院社会学所、中国人民大学统计学院、央视市场研究股份有限公司、国家统计局贸易外经司、上海社会科学院社会学所。

本标准主要起草人:冯卫、李炜、杜子芳、翟国柱、卢山、丁文兴、刘波。

市场、民意和社会调查　术语

1　范围

本标准规定了市场、民意和社会调查中常用的术语及定义。

本标准适用于从事市场、民意和社会调查服务的组织和人员。

2　规范性引用文件

下列文件对于本文件的应用是必不可少的。凡是注日期的引用文件，仅注日期的版本适用于本文件。凡是不注日期的引用文件，其最新版本(包括所有的修改单)适用于本文件。

GB/T 3358.1　统计学词汇及符号　第1部分：一般统计术语与用于概率的术语(GB/T 3358.1—2009，ISO 3534-1:2006，IDT)

GB/T 3358.2　统计学词汇及符号　第2部分：应用统计(GB/T 3358.2—2009，ISO 3534-2:2006，IDT)

3　一般概念

3.1

调查　research

基于特定目的，按照一定规范收集、整理信息，进行分析和呈现的过程。

注：research 在实际应用中也称为“研究”或“调研”。相对 survey 而言 research 还包含了分析的过程。

3.2

定量研究　quantitative research

通过结构式研究技术，用数值形式对所观察的现象进行描述和解释。

注：又称量化研究。

3.3

定性研究　qualitative research

通过非结构式研究技术，以非数字形式为主对目标群体的动机、思维方式、态度、预期或行为进行性质上的描述和解释。

注：又称质性研究、质化研究。

3.4

自主研究　independent research

调查服务提供者(3.9)出于自身需要，自行组织的研究。

3.5

委托研究　commissioned research

调查服务提供者根据**客户**(3.7)要求，由客户提供报酬而开展的研究。

3.6

资助研究　funded research

调查服务提供者根据自身需要或**资助者**(3.8)要求，由资助者提供部分或全部支持而开展的研究。

3.7

客户　client

要求调查服务提供者提供调查服务的委托人。

注：包括公司、政府、非政府组织和个人。

3.8

资助者　sponsor

为调查服务提供者开展特定研究提供全部或部分研究经费或物资的机构或个人。

3.9

调查服务提供者　research service provider

按照客户或资助者要求，实施市场、民意和社会调查研究项目的机构或个人。

注：调查研究项目包括总项目中的部分研究任务。

3.10

专项调查　Ad hoc

〈调查〉专门为解决某类问题或实现特定客户的某一目标而设计的调查。

3.11

多用户调查　syndicated service research

针对某类主题、采用统一方法为众多客户提供标准化产品进行的调查。

注：有时也称辛迪加调查。

3.12

现场服务　field service

只为客户提供实地收集调查数据的服务。

3.13

分包　subcontracting

外包　outsourcing

调查服务提供者将项目的部分工作转交其他机构或个人的行为。

3.14

研究人员　researcher

〈调查〉负责项目设计或分析的人。

3.15

现场工作人员　field worker

实地组织与收集数据的人。

注：通常包括(但不限于)**督导员**(6.1)、**访问员**(6.2)、**预约员**(6.4)、神秘顾客、观察员和审计人员。

3.16

受访者　respondent

接受访问的人。

3.17

保密　confidentiality

调查服务提供者未经授权不得向其他机构或个人提供项目数据、信息和成果的强制性要求。

3.18

质量管理　quality management

在质量方面指挥和控制组织的协调的活动。

注：通常包括(但不限于)制定质量方针和质量目标以及质量策划、质量控制、质量保证和质量改进。

3.19

质量控制　quality control

〈调查〉为确保调查质量而采取的调查质量控制标准、流程及评估方法。

4 调查启动

4.1

项目目标 research goal

对项目意欲解决的问题,以及为解决问题要收集的信息的总体表述。

4.2

项目需求 research requirement

项目目标(4.1)细则及任务清单。

4.3

客户需求简述 client briefing

由客户向调查服务提供者提交的调查任务清单。通常包括所需获取的信息类型、调查的范围、对象、时间及其他限制性内容。客户需求简述通常也是调查建议书设计的依据。

4.4

项目建议书 research proposal;research plan

调查服务提供者提交的调查设计及执行计划。

4.4.1

研究假设 research hypothesis

对所关注的现象之间的相互关系作出的推测性判断或设想。

4.4.2

概念化 concept

对调查对象和研究内容的属性、特征的抽象表述。

4.4.3

操作化 operational definition

确定对抽象的概念进行具体测量、观察的指标。

4.4.4

目标总体 target population

项目所关注的所有同质**个体**(5.2.2)的集合。

4.4.5

抽样方法 sampling methods

调查中抽取样本的技术规则。

4.4.6

数据收集方法 data collection methods

调查获取数据资料的途径和技术规则,包括数据资料提供者、记录方式和采用的媒介。

4.4.7

项目进度表 project schedule

完成调查项目流程所需的时间进度计划。

4.5

项目协议书 research contract;research agreement

在委托调查中客户和调查服务提供者书面达成的合作协议。

5 调查设计

5.1 调查方法

5.1.1

观察法 observation research

通过观看、跟踪和记录调查对象的言行来汇集信息资料的调查方法。

5.1.2

结构性观察 structured observation

观察员按照明列的项目记录观察对象行为的调查方法。

5.1.3

非结构性观察 unstructured observation

观察员对观察对象行为进行非格式化记录的调查方法。

5.1.4

单向镜观察 one-way mirror observation

观察者在单向镜后面记录观察对象行为的调查方法。

5.1.5

实验法 experiment

调查中控制性地改变一个或多个条件(变量),并观测这种变化对另一个变量的影响,从中发现因果关系的调查方法。

5.1.6

问卷调查 questionnaire survey

将需要研究的问题编制成题目,以书面提问方式搜集资料的一种方法。

5.1.7

深度访谈 depth interview

访问员和受访者围绕相关问题进行深入的讨论。

5.1.8

焦点小组访谈 focus group interview

选择一组具有代表性的受访者,在**主持人**(6.3)的组织下,就某个专题进行讨论。

5.1.9

个案研究 case-study approach

对单一的人或事进行具体而深入的研究。

5.1.10

二手资料 secondary data

以前收集好的而且通常已经使用过的信息资料。

5.1.11

面访 face-to-face interview

访问员与受访者进行面对面的访谈,以搜集信息资料的调查方法。

5.1.12

拦截调查 mall intercept interview

在公共场所,随机拦住受访者当场或在访谈室中进行面对面的访问。

5.1.13

入户调查　door-to-door interview

访问员按照**抽样**(5.2.4)方案中的要求,到抽中的家庭或单位,按事先规定的方法选取适当的受访者,再依据**问卷**(5.3.1)或调查提纲进行面对面直接的访问。

5.1.14

邮寄调查　mail survey

通过邮寄问卷给受访者,由受访者自己回答问题并寄回问卷的调查方式。

5.1.15

电话调查　telephone interview

访问员通过拨打电话的方式对受访者进行调查。

5.1.16

计算机辅助电话调查　computer-assisted telephone interview;CATI

访问员操作计算机提取问卷问题,通过电话询问受访者,并直接将答案输入电脑控制中心的电话访谈方法。

5.1.17

计算机辅助面访　computer-assisted personal interview;CAPI

访问员操作计算机提取问卷问题,通过面对面访谈方式询问受访者,并直接将答案输入电脑的访问方法。

5.1.18

计算机辅助自填式问卷访问　computer-assisted self-administrated interview;CASI

受访者自行操作计算机提取问卷问题,并直接将答案输入电脑的访问方法。多用于受访者隐私需高度保障的调查中。

5.1.19

计算机辅助在线调查 computer-assisted web interview;CAWI

受访者在线填答发布在互联网网页上的问卷,其答案记录于网络服务器数据库的调查方法。

5.1.20

互联网调查　internet interview

借助互联网进行的调查。

注:包括 on-line 调查。

5.1.21

神秘顾客调查　mystery shopping

观察员扮成顾客,记录有关服务过程细节的情况,作为服务评价依据的参与性人员观察法。

5.2　抽样设计

5.2.1

总体　population

由所关注的全部个体组成的集合。

5.2.2

个体　individual

组成总体的不可再分的最小单元。

5.2.3

抽样单元　sampling unit

构成**总体**(5.2.1)的**个体**(5.2.2)或个体集合。

5.2.4

抽样 sampling

通过**抽样框**(5.2.5)从总体中抽取一部分抽样单元构成样本的过程。

5.2.5

抽样框 sampling frame

关于抽样单元的完整目录。

5.2.6

样本 sample

从总体中抽取的抽样单元构成的集合。

5.2.7

样本量 sample size

样本(5.2.6)中包含的抽样单元的个数(或个案的个数)。

5.2.8

个案 case

构成样本的个体,是样本中的最小单元。

5.2.9

个案数 number of case

样本中包含的样本点的个数。与样本数据阵行数相对应。

5.2.10

自愿样本 voluntary sample

非经抽样选择而自愿接受调查的人或机构的集合。

5.2.11

可访问样本库 access panel

由承诺将配合调查的潜在受访者组成的集合。

注:不包括连续调查的固定样本组。如:收视率调查固定样本组和消费者固定样本组。

5.2.12

样本轮换 sample rotation

在连续调查中,每隔一定时期更换一定比例的抽样单元。

5.2.13

概率抽样 probability sampling

按照一定概率从构成总体的所有**抽样单元**(5.2.3)中随机选择部分单元进入样本的抽样方法。

5.2.14

简单随机抽样 simple random sampling

从总体的全部单元中以等概率、不放回的方式抽取部分单元。

5.2.15

分层抽样 stratified sampling

样本抽自于总体不同的层,且每个层至少有一个抽样单元入样的抽样。

[GB/T 3358.2—2009,定义1.3.6]

5.2.16

分层随机抽样 stratified random sampling

每层都进行**简单随机抽样**(5.2.14)的**分层抽样**(5.2.15)。

5.2.17

整群抽样 cluster sampling

随机抽取群,样本由被抽中群中的所有抽样单元组成的抽样。

[GB/T 3358.2—2009,定义 1.3.9]

5.2.18

系统抽样　systematic sampling

将总体单元按一定顺序排列,先随机抽取一个或一组单元编号,然后按某种确定的规则抽取其他单元的编号,直到抽满样本为止。

5.2.19

多阶段抽样　multi-stage sampling

假设总体由若干个初级单元组成,每个初级单元又由若干个二级(次级)单元组成,在总体中按照一定的方法抽取部分初级单元,对每个抽中的初级单元中再抽取若干个二级单元进行调查,称作二阶段抽样,以此类推。

5.2.20

PPS 抽样　sampling with probability proportional to size;PPS

每个单元在每次抽中入样的概率与其单元规模的大小成比例的有放回的抽样方式。

注:又称"与规模成比例的概率抽样"。

5.2.21

非概率抽样　non-probability sampling

样本不是按照一定的概率抽出,而是由抽样者主观抽出或任由**受访者**(3.16)自愿进入样本的抽样方法。

5.2.22

滚雪球抽样　snowball sampling

选定一个或多个受访者,然后根据受访者提供的信息寻找其他受访者的抽样方法。

5.2.23

主观抽样　judgment sampling

凭研究人员的主观意愿、经验和知识,从总体中选择具有典型代表性的样本点构成样本作为调查客体的一种非概率抽样方法。

5.2.24

便利抽样　convenience sampling

根据调查者的方便与否来抽取样本的一种非概率抽样方法。

5.2.25

配额抽样　quota sampling

将总体按一定标准划分为若干个类别,在每个类别中按照事先规定的比例或数量抽选受访者的抽样方法。

5.2.26

区域抽样　area sampling

以构成总体的**个体**(5.2.2)所在的地理区域或地域区划为抽样单元的抽样方法。

5.2.27

目录抽样　catalogue sampling

以构成总体的**个体**(5.2.2)目录清单为抽样框的抽样方法。

5.2.28

抽样误差　sampling error

由于用样本数据对总体特征进行估计所引起的代表性误差。

5.2.29

非抽样误差　non-sampling error

除抽样误差以外,由其他原因引起的样本统计量与总体真值之间的差异。

5.2.30

准确度 accuracy

估计值与相应总体参数之间的接近程度。

5.3 问卷设计

5.3.1

问卷 questionnaire

用于获取受访者相关信息的一系列问题。

5.3.2

甄别问卷 screening questionnaire

用以筛选合格受访者与否的问卷。

5.3.3

测试问卷 pre-testing questionnaire

为了确保调查项目预期目的的实现,在正式调查之前使用的问卷。

5.3.4

问题 question

问卷中对受访者关于调查内容的提问。

5.3.5

回答 answer;response

受访者对问卷中问题(5.3.4)的回应,或者是针对事先给定可能应答的选择。

5.3.6

封闭性问题 closed-ended questions

答案只能从事先给定的选项中进行选择的问题。

5.3.7

开放性问题 open-ended questions

事先未给定答案选项,受访者可以自由回答的问题。

5.3.8

敏感性问题 sensitive questions

内容涉及个人隐私或不便于公开表述的问题。

5.3.9

过滤性问题 filter

用以识别合格受访者的问题。

5.3.10

预调查 pre-investigation

正式调查之前的测试性调查。

5.3.11

问卷长度 length of questionnaire

完成每一份问卷所用的平均时间。

5.3.12

问卷评估 questionnaire evaluation

围绕信度和效度对问卷尤其是问卷中的量表进行的质量评价。

5.3.13

信度 reliability

问卷调查结果的一致性、稳定性和可靠性程度。

5.3.14

效度　validity

问卷能否正确衡量研究者所关注属性的程度。

5.3.15

测量尺度　measurement scale

用来测定总体属性的指标或变量的类型，一般分为定类尺度、定序尺度、定距尺度和定比尺度。

5.3.16

量表　scale

通过一套事先拟定的用语、记号和数目，来测定人们状态、观念、意见、态度、行为或心理活动的度量工具。

5.3.17

示卡　show card

访问现场经常使用的一种实物卡片，用以形象地呈现较多内容的题目或说明。

5.4

访谈指南　interview guide

在定性访谈中所涉及的话题概要。

6　数据收集

6.1

督导员　supervisor

负责组织、管理数据收集过程的人员。

6.2

访问员　interviewer

按照调查方案与受访者进行联系，并执行调查的人员。

6.3

主持人　moderator

负责推动参加小组座谈人员之间互动的人员。

6.4

预约员　recruiter

确定并邀请受访者参加研究项目的人员。

6.5

基础培训　basic training

组织执行人员掌握一般执行技能的训练活动。

6.6

项目培训　project training

组织执行人员掌握项目执行文件要求的活动。

6.7

执行文件　executive document

对研究项目执行过程要点的文字描述。

6.8

记录　record

对已发生的执行过程的文字、数字描述或客观证据。

6.9

调查轮次 wave

连续性项目中，在目标和项目总体设计没有改变的情况下每次进行的连续性的重复。

6.10

陪访 accompaniment

当访问员对受访者进行访问时，由督导员在现场进行观察，以便对访问员的访问过程进行评价。

6.11

试访 trial interview

在正式访问前，访问员按照要求对受访者进行的测试性访问。

6.12

数据收集复核 validation of data collection

检查数据是否按规定进行收集并对过程或结果作出符合性质量判定的过程。

6.13

数据复核 validation of data

检查执行过程生成数据的文件并对过程或结果作出符合性质量判定。

6.14

回访复核 backchecking

由检查人员再次联系受访者以确认访问过程的真实性及过程或结果的符合性并作出质量判定。

6.15

监控复核 monitor to validation

通过视、听手段对访问过程或结果的符合性作出质量判定。

6.16

监控 monitoring

通过视、听手段或通过视听设备对现场执行过程或结果的符合性进行判定的活动。

注：监控可以直接控制执行过程的进程，也可以事后对执行过程进行符合性判定。

6.17

卷审 questionnaire editing

由接受过专门训练的人员对受访者回答的问卷进行**审核**(6.24)，以检验访问过程与执行要求的符合性。

6.18

无效样本 cases of ineligibility

在调查过程中发现的不属于总体的个案集合。

6.19

废卷率 nonconforming rate

质量判定受检问卷不合格的个案数量占该调查项目(或批次的)受检问卷个案总数量的百分比。

6.20

酬谢 incentive

为了提高**回答率**(6.30)而给予被访者的礼品、金钱或其他。

6.21

原始记录 primary records

原始数据包括未编辑的已经作答的问卷、定性研究的记录和其他类似信息。

6.22

执行过程评估 executive process appraisal

监控(6.16)个体或群体工作执行能力的过程。

6.23

执行报告　executive report

执行负责人员就项目执行情况、质量情况向项目研究人员提交的说明文件。

6.24

审核　audit

系统、独立并有书面记录的过程，目的是为了获取并客观评估审核证据以确定符合审计标准的程度。

6.25

审核标准　audit criteria

用作判定所依据的政策、流程或要求。

6.26

审核员　auditor

具备执行审核能力的人员。

6.27

不符合　nonconformity

未满足要求。

6.28

结果不符合　nonconformity product

过程的输出未满足要求。

6.29

过程不符合　nonconformity process

结果形成过程未满足要求。

6.30

回答率　response rate

完全或部分完成问卷的样本数量占全部样本数量的百分比。

7　数据处理

7.1

编码　coding

对答案赋予相应代码的过程。

注：代码可以是数字、字母、符号或其组合。

7.2

编码框　code frame

将问题答案进行归类所需的分类编码的目录。

7.3

数据录入　data entry

将收集来的数据按预定格式输入计算机的过程。

7.4

数据核查　data check

核实和更正数据的一套程序和方法。

7.5

离群值　outlier

样本中的一个或几个观测值，它们离开其他观测值较远，暗示它们可能来自不同的总体。

7.6

单元无回答　unit non-response

受访者对问卷中所有项目未回答造成的数据缺失。

7.7

项目无回答　item non-response

受访者对问卷中部分项目未回答造成的数据缺失。

7.8

加权　weighting

为改善样本估计值的代表性，在计算过程中为不同的单元或子集乘上不同的数值的过程。

注：加权可用于调整如多阶抽样、无回答偏倚等造成的样本单元抽取不等概率。

7.9

插补　imputation

用估计值或模拟数据来代替缺失值的过程。

7.10

分类　classify

对观测(察)值按特性划分为几个子组的过程。

7.11

偏倚　bias

测试结果或测量结果的期望与真值之差。

[GB/T 3358.2—2009，定义 3.3.2]

7.12

置信区间　confidence interval

参数 θ 的区间估计 (T_0, T_1)，其中作为区间限的统计量 T_0, T_1，满足 $P[T_0<\theta<T_1]\geqslant 1-\alpha$。

注 1：置信度反映了在同一条件下大量重复随机抽样中，置信区间包含参数真值的比例。置信区间并不能反映观测到的区间包含参数真值的概率(观测到的区间只能是要么包含要么不包含参数真值)。

注 2：一个与置信区间相关的量是 $100(1-\alpha)\%$，称为置信系数或置信水平，其中 α 是一个小的数。对任意确定但未知的总体 θ 值，$P[T_0<\theta<T_1]\geqslant 1-\alpha$。置信系数通常取为 95% 或 99%。

[GB/T 3358.1—2009，定义 1.28]

7.13

开放式编码　open coding

在预先设定主题基础上，大部分**编码**(7.1)主题产生于阅读资料和实际记录过程中，并进行顺序编码，以将大量零散、混杂的资料变为不同类别的过程。

7.14

轴心式编码　axial coding

根据预先的编码主题，着重确定编码主题类别间联系的过程。

7.15

选择式编码　selective coding

浏览资料和前述编码工作基础上，有选择性地查找说明主题的个案，并对资料进行比较和对照的过程。

8　调查报告

8.1

数据发布　data dissemination

通过各种媒介将调查收集到的数据及调查报告等资料向用户提供或向公众公开。

8.2

报告演示　report demonstration

正式向用户提交调查报告(发布调查信息)之前,调查机构以演示会的形式向用户演示调查报告的详细内容。

8.3

调查报告　research report

包含调查目的、调查方法、调查过程描述、调查参与者、所涉及的概念及其定义、数据处理以及主要调查结果和汇总表等调查信息的书面报告。

8.4

统计表　tables

以纵横交叉的线条所绘制的表格来表现统计资料的一种形式。

8.5

频率分布表　tables of frequency distributions

用于表示总体(或样本)的频数分布的统计表。

注:频数分布(frequency distribution)是类(组)与其中特定事件发生的次数或观测值的个数之间的经验关系。

8.6

数值表　tables of values

以统计表的形式展示定量指标的统计整理结果,包括各种分组下的汇总绝对数、相对数等。

8.7

统计图　charts

用于描述数据的相对模式、数据的形状或分布以及数据的级别等特征的各种图形或图形组合。

8.8

数据分析报告　data analysis report

向用户展示对调查数据进行描述性分析和推断性分析的分析结果的书面报告,它应包括一个分析方法的简述、对抽样误差和非抽样误差的描述和讨论以及调查结果的统计意义。

8.9

数据质量报告　data quality report

调查机构以书面报告的方式向用户提供有关数据生产过程中的质量控制流程、方法和结果。

8.10

泄露　disclosure

根据已公布的信息能够直接地或间接地、精确地或近似地推断出自己提供、或他人提供、或还未公布的信息。

8.11

泄露控制　disclosure control

为避免数据公布侵犯相关方的隐私或商业秘密而采取的措施,在确保被调查者的隐私受到尊重的同时,最大程度地保持数据的效用。

8.12

身份泄露　identity disclosure

在公布数据时将某项调查结果与特定的被调查者(家庭、个人或公司)联系在一起,这类信息受相关法律保护。

8.13

公用微观数据文件　public-use microdata files

对外公开的包含所有(或部分)受访者回答记录的数据文件,但不包含受访者的身份识别信息。

8.14

完整调查资料集　all relative research files

包含在调查启动、调查设计、数据收集、数据处理、数据发布等各个调查实施阶段所形成的书面或电子文件,包括调查计划书、调查方案、培训资料、数据处理手册、各种调查报告和各种数据文件等。

参 考 文 献

[1] GB/T 20001.1 标准编写规则 第1部分:术语

[2] GB/T 19000—2008 质量管理体系 基础和术语

索 引

汉语拼音索引

英文对应词索引

C

D

E

F

I

J

L

M

N

O

P

Q

R

S

ICS 03.100.20
A 10

中华人民共和国国家标准

GB/T 26316—2010

市场、民意和社会调查　服务要求

Market, opinion and social research—Service requirement

(ISO 20252:2006, Market, opinion and social research—Vocabulary and service requirements, MOD)

2011-01-14 发布　　　　2011-05-01 实施

中华人民共和国国家质量监督检验检疫总局
中国国家标准化管理委员会　发布

前　言

本标准按照 GB/T 1.1—2009 给出的规则起草。

本标准使用重新起草法，修改采用了 ISO 20252:2006《市场、民意和社会调查　术语和服务要求》，标准以 ISO 20252:2006 为主要技术内容，并根据我国实际情况对 ISO 20252:2006 中的部分内容进行了修改。

本标准与 ISO 20252:2006 相比存在技术差异，这些差异涉及的条款已通过在其外侧页边空白位置的垂直单线(|)进行了标示，主要技术变化如下：

——增加了引言；

——增加了第 2 章引用文件，其他章编号顺延；

——术语一章的内容修改为引用 GB/T 26315—2010《市场、民意和社会调查　术语》；

——用等同采用国际标准的 GB/T 19000—2008 代替原参考文献中 ISO 9000:2000；

——增加了第 3.1 条第 5 段(见本标准 4.1)；

——第 4.1.3.1 条的标题中增加了“目的”(见本标准 5.1.3.1)；

——增加了第 5.3.4 条的 h)项(见本标准 6.3.4)。

本标准由全国市场、民意和社会调查标准化技术委员会(SAC/TC 320)提出并归口。

本标准主要起草单位：中国标准化研究院、央视市场研究股份有限公司、零点研究咨询集团、中国传媒大学、恒辉市场咨询(上海)有限公司、上海社会科学院社会学所、中国市场信息调查业协会。

本标准主要起草人：冯卫、柯惠新、翟国柱、吴垠、忻雷、刘波。

引　　言

随着市场经济发展的不断深入，我国市场、民意和社会调查业得到了迅速发展。但在高速发展的同时还面临着一些问题和不足，其中市场秩序是突出问题。健全的市场竞争秩序要靠市场运行过程中的制度规范来建立和维护。标准是产业和经济的一种秩序和规则，通过制定标准，能够促进市场、民意和社会调查服务企业提高调查服务质量，规范调查服务贸易。

国际标准化组织ISO/TC 225于2006年颁布了全球市场、民意和社会调查业的第一项国际标准：ISO 20252《市场、民意和社会调查　服务要求》。ISO制定ISO 20252的目的是促进在不同的国家和地区之间的调查贸易发展，并将国际的质量标准原理应用于市场、民意和社会调查，协调各国在这方面已有的其他标准。

具有国际性的质量标准可以保证调查过程中各步骤能在一个合适的标准以及可审核、一致的方法下进行，进而实现一个重要的经济和社会目标：使来自调查的数据是根据标准而产生，从而用于指导调查服务提供者向客户提供商品和服务，并可在统一、透明的制度环境中进行研究。

本标准在制定时以适用性、一致性和规范性为主要原则。在修改采用国际标准ISO 20252时，以我国市场、民意和社会调查行业的实际情况为基础作了适当修改；在没有较大应用问题情况下，不轻易修改原标准；在翻译过程中力求准确体现原标准的要求；标准中所使用的专业词语大多数采用了《市场、民意和社会调查　术语》和GB/T 19000等国家标准中已有的术语，或者采用了行业中已广泛使用的规范用词。

市场、民意和社会调查　服务要求

1　范围

本标准规定了市场、民意和社会调查组织和人员从事调查的服务要求。

本标准适用于从事市场、民意和社会调查服务的组织和人员。

2　规范性引用文件

下列文件对于本文件的应用是必不可少的。凡是注日期的引用文件，仅注日期的版本适用于本文件。凡是不注日期的引用文件，其最新版本(包括所有的修改单)适用于本文件。

GB/T 26315—2010　市场、民意和社会调查　术语

3　术语和定义

GB/T 26315—2010 中界定的术语和定义适用于本文件。

4　质量管理体系要求

4.1　组织和职责

调查服务提供者应采用质量管理体系，该体系应包括本标准的全部要求。

调查服务提供者的高层管理者职责：

——向客户承诺确保服务质量(包括质量方针和质量目标的声明)；

——负责建立、实施和持续改进质量管理体系；

——确保将质量管理体系形成适宜的文件；

——确保为实施该质量管理体系提供充足的资源和信息；

——专设一位有足够权力负责整个体系的质量负责人，其职责是组织内部审核以确定本国家标准得以有效贯彻。

调查服务提供者应将其组织结构、与完成服务和质量控制有关的人员的职责，形成文件。

按本标准要求制定的，为完成不同任务所设立的程序、指令和方法应形成文件，加以持续实施，并可审核。

调查服务提供者应保持客观性和独立性，坚守专业精神和职业道德。

调查服务提供者的管理层应确保与提供服务有关的人员都熟悉那些对他们工作有影响的国内及国际适用的伦理和职业守则、相关的法规和文件化的程序与方法。

4.2　调查项目的保密性

为了执行调查项目，由客户提供给调查服务提供者的所有信息都应当严格保密。这些信息应只用于该调查项目。没有客户的书面授权这些信息不可用于第三方。保密信息应安全存放(见 5.9.3)。

调查服务提供者因执行某个特定调查项目而取得的与特定客户有关的研究结果，未经该客户书面授权不得用于为其他客户所做的研究项目。

4.3 文件要求

应新建并保存记录和文件(可以是纸质或电子版的),使之成为可追溯的证据。

每个项目应有项目文件,文件包含该项目基本要求的记录或该记录的出处说明。

除了唯一的项目标识外,每个原始记录应有唯一标识,以便追溯和确保被检索到。

记录应安全存放、便于使用并按规定的期限进行保留(如:由计算机备份文件)。

应对所有文件进行版本控制,以便能清楚识别有效版本。

应使用更新的防病毒软件对所有电子文件进行病毒检查。

4.4 能力和培训

调查服务提供者应制定适当程序,以确保项目各部分的执行人员及质量管理体系中各项具体任务的执行人员具备相应的能力和经验,或者通过接受适当培训能够胜任其所承担的任务。

调查服务提供者应编制培训活动文件以确定当前和潜在的培训要求,这些文件包括岗位工作职责和从事的工作类型。

4.5 分包或外包

调查服务提供者应对与项目有关的所有服务负有全部责任,包括分包或外包的部分及与本标准相关的服务,分包者的选择不在调查服务提供者控制之内的除外。

调查服务提供者应制定程序,用于选择分包者、与分包者建立合同关系,并控制他们所提供服务的质量。

为保证分包者能够按照合同及现有的国家标准执行其所分包的项目,调查服务提供者应向分包者进行项目要点介绍。

调查服务提供者应对分包者的执行进行评估并保留相关记录,包括收到的任何对服务不满意的记录。

4.6 评审质量管理体系的有效性

调查服务提供者应有效地监管商定的研究流程和质量管理体系:

——分析研究流程和质量管理体系的作用或功能;

——一旦出现问题或不一致时,分析原因并采取纠正和预防措施;

——记录已采取的措施以防止类似问题的再次发生;

——确定所采取的措施对问题的解决是有效的。

调查服务提供者应制定和维护一套文件化的制度来记录、评审和解决客户的抱怨。该制度应包括:

a) 识别和记录客户抱怨的潜在原因;

b) 采取措施解决问题和防止问题的再次发生;

c) 确定所采取的措施对解决客户的抱怨是有效的。

应有评审机制,以认定所采取的措施对解决客户的抱怨是有效的。

调查服务提供者应按预先计划的时间周期进行内部审核,以确定质量管理体系正常运行。

为了改进服务质量,调查服务提供者应定期对客户满意度进行测量和分析。

5 调查服务的执行要素管理

5.1 回应调查服务要求

5.1.1 总则

在回应调查服务要求之前,调查服务提供者应对规定的适用方法中所需的资源和可适用的内部和外部专门技术进行检查，确认能够满足客户要求。

调查服务提供者应负责确保理解研究过程的每个阶段的客户要求，通过召开一次或更多次的会议来充分理解客户需求。对客户和调查服务提供者之间每次达成的一致意见都应进行文件记录。如果该调查项目还没有充分说明或者还有不确定的问题有待解决，则调查服务提供者在回应调查服务要求时应对此明确指出。

如果要求本身不是很明确，则应确定客户是否需要项目建议书或费用报价。

注：报价（与项目建议书相对应）是按照事先确定的、规定的方法执行调查项目的费用。由调查服务提供者或客户记录存档。

需求报价参看5.1.2。如果需要项目建议书，客户和调查服务提供者应就调查项目要达到的目标达成一致，且调查服务提供者应有机会修改或完善客户提议。项目建议书包括该研究项目的所有相关步骤的详细描述及时间表（见5.2）。费用也是项目建议书的一部分（见5.1.4）。

如果在选定的调查设计中需要考虑数据保护或专业编码方面的具体问题，则调查服务提供者应该对问题及相应的解决方案进行详细说明。

如果项目建议书处理的是多客户调查，无论是何种形式的多客户调查，都应该在项目建议书或费用报价中进行明确说明。

如果调查服务提供者无法如期完成项目建议书或费用报价，则应尽早告知客户。

5.1.2 报价内容

报价应至少包括以下内容的详细说明：

——总费用（见5.1.4）及项目进度表；

——技术细则及影响成本的所有要素（如：设计、现场工作、编码、数据录入、分析、报告、报告演示的次数等）；

——结算币种；

——根据相关法律，费用是否包含了税款。

5.1.3 项目建议书内容

除非客户和调查服务提供者另有商定，项目建议书应包括以下内容。

5.1.3.1 项目目的、目标和方法

项目建议书应明确说明客户的哪些要求是可以通过本项目得以实现的，哪些要求是通过后续项目或不同类型项目才能实现的。

应对项目目标和方法进行说明，且该目标和方法要与项目目的保持一致。

5.1.3.2 服务范围

项目建议书相关内容应包括：问卷或访谈指南的设计思路、分析方法和分析范围。

5.1.3.3 抽样和加权

项目建议书应充分说明目标总体、抽样步骤适用的抽样方案（如抽样框）以及该方案对目标总体的代表性，其详细程度取决于客户要求以及现有数据、方法。对于样本，至少要说明：样本规模、抽样方法、受访者的征募或选择以及计划采用的加权方法。

如果目标总体占总体的比例可能影响报价，应对其估计加以说明。

在说明样本规模时，不仅应说明总量情况，还应说明在该规模下获得的对某类子群调查的结果是可靠的。

建议书应描述目标总体，如果需要，对采用某种方法的理由以及样本征募方法还要进行说明。

定性研究项目的建议书应明确说明受访者的征募方法（从事先征募好的样本库中挑选或其他的甄选方法）。如果受访者曾经参加过小组讨论或深度访谈，则需简单说明控制他们再次参加调查项目的时间间隔。应说明要访谈的个人或小组的数量以及每组中计划调查的人数。

5.1.3.4 数据收集和处理的说明

项目建议书应对数据收集（第6章所描述的内容）的有关方面进行说明。也应说明问卷、访问或小组讨论的预计时长。

建议书应对数据处理（第7章中所描述的内容）的有关方面进行说明，如：编码、编辑、数据录入和文件准备。

定性研究项目中，应说明访问或小组讨论所用的场所类型以及是否有适用的观察设备。

5.1.3.5 二手资料分析

当使用二手资料分析时，应对该资料的性质及其预期的用途进行说明。

5.1.3.6 交付产品说明

项目建议书和报价应对所有交付产品进行规定，包括产品的覆盖面、范围、格式、交付方式和复制件的份数。

特别是在定性研究项目中，建议书应说明报告中是否包括访谈或小组讨论的意见的逐字记录，还应说明是否能够提供这样的记录。

5.1.3.7 部分调查任务的分包

如果计划分包，则项目建议书应对是否将个别研究步骤分包给其他外部调查服务提供者进行说明。

5.1.3.8 遵守相关法规和专业准则

项目建议书应遵守市场、民意和社会调查方面适用的法规和已经发布的且广为接受的道德准则。

5.1.3.9 遵守本标准

项目建议书应说明调查服务提供者是遵守本标准的。

5.1.4 价格

项目建议书或报价应对提议的研究方法及服务价格进行详细说明。应清楚地标识导致价格变动的主要因素。应告知客户如果改变项目计划将会影响价格。也应该对支付条件、币种和根据相关法律是否包含税款及报价的有效期进行明确说明。

5.1.5 项目合同

调查服务提供者与客户之间的协议应形成书面文件。通过书面确认的建议书的终稿可以视为协议。

注：如果调查服务是复杂的或是长期性的，可能还需要签署特别服务协议，对交付产品和责任进行详细说明。

5.2 项目进度表

调查服务提供者应在项目建议书中向客户提供进度表，若建议书中不含有项目进度表，则应单独提交项目进度表，并应包括所有相关的时间安排和责任。项目进度表应包括下列各项：

——客户提供的文件、资料和产品；

——客户确认问卷或讨论指南的时间或要求；

——现场工作；

——客户确认分析规范的时间或要求；

——数据、演示和报告的形成与交付。

客户或调查服务提供者中的任何一方若要改动时间表，则应尽快通知对方并得到对方的确认。对此种变动应有文件记录。

5.3 客户提供的协助和合作

5.3.1 客户向调查服务提供者提供客户需求简述

客户向调查服务提供者提供的任何客户需求简述都应有文件记录。

如果客户的文件没有充分地说明项目目标或其他要求，则调查服务提供者应向客户索取更详细的介绍。

注：对许多调查项目而言，客户提供项目介绍，对调查服务提供者采用合适的研究设计来解决研究难题是必不可少的。这类介绍对调查过程中的每一步，从交付项目建议书直至研究成果的演示都起着建议性作用。

5.3.2 工作要求的变化

任何可能影响项目的变动或客户要求的变更，包括费用、时间、建议书或合同中规定的其他协议内容的变更，调查服务提供者负责和客户就此变更达成一致并进行书面确认。如果使用分包者，应在分包者承担分包任务前告知客户所使用的分包者和分包出去的研究流程。所用分包者在此后所发生的任何变更也应告知客户。

5.3.3 客户对问卷和讨论指南的评审

客户应有机会参与设计和评审问卷或讨论指南。客户应对问卷或讨论指南进行确认，否则应有授权。客户对问卷或讨论指南的批准应有文件记录。

5.3.4 数据收集过程中的观察和核查

调查服务提供者应采取必要措施以确保受访者的身份得到保护，并确保客户同意遵守这一原则。如果客户的观察会影响所收集的数据质量，应告知客户。

如果受访者事先同意客户对现场访问的观察并且受访者的身份受到适用法律和专业准则所要求的保护，则可以允许客户观察数据的收集。如果客户要获得小组讨论或是个人访谈的抄本或记录，上述要求同样适用。

5.3.5 编码框及数据分析

当客户要求时，调查服务提供者应向其提供编码框和分析数据的方法。

5.3.6 向客户演示研究成果

应就研究成果的演示方式向客户征询意见。

5.4 问卷和讨论指南

5.4.1 概念和问卷设计

由于问卷的内容、结构和设计会影响调查发现，所以准备问卷时不仅应考虑措辞和问题排序可能带来的影响,还应考虑备选答案的数目及其排序的影响。

注:此外,清晰的甄别结构和填写说明也是问卷的重点。特别是在自填式问卷中(如:邮寄调查、电子邮件调查、在线调查)更为重要,因为受访者需要在没有访问员帮助的情况下完成问卷。

5.4.2 问卷、讨论指南和其他相关文件的翻译

应在项目建议书中说明是否需要翻译。

翻译人员在源语言和目标语言方面的技能应与其母语能力相当。至少翻译人员中有一位熟悉此类文件的措辞,有过翻译此类文件的经验。

译文的检查和修改应由翻译人员之外的人员完成,此人所具备的源语言和目标语言的能力应能胜任译审工作。

客户或客户代表应有机会评审译文。

审查过的译文及选用的检查和修改流程都应有记录,调查服务提供者应按照译文修改的结果执行。

5.4.3 测试问卷

如果客户或调查服务提供者认为有必要进行前期测试(包括对所有自填式问卷的前期测试),则应该进行,并对测试的结果和解释进行文件记录。

注:与问卷和回答过程相关的测量误差是一种很重要的非抽样误差。由于受访者对问题的曲解、在回忆和填写回答方面的错误以及访问员的错误,将会导致整个调查发生严重误差。所以问卷的前期测试对大多数问卷设计都是非常重要的。

5.4.4 对访问员和主持人进行项目简介和培训

调查服务提供者应确保向现场工作人员和相关的分包者分发问卷和讨论指南的使用说明,并对该说明进行充分介绍。所有介绍都应有文件记录。

如果研究方法对执行项目的访问员的能力要求超出了访问员在基础培训课程中所获得的技能范围,则应对访问员进行与项目相关的适当培训。

应对负责小组讨论和探索性访问的主持人进行讨论主题方面的介绍。

5.5 抽样和数据处理的管理

5.5.1 抽样和加权的管理

5.5.1.1 要求

样本设计应根据选定的抽样方式进行(如分层抽样、整群抽样、配额抽样)。抽样过程应有文件记录。

调查服务提供者应根据具体项目的抽样标准对样本特征进行检查。这一要求也同样适用于现场工作和分包者所承担的工作。

注:对定性研究抽样的要求,见6.5。

5.5.1.2 样本量

样本量的选择应能达到使总样本以及与分析有关的子群中出现的抽样误差能够被调查项目的目的所接受。

5.5.1.3 概率抽样的质量准则

选用的抽样方法应确保目标总体或抽样框中的每个人或每个单元,都有一个可计算的入样概率。

对于选择样本点、个人或单元所用的数据源应有文件记录。随后对受访者记录所做的加权可用来解决由于无应答、覆盖不足及其他原因导致的结构偏差。

5.5.1.4 配额抽样的质量准则

对于配额抽样，应知道预计的目标总体并依据相关准则做出界定。配额抽样的计划应包括与总体相关的特征。应提供最初配额控制的原始资料和日期。在配额抽样计划中应对要控制的每个特征所需的访问量进行详细说明。

注：总体特征包括所在区域、年龄、性别、婚姻状况及可以说明所属社会阶层的特点，如职业、受教育程度和家庭收入、民族、劳动力状况等。

5.5.1.5 可访问样本库的质量准则

使用可访问样本库为某个项目抽样时，调查服务提供者应有文件记录并向客户报告以下各事项：

——征募样本库成员的方法；

——样本的选择标准；

——加权和估计方法；

——样本的数据收集方式；

——满足抽样目的的样本合适性。

为了发现潜在的偏差，如果可行，除了可访问样本库的数据，还应对相关的其他来源的数据进行文件记录。

5.5.1.6 数据加权记录

如果进行加权，应对加权方法及所用的加权变量进行适当说明。应提供需要加权数据的原始资料和日期。对加权和未加权的样本结构应有文件记录。

5.5.2 编码、编校和其他数据处理

在定量研究项目中，调查服务提供者应确保数据的处理方式可以使错误最小化、可以检查开放式问题编码的正误并保证分析和制表的正确性。为此应制定标准化的质量管理措施并使之文件化。

注：完整的要求见第7章。

5.6 监督项目的执行

调查服务提供者应对最重要的调查过程进行监督以使这些过程按照协议规定（见5.1.3）执行。最重要的过程包括：抽样程序、问卷及讨论指南的制定、数据收集、数据处理、分析和交付研究成果。

5.7 项目文件、资料和产品

5.7.1 客户提供资料的处理和保存

调查服务提供者应要求客户提供其材料和产品的处理、存储和保管的相关说明。

调查服务提供者应根据客户的要求和内部程序对客户提供的文件、材料和产品认真处理，并按照相关具体要求进行存储。除另有明确规定外，项目完成后不再需要的所有文件、材料、产品和数据库都应返还给客户。

调查服务提供者应当采取适当措施对委托其保管的文件、材料和产品进行保护。如果将文件、材料、产品和数据库向参加项目的人员进行演示，或这些参加人员有机会使用这些文件、材料、产品和数据库时，应确保这些条件对所有人员都是相同的，且在项目执行过程中，不会损坏、弄脏或是改变产品从而影响到研究结果。如果要运输或分发材料或产品，调查服务提供者应确保采用了安全的包装方式和合

适的运输方式。

调查服务提供者应确保在项目执行中根据适用法律向消费者提供安全使用和处理产品所需的适当信息。

5.7.2 安全保管

调查服务提供者应确保客户提供的任何保密性或敏感性文件、资料、产品和数据库，无论是否在其控制范围内，都应进行保密。如果客户要求，调查服务提供者还应向客户提供所采取的具体安全保密的措施。调查服务提供者应妥善保管属于客户的文件、材料、产品和数据库，禁止他人擅自使用。尽可能将这些财物仅限于直接参与项目的人员使用。

5.8 研究成果报告

5.8.1 文件

应按照项目建议书和所签协议规定的格式和内容，向客户交付研究成果。调查报告应包含或涉及必要的基本信息，以便读者理解项目的执行方式(见 8.2 和 8.3)，以及可重复性、关联性和局限性。

对于连续性研究，调查服务提供者应与客户就报告的内容及交付次数达成一致意见并形成文件。

5.8.2 研究成果的诠释

对实证研究成果的诠释应切中研究主题，应有项目研究发现的支持，如果适用还可有其他数据的支持。

基于实证研究成果的诠释和建议应当与个人的观点和看法区别开来。

5.8.3 报告和演示

应按照与客户的商定，提供完整的、符合项目目的的研究成果报告。

如果引用相对值，应能从中可以直接推出绝对值。为此，引用百分比时应该有基数。

如果是加权数据，应以加权形式报告项目研究成果并同时提供加权基数及未加权基数。如果客户收到的是数据记录，则该记录中应包含对各个受访者的加权因子。此外，调查服务提供者应按客户要求向其提供加权过程的描述。

为了确保能够圆满解答客户对内容及方法方面的问题，研究成果的口头演示人员应是熟悉项目主题和项目执行方式的人员。

交付客户前，应对报告中所有数据和材料的准确性进行检查。

5.8.4 出版

如果是自主研究项目，或在合同中已得到客户同意，或是得到客户允许，调查服务提供者可以出版用于科研或是其他用途的研究成果。这些条件也适用于在会议中演示研究成果。出版研究成果时，要将对研究结果的演示与对研究成果的诠释区分开。调查服务提供者应提示客户注意研究成果公布将要担负的责任。

注：一般是版权所有者对出版的研究成果的准确性及适当性负责。

5.9 项目记录

5.9.1 标识记录

应对项目记录进行逐一标识以便检索、追溯。项目记录应包括下列各项：

——项目建议书和报价；

——问卷、讨论指南和提示资料的最终版本的副本各一份；
——原始记录，包括未审的问卷、定性研究的记录等原始数据；
——数据处理说明、编码表、卷审记录及其他数据处理方面的重要资料；
——交付给客户的资料的副本；
——对调查方法所做的完整的、详细说明（见 8.2 和 8.3）；
——有关监控调查执行方式的质量记录。

5.9.2 保存

为了在项目完成后能够解答有关项目执行方式和成果的问题，对下列记录的保留期限应有如下规定，和客户另有协议的除外：

——原始记录：12 个月；
——有关项目的其他所有文件的最终版本的副本：24 个月。

调查服务提供者应将保存期限告知客户。双方可以商量延长或缩短保存期限，对于双方就保存期限达成的协议应做文件记录。

如果后来重复进行调查或是对同一项目进行深入研究，则有关文件的保存期应从整个项目结束后开始计算。

5.9.3 存储

调查服务提供者应确保存储的记录不会损坏，可以恢复，不会破坏记录的保密性。应落实有关程序确保电子版的项目记录至少在异地还有备份。

5.9.4 保持安全性

除非另有协议，否则所有的项目记录只能提供给客户和进行质量审核的独立的第三方。调查服务提供者应确保存储在其档案存贮地的研究成果及报告有适当的保护措施，防止擅自使用。包括对存储在电子载体上的研究结果和报告的保护，以防止此类文件被擅自更改。

5.9.5 向客户提供电子数据

5.9.5.1 检验数据的完整性

电子数据在交付给客户前应进行完整性检验。具体说就是应验证交付的数据记录是否完整，包括数据条目的数量（如：受访者的数目、完成的问卷数目）和测量的变量，及是否包括附加的、合同中所规定的信息。

5.9.5.2 数据格式

电子数据应按照项目建议书和所签协议规定的格式交付给客户。

5.9.5.3 描述和文件记录

交付给客户的电子数据，无论是何种载体都应加以标识，使数据记录的内容能够识别。如果需要，还应详细说明安装该载体所需的具体技术要求；无论是电子载体的文件格式还是纸质的文件格式都应对数据记录进行适当描述。

5.9.5.4 电子传输

按客户要求，调查服务提供者应加密或使用适当的程序以防止数据在电子传输中泄密。

6 数据收集

6.1 总则

数据收集管理层包括：总部管理者和地区管理者（包括招聘管理者）、当地督导员、电话访问中心督导员、现场工作团队负责人及参与数据收集的支持人员。以上人员可以是全职也可以是兼职。

调查服务提供者应当执行程序来保护受访者个人信息的机密性、消除受访者的疑虑（见 6.3.2）。

受访者在数据记录（如：问卷）上的身份标识将只用于调查的管理和质量控制，并且应根据调查管理和质量控制的需求来决定是否保留（并且只有以上必要的用途，才可以被保留）。

6.2 现场工作人员的管理、招聘和培训

6.2.1 总则

如果将现场工作分包出去，应遵守 4.5 的要求以确保外包公司遵守本节对有关现场工作惯例及标准的规定。

注：本条不仅适用于独立进行现场工作人员管理、招聘和培训的调查服务提供者，也适用于将现场工作分包或外包给独立的数据收集公司的调查服务提供者。

6.2.2 数据收集工作的管理人员

数据收集工作的管理人员应接受岗位培训，岗位培训包括分配现场工作、控制进度、培训和评估现场工作人员以及对现场工作的复核等。调查服务提供者还应对数据收集工作人员进行定期评估和必要的继续培训，并对培训及数据收集工作人员的能力进行文件记录。

6.2.3 现场工作人员的招聘

调查服务提供者应通过现场工作人员工作经历、资格、面试表现及以前雇主的评价等，对应聘者的能力进行评估。如果应聘者有相关经验，则应根据其将要承担的工作（包括具体任务）对其水平进行确定。能力评估也可包括对语言能力的评估，还包括对数据收集说明（含所用语言）的理解，用非母语语言收集数据时，所用语言的能力应不亚于其母语。

在招聘中或随后获得的有关现场工作人员的所有资料（如培训记录和复核结果）都应有文件记录，并在该人员的工作期间及离职后的一年内予以保留。

注：上述“一年”保留期符合本标准，其他对现场工作人员个人档案的保留要求，包括法律要求可能会要求更长的保留期限。

通过职业介绍所招聘到的现场工作人员，招聘记录可能不会很详细，但至少要有对关键技能及以前有关经验的记录。

6.2.4 新聘现场工作人员的基本培训

除非另有规定，调查服务提供者应对所有现场工作人员进行下述基础培训。如果确定接受过其他调查服务提供者的基础培训（与所要承担的工作相关），且已达到本标准的要求，可免去培训。培训方法由调查服务提供者根据下述规定进行选择。

基础培训的内容和范围应符合要执行的工作性质（如：面访、电话调查、定性研究中受访者的征募、零售研究）。如果现场工作人员后来又承担不同类型的工作（即，不同于已接受培训的工作类型），包括计算机辅助调查（CAI），则应增加相应的基础培训。

基础培训至少应包括：

——市场、民意和社会调查的基本原则；

——伦理要求，适用的国际准则请参看本标准的参考资料，包括受访者个人信息的保护和数据保护等问题；

——访问技能及其他相关技术；

——若需要，计算机使用的培训（如：计算机辅助调查）；

——访问角色的演练和试访（或其他形式的数据收集方法）。

若有可能，访问员第一天工作时应由数据收集管理人员陪访。应对新聘访问员培训后所接受的第一项任务进行监听（电话访问见6.4.2），并将结果反馈给他们本人。如果没有执行上述陪访和监听，则应根据6.4和6.5对他们第一项任务中的各项工作进行复核。

对面访、电话访问、定性征募访问的基础培训（不含额外的组织培训，见6.2.5）应至少要达到6个小时，且近一半的培训时间要采取互动方式，即培训师和受训人员之间的对话。

如果数据收集任务很简单（如流量统计），则基础培训的最短期限可以低于上述规定，可将基础培训和项目简介结合起来进行。对缩短培训时间的理由应做文件记录。如果现场工作人员接下来要参与另外一个项目，则应进行完整的基础培训。

对于观察研究，如神秘购物，则不对基础培训的时长进行下限规定且对第一项任务的培训可以结合项目情况介绍进行。

上述对基础培训时长的规定可视为最低要求，可根据所分配工作的性质进行更全面的培训。

应对现场工作人员的基础培训进行文件记录，包括内容、时长和培训师的身份。培训师和受训人员应以签名或其他相当方式来证实培训记录的真实性。

注：调查服务提供者能应同行的请求，证实其现场工作人员已经接受过基础培训的事实，通常被认为是一种好的做法。

6.2.5 现场工作人员组织能力的培训

除了6.2.4的基础培训，调查服务提供者应就自己的具体要求对所有现场工作人员进行培训，包括数据收集的组织和管理方式。此类培训的内容及方式由调查服务提供者决定，但现场工作人员的个人档案中应注明已经接受了培训并说明培训方式。

注：对于现场工作人员的第一项任务，组织能力的培训可以和基础培训或是项目介绍结合起来。

对现场工作人员的关键要求和总体指导也应形成文件，适用于全体现场工作人员，并为调查服务提供者所使用。

6.2.6 对现场工作人员的连续培训及评估

对调查服务提供者定期使用（即一年中至少参与5个项目或5轮次调查）的现场工作人员，一年至少应对其评估一次。对不常使用的现场工作人员也应适时进行评估。任何评估都应是现场工作人员和调查服务提供者的数据收集管理人员进行面对面谈话或电话对话，评估应包含对现场工作人员工作复核的结果反馈。

注：可以对现场工作人员进行连续性有效评估（如，通过对电话访问员的监听），并由数据收集管理人员将复核结果反馈给相应的现场工作人员。

例如，可根据卷审、现场工作复核的结果，或是陪访、访问监控的结果对现场工作人员进行评估。个别现场工作人员需要再培训的要求可以通过评估或是其他方法加以识别。

上面所说的再培训应区别于现场工作人员因分配新工作或职责，如专家访谈、督导工作（见6.2.4）时所需要的额外培训。

评估报告和所有额外培训的详细情况都应有文件记录，并和现场工作人员的个人档案一起保留。双方应以签名或其他相当方式证实已经完成了评估或培训。

6.3 现场数据收集

6.3.1 现场工作人员的身份证明文件

调查服务提供者应给现场工作人员颁发身份证明，颁发身份证明可不包括通过电话进行数据收集的现场工作人员。

身份证明应该包括现场工作人员的姓名、发放日期和截止日期，以及现场工作人员所属的调查服务提供者的名称和详细的联系方法并建议附有本人照片。对已发放身份证明的人员清单及发放日期要有记录并予以保存。

6.3.2 对受访者的保证

无论以何种方式接触受访者，都应向受访者简要介绍调查服务提供者的名称、数据收集所用于的研究目的、对受访者个人信息进行保密的原则，并应告知受访者合作是自愿的，也可根据情况告知受访者分包机构或客户名称。

在面访时，应向受访者提供书面保证，保证文件中应含有调查服务提供者的联系方式。对接受电话调查的受访者可根据他们的要求提供调查服务提供者详细的联系方式。

6.3.3 儿童或弱势人群数据收集

如果受访者是儿童（指数据收集区域内涉及被法律所定义的未成年人）或是弱势人群，则应特别注意。这种情况下，应采取适当措施确保家长、监护人或等同于家长和监护人的人及受访者本人理解所要进行的调查，并征得他们基于充分了解后对调查的同意。符合上述要求的记录（如作为问卷的一部分）应该保存。参与此类数据收集的访问员及其他人员有必要接受专门训练。

6.3.4 项目简介

应就每个项目（或对一个项目的每一轮次）调查的具体要求向现场工作人员进行项目简介和说明，这些人包括在项目已经开始后参加该项目的现场工作人员。

项目简介和说明应由全面了解项目要求的工作人员负责。项目简介和说明可通过面对面、电话、书面文件或是其他方式进行。但应保存显示项目简介和说明范围的记录，以及能够说明所有参与项目的现场工作人员都已接受过该活动的记录。

对定量研究项目的简介和说明应包括以下适当信息：

——现场工作的日期；

——抽样步骤；

——配额；

——方法或执行过程；

——项目的其他特殊要求；

——对问卷管理的说明或条件。

对定性研究项目的简介和说明应包括以下适当信息：

a） 现场工作日期和次数；

b） 关键的征募标准；

c） 配额要求；

d） 每个小组座谈或深度访谈所需征募的受访人数；

e） 可接受的和不可以接受的征募方法；
f） 对已参加过小组讨论和深入访谈的受访者进行排除的限制说明；
g） 是否使用观察设备；
h） 项目特殊要求：如同声传译、场地要求等。

6.3.5 现场工作日期及持续时间

应记录每次访问的日期和持续时间，以及负责数据收集或现场观察等访问员的身份。

注：这些因素都和访问的复核有关(见 6.4 和 6.5.2)。

6.3.6 受访者的酬谢

如果要给予受访者酬谢，则酬谢的情况应作为项目文件的一部分进行记录。

酬谢代表的是赞赏和对参与的鼓励。作为质量管理的一部分，给予受访者的酬谢应尽可能不影响项目和目标人群，确保酬谢的类型和范围不会导致受访者的回应出现偏倚。

6.4 对现场工作人员的复核(不包括定性研究)

6.4.1 总则

复核的目的是为了确定现场工作人员是否按照项目说明(包括问卷及所有要求，如现场工作人员培训中的要求)收集数据。

注：对定性研究的复核见 6.5。

实际调查后(不超过 6 个星期)应尽快进行复核，且尽可能在数据处理或向客户报告之前进行。

复核应由数据收集管理人员组织。任何情况下都应由被复核的现场工作人员之外的人执行。

应按照 6.4.2 要求的方法对每个项目(或每轮次调查)收集到的所有数据进行复核。复核应考虑以下方面：

——对所有最新招聘的现场工作人员所参与的第一个项目进行复核；
——对定期使用的现场工作人员的工作进行复核，这需要经常复核他们的工作，但不必每个项目都复核(复核结果将影响今后对他们个人工作的复核频次)。

调查服务提供者使用的、记录现场工作人员工作的文件应有复核说明，包括现场工作人员参与的每个项目及日期。

如果复核中发现了偏差和问题，应从两个层面采取纠正措施：

a） 项目管理层面的措施，如：重新进行访问、进一步复核、对数据进行质量确认等；
b） 现场工作人员层面的措施，如：再培训，今后工作的分配。如果错误严重(如：伪造访问)，则应再检查和复核该现场工作人员最近及现在所做的工作。

6.4.2 复核方法

根据数据收集的不同形式，可采用三种方法进行复核，即检查生成数据的文件(如：问卷、CAI 数据文件)、回访受访者或监控。

对数据记录的检查可配合其他方法一起使用，但在某些形式的数据收集中(如："神秘购物"和零售研究这类观察研究)，对数据记录的检查是唯一可行的复核方式。根据项目的实际情况，数据记录的检查包括数据记录的完整性、是否符合样本或配额要求、回答前后的一致性、将回答和标准数据进行比较或现场工作人员之间互相比较。可以人工或电脑进行检查。检查可以结合其他相关记录(如神秘顾客的购物收据)一同进行。

回访受访者应确认访问或类似访问的调查是否属实，是否按说明进行，可复核访问时长、对关键问题(如人口特征)的回答，及其他和配额相关的影响数据质量的问题。回访受访者可以通过面访、电话、邮件或电子邮件等任何方法进行直接沟通。回访受访者可以是适合所有访问形式的复核方法，特别是对面访，包括定点拦访(可以在调查后立即进行面对面的再联系)。

监控包括使用适当的设备在访问时进行监听或监听访问录音。监听时，访问员和受访者的声音应听得清楚。访问员应知道访问会被监听，但不知道具体监听哪次访问。如果访问使用的是多种语言，则应由熟练掌握相关语言的工作人员进行监听。监听特别适合在设备完备的中心(如电话访问中心)进行的电话访问。

注：如果对面访进行了录音，则面访也可以监听。也可以通过陪访的督导进行现场监听。对CATI和CAPI也可以通过显示访问员何时遇到问题的计算机监测文件或记录文件进行。

6.4.3 复核比例

根据复核类型，复核应至少达到以下比例。复核的比例应根据完成的访问数和复核数进行计算。

如果检查数据记录是唯一可用的复核方法(如，观察研究和零售研究)则应要求进行100%的复核。如果检查数据记录是配合其他方法一起使用的复核方法，则没有具体的比例要求。

对所有通过访问收集数据的项目，无论是否检查了数据记录，都应以回访或监控的方式按下述比例进行复核：

——通过回访方法，复核比例最少应达到访问或调查次数的10%。

——通过监控的方法，复核比例应是访问或调查次数的5%，且对其中每个完整的访问至少要监听75%。

应对执行项目的每位现场工作人员进行复核或监控。

在特殊情况下，可能无法按要求的比例组织监控或回访，或者这样可能被视为违背受访者利益。此情况下，项目记录应予以解释，并说明已采取的其他用来复核数据采集过程的方法，如检查数据记录等。

6.4.4 复核记录

应为每个项目或每一轮次调查的复核准备报告。报告应包括：

——执行复核人员的姓名；

——所用复核方法的描述，根据项目的实际情况，可包括回访复核时的复核内容；

——被复核现场工作人员的身份；

——不符合情况的描述；

——在项目管理和现场工作人员层面采用的或计划采用的纠正措施和预防措施的记录；

——复核比例完成的确认，如总的访问数量和复核的数量。

应既能根据项目或每轮次调查，也能根据现场工作人员的名称检索复核记录。

6.5 定性数据收集

6.5.1 受访者征募

受访者的详细情况及其征募过程都应在征募问卷或类似文件中进行记录，主持人可以获得这些记录。该记录应根据对受访者信息保密的规定(见6.1)作为项目记录加以保留。

注：定性研究中受访者的征募通常是独立于小组座谈或深度访谈的一个阶段。征募一般由现场工作人员而非参与主持讨论的研究人员执行。

6.5.2 征募复核

应采用下述方法对所有征募的受访者进行复核。如果发现不一致的情况应采取措施(见6.4.1)。

如果征募是从电话中心以电话方式进行的，则可用回访或监控(见6.4.2)的方法进行复核。调查服务提供者要掌握合作主动权以防止受访者过多的现象。

进行小组座谈或深度访谈时，应对受访者的身份进行确认。

回访可通过任何方式与受访者进行直接沟通（如：面对面、电话、信件或电子邮件）。如果在小组座谈或深度访谈时进行征募复核，可能会使用自填式问卷或自填式的复核问卷，无论何种问卷，执行复核的人员都不应是当初承担征募工作的征募员。

可在征募和项目开始之间确认受访者，也可在项目进行中确认。

应根据6.4.4的要求准备复核记录。

注：对样本征募进行复核的目的是对受访者的人口特征及其他征募标准进行确认。另外一个目的就是避免出现受访者对项目的参与超出了项目建议书的规定（见5.1.3.3）。

6.5.3 定性研究主持人

执行小组座谈和深度访谈的人员应受过适当培训、技术熟练。

注：6.2对现场工作人员的培训要求不适用于定性研究的主持人。

应对主持人进行项目简介，使他们对项目有充分的准备，包括对讨论大纲中没有明确说明的技术的使用。

执行现场工作前，每位主持人都应根据情况熟悉项目的目标、要解决的问题、提示资料及要使用的具体技术。

主持人应将小组座谈和深度访谈中的缺陷或发现的问题写成书面报告，报告包括下列内容：

——受访者的条件和预期条件的一致性；

——所用场地及其视听设备的合适性；

——小组座谈和深度访谈的招待人员的表现。

如果主持人认为征募的受访者不符合要求，应向调查服务提供者的相应管理层汇报。

6.5.4 定性研究记录及对受访者个人信息的保密

应采用录像或录音等形式对小组座谈或深度访谈进行全面记录，并保留该记录。受访者应知道并同意对访谈过程的录制及其使用（包括第三方的使用）以及对数据的调用（如给客户）。合适的做法可采用受访者书面同意的方法。

记录的使用及调用都将仅限于研究目的。

如果第三方（包括调查服务提供者的客户）要观察小组座谈或深度访谈，应将此告知受访者（见5.3.4），尤其观察是在隐秘的观看区进行，就更应该告知受访者。

应对记录做标识（包括参考其他记录）以方便对项目和受访者以及小组座谈或深度访谈的日期进行识别。

6.6 自填式问卷数据的收集

6.6.1 总则

6.6.2至6.6.5规定的是另外一类数据收集方式，即自填式数据收集。在此方式下，现场工作人员或调查服务提供者的其他人员与受访者没有面对面的交流或电话交流。自填式数据收集方式包括但不限于：

——邮寄调查；如：通过邮件或其他方式进行的调查，调查中纸质问卷会留给受访者，由他们自己完成；

——日记调查；

——电子数据交换（EDI），即直接从公司自己电脑上存储的记录获得数据；

——邮寄电子存储介质，将含有自填式问卷的电子存储介质邮寄给受访者，受访者安装并填写问卷后再寄回给调查服务提供者；

——触键-语音数据录入，受访者的电话可以和电脑连接，受访者通过电话键盘回答电脑提出的问题；

——语音识别录入，受访者对着电话进行问卷回答，电脑通过对回答的复述进行验证；

——借助互联网完成并返回问卷；

——利用互联网进行在线小组访谈或其他在线互动的方法。

网络问卷可由调查服务提供者以电子邮件的方式发给受访者，或是由受访者从调查服务提供者(或其他)的网页上下载。受访者可以是针对某个具体项目而特别征募的样本，也可以是从可访问样本库中抽取的样本。

注1：借助电脑实现自填式数据收集，称作电脑辅助的自我调查(CASI)。CASI通常是CAPI的一部分。当访问员问到敏感问题时，便将电脑转向受访者，由受访者根据书面说明或通过耳机接收说明继续完成访问。

注2：鉴于可以预料到这方面有进一步的迅速发展，有必要对自填式数据收集的要求进行检查和更新。

注3：有关可访问样本库的要求见另外相关标准。

6.6.2 自填式调查或网络调查的抽样

在准备项目建议书、研究设计阶段或向客户报告的阶段，应详细说明所用的抽样方法、对潜在抽样问题的解决，包括样本的代表性和样本的自我选择以及这些方面对数据质量的影响。

如果使用可访问样本库，应对样本库征募的方法及从中挑选受访者的方法，包括对数据的影响做出详细说明。

6.6.3 对受访者的复核

在准备项目建议书或研究设计阶段或向客户报告的阶段，应该详细说明对受访者已经进行的或将要进行的复核方法，包括对通过自填式问卷和互联网进行数据收集所面临的缺少控制这类问题的处理。与抽样一样，还要讨论这些问题对数据质量的影响。

6.6.4 自填式调查问卷的前测

自填式问卷使用前应进行测试，并对测试结果及采取的任何措施进行文件记录。如果相同的问卷以前已进行过大量测试，并有文件记录，且在类似情况下使用过，则测试规模可不必过大。对自填式问卷的填答说明应作为问卷的一部分或调查的辅助资料。

6.6.5 受访者个人信息的保护

对所有通过自填式完成的数据收集，特别是通过互联网进行的自填式数据收集，都应落实有关程序，以确保受访者及其所提供的数据的安全和保密。按照程序，调查服务提供者在进行此类数据收集工作时应考虑所用服务供应商的服务质量。

应向受访者提供安全和保密的承诺，包括将安全和保密声明纳入问卷或相关资料。

受访者在参加项目前应了解相关信息以决定是否参与该项目，包括调查主题、数据收集的总目标及接受调查所需的大致时间(除非这些信息在问卷中是不言而喻的)。如果计划涉及的受访者是儿童，应遵守6.3.3的安全保护规定。

6.7 二手资料的数据收集

如果使用出版物中的资料、数据库等二手数据，则应对其来源、性质和可靠性进行记录。如果在客户报告中使用此数据，也应标注这些数据的来源。

6.8 数据收集记录

应对数据收集的整个阶段进行记录(含计算机文件)，包括事先计划的内容和实际取得的结果。

没有必要将这些记录和其他项目记录分开保管。即,数据收集部门不需专门管理这些记录(可与其他记录统一保管)。

与项目有关的数据收集记录应包括:

——项目所用的所有数据收集资料的复印件,包括问卷和提示资料、现场工作人员对项目的介绍材料、访问配额表格等;
——使用的抽样方法,包括抽样框及其他来源、选择方法、配额等;
——现场工作人员的身份、分配给现场工作人员的工作量及其完成的工作量(如访问数量)和工作类型(如:面访、电话访问、征募);
——对数据收集复核及纠正措施的完整记录(见 6.4.1);
——回答率和渗透水平或与此类似的测量;
——对数据收集计划和实际完成的收集结果之间的差异进行总结,包括样本总量和重要子群的样本量,这些差异及其影响可能需要向客户报告。

如果对访问或小组座谈进行记录,应清楚标明日期和项目名称(项目持续的时长也要有明确记录):

——参与项目的数据收集管理人员的身份;
——本章要求需要的其他项目记录;
——数据收集工作是否全部或部分分包以及相关分包者身份的说明。

7 数据管理和处理

7.1 总则

调查服务提供者应适当地制定程序,以证实数据录入、编码、编校、加权、文件准备和制表的执行都符合本章的要求。实施本标准的这些证据应该处于可获得状态。

7.2 电子数据录入

调查服务提供者应确保 CATI 和 CAPI 及在线项目的数据录入或获取规范符合规定,且是正确无误的。

调查服务提供者应制定并执行电子问卷设计及实施的测试程序。测试类型及涉及到的人员都应有文件记录。

客户对双方商定的电子格式问卷的认可应有文件记录。

如果访问是在若干个地方执行,建议仅有一处可以进行问卷修改、测试和分发。所有修改都应有明确文件记录,并要对问卷版本进行管理。

注:问卷设计见 5.4.1。

7.3 纸质问卷的数据录入

7.3.1 要求说明

录入含有逻辑关系的数据前,对拟采用的内嵌式检查应进行测试并以文件形式记录。采用的测试性质及获得的结果都应有文件记录。因为内嵌式逻辑检查而无法被接受的录入应提交给项目管理者或项目负责人加以解决。对数据所做的任何修改都要有记录。

除非对简单的数据录入有特别规定外,数据录入都应按问卷上的记录如实键入。对数据录入所做的任何说明都应以文件形式保存。

7.3.2 数据录入验证

每个项目、每阶段或每轮次调查的数据录入,都应采用系统的方法按规定的最低比例进行验证。对于含有逻辑关系的数据录入，每个项目需要验证的最低比例是5%。如果是简单的数据录入，最低验证比例是10%。程序应确保采用的系统方法可对每个操作人员的工作进行验证，且录入人员不能充当本人数据录入的验证人员。

在按最低比例验证时，如果发现操作人员的数据录入工作失误频繁，则应对其所执行的项目进行100%的验证或返工。必要时应对该工作人员进行适当再培训直到该操作人员的错误率下降到可接受的范围内。应对再次培训的效果进行评审和记录。

调查服务提供者应对常见错误进行定义并加以记录。

7.4 非录入数据库的准确性

调查服务提供者应通过适当地规定程序，来确保那些不是通过数据录入而建成的数据库的准确性。这包括但不限于通过以下方式建立的数据库：

——扫描；

——电子数据收集，如：互动语音识别调查、在线调查、基于网络的调查；

——电脑辅助调查的数据库；

——将一个数据源或项目的数据输入或合并到另外一个数据源而形成的数据库。

如果采用扫描等方式自动录入数据，则每个项目或阶段都需要进行验证。调查服务提供者应制定并维护程序，对自动数据录入过程的设计和执行进行测试。对使用的测试类型及参加人员都要有文件记录。

如果使用扫描程序进行数据录入，应对拒访率和替代率进行估计。处理拒绝项的方法应有文件记录。

对过高或不能接受的替代率也应有处理程序。

7.5 编码

7.5.1 总则

如果使用自动编码软件，需估计错误率。如果错误率不能接受，则应修改字码库。

7.5.2 制定编码框

调查服务提供者应确保至少对执行项目的编码人员进行以下指导：

——项目的总体介绍；

——对需要编码的问题或变量的识别；

——制定编码框所需使用的最低样本量或最小构成比例(及其构成)；

——当必要或合适时，制定编码框需要进行特定人群分组，如按地区、用户或非用户等；

——确定编码纳入编码框中的指导原则；

——使用以前项目或上阶段调查所用的编码框；

——项目的其他要求或特别说明。

注：对某些变量的编码，调查服务提供者可使用现有的分类标准，如行业、职业和教育分类。

7.5.3 编码框确认

项目管理者或项目执行负责人应在编码工作开始前进行编码框确认，并加以文件记录。编码框确认可以包括对编码的分类处理、缩写、改写、重新编码或删除编码。

如果使用“不知道”和“无答案”等，应将这些回应加以区分。

7.5.4 编码培训

应对编码人员进行编码框的使用培训,如:使他们了解什么应该纳入某个编码、什么应该从某个编码中剔除的规则,以便做出正确决定。

注:因为对开放式问题回答的编码经常是主观的,所以适当的培训非常重要。

7.5.5 更新

编码框获得批准后,随着编码工作的展开,需要变更编码时,应更新所有的编码框,并对已经进行编码的问卷进行相应的修改。

7.5.6 其他分类

调查服务提供者应对如何处理“其他”或是包含所有类别的回答有明确规定或指南。如果“其他”或全选的回答超过了需要编码的回答总数的10%,则应评审问卷的回答,从而减少该组的数量。

7.5.7 编码验证

调查服务提供者对每个项目的编码验证程序应有明确规定。程序应确保有系统的方法,至少可以对每个项目5%的问卷编码进行验证。验证工作应由他人执行。

注:有两个基本的验证方法:非独立验证和独立验证。非独立验证即他人可以获得原编码。独立验证即他人不能获得原编码。执行独立验证时,会将原编码和验证码进行比较,如果有不同,则会进行判定,确定正确的编码。与非独立验证相比,独立验证可以查出更多的错误。

如果某个编码人员工作失误频繁,则应对其所执行的项目进行100%的验证或返工。必要时应对其进行适当再培训直到该人员的错误率下降到可以接受的范围内。应对再次培训的效果进行评审和文件记录。

调查服务提供者应对常见错误进行定义并以文件形式加以记录。

7.6 数据编校

7.6.1 编校数据

应准确记录并保存对原始数据所做的任何修改。在项目管理者不知道或没批准的情况下,不能对任何数据进行插补。和原始数据源进行比较是数据编校程序的第一步。如果进行数据插补,则应记录并在客户要求时向客户提供。所有的编校规范都应文件化。

如果进行技术性编校,则应对技术性编校的逻辑进行文件记录,并进行多轮测试。记录的测试结果要显示技术性编校已经达到了预期的效果。

7.6.2 数据录入预备

如果在数据录入之前进行了人工卷审,则应保证原始回答记录与编校人员分配的代码区分开来。

采用这种编校方法时,应对所用的逻辑和规则进行文件记录,并向从事该项工作的人员介绍他们将要执行的检查类型及相应的纠正措施。

7.7 数据文件的管理

应注重文件的管理以确保:

——文件或文件所含的记录没有重复;

——使用的是最新版本;

——原始数据库和清理后的数据库要明确区分开来;

——数据编校前后进行了频次统计或其他记录以便进行比较。

注：加权步骤的质量说明参见 5.5.1。

7.8 数据分析

7.8.1 数据分析的规范

分析者或研究者应根据项目管理者或项目执行负责人的规定进行数据分析。

7.8.2 分析记录

调查服务提供者应对分析过程进行准确的描述性记录，以确保所有分析过程日后都可再次使用。

7.8.3 数据分析的验证

调查服务提供者应有适当的程序来确保表格和其他输出结果可以得到检查。这些检查至少应验证以下内容：

——完整性，即所有的表格都是按规范制作的；

——对标题或开放式回答的缩写可以准确反映完整的内容；

——对照其他表格或频次统计，确定每个表格的基数是正确的；

——已对照原始问卷检查了分类或分组；

——已对照其来源检查了所有的派生数据项；

——子群的数目及细分类别的结构关系是正确的；

——不存在空白表格(即没有数据的表格)；

——加权，如借助测试表格；

——制表前的频次统计，从而既能确保数据的准确性又能确定子群的基数规模；

——表述和易辨认性；

——统计分析方法是正确且适当的。

之后所有的输出结果都要经过适当的检查。

7.8.4 数据表

如果以单独的数据表向客户报告数据时，无论该数据表是纸质还是电子版，都应根据情况考虑下列问题：

——是否注明数据所属的原始题目的出处；

——是否描述了数据所用的加权方法；

——是否要清楚标明所用的子群；

——提供每个题目的基数情况，以便确定实际回答该题目的受访者的人数；

——回答“不知道”或“无回答”的受访者的数量或比例；

——是否提供加权和未加权的数据；

——是否对数据分析中所用的所有变量做明确完整的定义和解释，包括显著性检验、指数化、评分、量表选择，以及平均数、中位数、众数和标准差的计算；

——统计测试；

——为保密而采取的单元格隐藏及其他措施；

——因样本量不足导致结论不可靠的警告。

7.9 电子数据交付

如果数据是以电子形式直接交付给客户，在数据交付前，应对下列各项进行检查：

——文件格式是否与客户商定的软件规格兼容；
——完整性，即文件及文件中每项记录的正确编号；
——根据情况，对数据文件做结构性描述；
——根据情况，对文件内容进行标注，并对使用限制做说明；
——根据要求对文件进行加密；
——文件中没有病毒。

7.10 数据的备份、保留和安全

应安全存放所有数据以防止不当使用、损害或意外损失。

调查服务提供者应确保所有数据都是根据相关法律法规、专业守则及与客户商谈的协议进行保存的。

数据处理和分析所用的数据包括但不限于：
——原始数据文件；
——其他电子文件；
——纸质问卷和演示材料；
——编码框；
——包含项目管理信息的项目文件；
——电子邮件及其他往来信件。

调查服务提供者应制定并维护有关程序，以确保数据处理的计算机文件可清楚地识别。

如果在格式、内容或布局上对原有数据进行了编校、清理、重新编码或改变，则应保留原始数据、最终数据和程序文件（至少是改变数据的文件），以便能轻松地重新构建最终的数据库。

主要数据处理完成后可能还需要进行追加分析，此类追加分析应符合本标准对数据处理的要求。

如果需要发布表格或数据，则应落实有关程序以最大限度保护受访者的个人信息。

8 项目研究报告

8.1 总则

向客户报告项目结果时，应向客户声明项目的执行符合本标准。

8.2 定量研究

定量研究中，应至少在项目报告中对下列各项进行详细说明以便读者了解研究项目的执行方法及研究结果的意义：
——客户名称；
——调查服务提供者的名称；
——研究目标；
——研究对象；
——实际的样本规模及设计的样本规模，如果二者有差别，且该差别对研究有影响，则要对未能达到设计样本规模的原因进行说明；
——现场工作日期；
——抽样方法，包括选择受访者的程序；
——数据收集方法；
——若是概率抽样，说明回答率（如果是）及其定义和计算方法；
——若使用酬谢，说明酬谢类型；

——若需要访问员，说明访问员的数量；
——若需要复核访问员的身份，需说明确认方法；
——问卷、任何直观演示材料或显示卡，及其他相关的数据收集文件；
——项目中使用的文件、资料或产品（如果使用）；
——若进行加权，说明加权程序；
——若进行预测和数据模拟，说明预测及数据模拟的程序；
——结论的可信度，包括（使用概率抽样方法时）对抽样方差、非抽样误差或有关指标的估计；
——基于子群的结论以及进行子群分析时所使用的个案数量。

8.3 定性研究

如果执行定性研究，在项目研究报告中应包括以下细节：
——客户名称；
——调查服务提供者的名称；
——研究目标；
——研究对象；
——被访者的人数或被调查的小组及小组成员的数量；
——现场工作日期；
——现场工作方法，如：访问、小组座谈；
——征募方法；
——若使用酬谢，说明酬谢类型；
——若需要访问员或主持人，说明访问员或主持人的数量；
——若需要复核访问员或主持人的身份，需说明复核方法；
——文件、材料或产品（如果使用）；
——访问或讨论指南；
——声明，即因为样本选择、访问方法和样本规模的限制，定性研究的结果不能推及总体。

参考文献

［1］ ICC/ESOMAR 市场和社会调查的国际准则.1995.

［2］ WAPOR 职业道德及行为准则.2003.

［3］ ISI 职业道德声明.1985.

［4］ GB/T 19000—2008 质量管理体系 基础和术语

ICS 03.100.01
A 02

中华人民共和国国家标准

GB/T 26317—2010

公司治理风险管理指南

Guidelines for corporate governance risk management

2011-01-14 发布 2011-05-01 实施

中华人民共和国国家质量监督检验检疫总局
中国国家标准化管理委员会 发布

前　言

本标准在GB/T 24353—2009《风险管理　原则与实施指南》的指导下，参考了《OECD公司治理原则》、英国标准协会BSPD6668：2000《公司治理中的风险管理》等标准的技术内容。

本标准的附录A为资料性附录。

本标准由全国风险管理标准化技术委员会(SAC/TC 310)提出并归口。

本标准起草单位：中国标准化研究院、深圳标准技术研究院、中国矿业大学(北京)、第一会达风险管理科技有限公司、中国人民大学、中国科学院科技政策与管理科学研究所、北京理工大学、北京大学。

本标准主要起草人：杨颖、宁云才、吕多加、刘凤娟、高晓红、汤万金、崔艳武、赵涛、陈忠阳、李建平、刘铁忠、刘新立、王旭、郭凯。

引　言

公司治理是现代企业制度建设的核心，是影响企业竞争力和促进企业发展的决定性因素。良好的公司治理有利于降低公司的代理成本和融资成本，提高公司价值，它对公司长期目标的实现以及资本市场的发展等都有重要影响。因此，随着市场化的深入和经济的发展，识别并加强公司治理风险管理，对于完善公司运营及监管制度，明确利益相关者的责、权、利，培养公司治理风险意识，防范公司违法经营，非公允关联交易、内部交易以及资本市场的违规行为等尤为必要。

通过明确公司治理风险的环境信息，运用系统的方法和工具对其进行识别、分析、评价和应对，公司就能够有效地管理公司治理过程中出现的风险，并确定必要的控制水平。所以公司可结合自身的特点和风险管理目标来进行公司治理风险管理，以协调公司与所有利益相关者之间的关系，使得利益相关者之间的利益达到均衡，保证公司经营的持续稳定发展。

公司治理风险管理指南

1 范围

本标准给出了公司治理风险管理的通用指南，包括公司治理风险管理的步骤，以及识别、分析、评价和应对公司治理风险的方法和工具。

本标准适用于公司治理风险管理，它用于支持公司治理的活动和决策，管理者可以按照本标准审查其现有的公司治理风险管理的实务和过程。

本标准适用于依照《中华人民共和国公司法》设立的公司，标准中阐述的理念、原则与方法可以为其他依法设立的企业、协会、社会团体等组织提供参考。

2 规范性引用文件

下列文件中的条款通过本标准的引用而成为本标准的条款。凡是注日期的引用文件，其随后所有的修改单(不包括勘误的内容)或修订版均不适用于本标准，然而鼓励根据本标准达成协议的各方研究是否可使用这些文件的最新版本。凡是不注明日期的引用文件，其最新版本适用于本标准。

GB/T 23694—2009 风险管理 术语

GB/T 24353—2009 风险管理 原则与实施指南

3 术语和定义

GB/T 23694—2009 中界定的以及下列术语和定义适用于本标准。

3.1

公司治理 corporate governance

协调公司利益相关者之间关系的一种制度安排。

注 1：公司治理中，利益相关者主要包括股东、董事会、监事会、经理层、员工、债权人、客户、供应商和监管机构等。

注 2：制度安排是指在公司治理领域内约束利益相关者行为的一组规则，它支配利益相关者之间可能采取合作与竞争的方式以确保实现自己的利益目标。

注 3：公司治理的目标是为了确保公司的正确决策，实现利益相关者之间的利益均衡，提高公司的绩效，确保公司经营的可持续发展。

3.2

公司治理风险 corporate governance risk management

公司治理制度设计不合理或运行机制不健全，以及与公司治理相关的内外部环境的变化对公司治理目标实现产生的影响。

4 公司治理风险管理原则

有效的公司治理风险管理除了要遵守 GB/T 24353—2009 中规定的一般原则外，结合公司治理风险管理的特点，还需遵循下列原则：

a) 确保合规

公司应遵循与公司治理有关的法律法规，防止因违规而可能造成的法律制裁或监管处罚、重大财务损失或声誉损失等。

b) 权力制衡

在公司治理风险管理过程中，应明确董事会、监事会、经理层以及其他利益相关者的责、权、利，明确规定不相容职责的分离，通过有效的权力制衡，防止一部分利益相关者的利益受到非法或不合理侵犯，确保有效实现所有利益相关者的利益均衡。

c) 信息沟通

公司的利益相关者之间应进行持续、双向、充分和及时的沟通，尤其是公司要保证依法、及时、准确地披露公司所有重要事务的信息，包括公司目标、财务状况、重大战略决策、绩效、所有权、关联交易和内部交易等重大风险事件以及公司治理风险管理有效性方面的信息。

d) 持续改进

公司治理风险管理是适应环境变化的动态过程，要持续关注内外部环境变化对公司治理的影响以及公司治理风险管理方案执行情况，通过绩效测量、检查和调整等手段，使公司治理风险管理得到稳定改善。

5 公司治理风险管理的过程

5.1 概述

公司治理风险管理过程由5.2到5.5所描述的活动组成，即：明确公司治理环境信息、风险评估、风险应对以及监督和检查，如图1所示。

沟通和记录非常重要，应贯穿于风险管理过程的各项活动中，5.6将对沟通和记录进行详细说明。

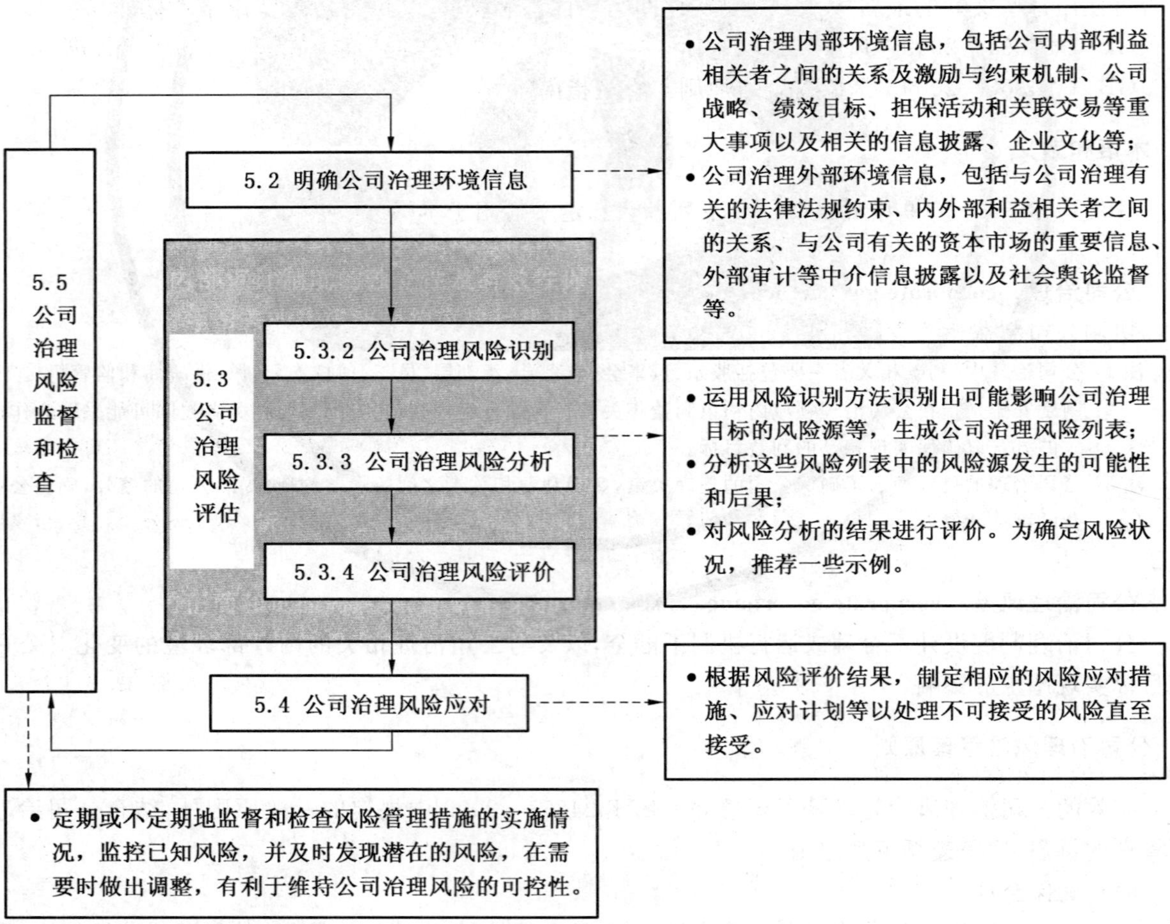

注：实线箭头表示过程，虚线箭头表示解释。

图1 公司治理风险管理过程

5.2 明确公司治理环境信息

公司进行公司治理风险管理时，首先要明确公司治理的内、外部环境信息。

a) 公司治理的内部环境信息可包括但不限于：

——股权结构、董事会、监事会和经理层的结构及其议事规则；

——股东、董事会、监事会、经理层和员工等内部利益相关者之间的关系；

——公司战略、绩效目标；

——股权结构变更、董事会和监事会变更、经理层变动、重大交易等重要事项的历史信息；

——公司各级人员的激励约束机制；

——关联交易、内部交易以及担保活动等重大活动的披露制度和控制程度；

——公司财务信息的披露报告；

——监督检查机制，如监事会以及其他具有监督检查职能的人员或部门的监督检查记录、内部审计、反舞弊机制、投诉和举报人保护制度等；

——现有的公司治理风险管理政策及方案；

——内部利益相关者的利益诉求、价值观及风险偏好；

——企业文化等。

b) 公司治理的外部环境信息可包括但不限于：

——与公司治理有关的法律法规约束；

——政府及市场监管环境；

——公司外部利益相关者的利益诉求、价值观及风险偏好；

——内外部利益相关者之间的关系；

——与本公司有关的控制权市场接管、合并、收购以及重组等信息；

——外部审计、律师等中介机构的信息披露；

——社会公众舆论及媒体监督机制；

——国际的、国内的、地区的和本地的经济、政治、文化等其他相关环境。

5.3 公司治理风险评估

5.3.1 概述

公司治理风险的评估包括风险识别、风险分析和风险评价三个步骤。

5.3.2 公司治理风险识别

5.3.2.1 公司治理风险的识别方法

公司治理风险的识别是指采用适当的风险识别方法和工具，通过识别可能影响公司治理目标的风险源、影响范围、事件及其原因和潜在的后果等，生成公司治理风险列表。

公司治理风险识别的方法，可以考虑但不限于：

——标杆分析法(benchmarking)：关注并跟踪外部环境，将公司治理的各项活动与具有良好治理绩效的公司或与公司治理相关的法律法规以及监管制度等进行对比、分析，识别出公司治理潜在风险。

——问卷调查表：依据公司治理的风险管理目标，确定相应的治理风险因素，按照类别形成表格，以向相关人员发放，获得有关公司治理风险的重要信息。

——检查表法：对本公司治理可能面临的许多潜在风险列于一个表上，供风险识别人员进行检查核对，用来判别公司治理是否存在表中所列或类似的风险。

——流程图分析法：通过对公司治理相关流程的分析，可以发现和识别公司治理各个环节存在的风险及其起因和影响。

——组织结构图分析法：通过对与公司治理相关的组织结构图的分析，发现可能产生风险的组织层级，以识别出风险。

——历史事件分析法：分析曾经发生的对公司治理目标造成一定影响的历史事件，进一步剖析导致事件发生的相关风险。

——头脑风暴法：以公司治理风险管理的目标为中心，营造一个自由的会议环境，使与会者畅所欲言，充分交流有关公司治理的相关风险的看法，产生出大量公司治理风险管理方面的意见，作为进一步分析的基础。

——财务报表分析法：通过对公司的资产负债表、损益表、现金流量表、营业报告书等有关资料的分析来识别和发现与公司治理有关的风险。

——故障树分析法：从要分析的公司治理的特定事件或问题开始层层分析其发生原因，一直分析到不能再分解为止，以获得引起公司治理风险的风险源或事件。

——情景分析法：通过有关数字、图表、曲线、想象、推测等方法对公司治理环境进行研究，对未来可能出现的多种风险状况进行预测，从而识别出引起公司治理风险的关键因素及其影响程度。

在公司治理风险识别中，这些方法一般都不是单独使用，而是几种方法结合起来使用，以便更好地进行风险识别。

5.3.2.2 公司治理风险识别的范围

公司治理风险识别，可以考虑但不限于以下方面：

——公司内部利益相关者的利益保障以及监督实施机制。包括股东权益的保障机制；控股股东与其他利益相关者的制衡机制；控股股东的行为约束利益分配监督机制；依法保证所有股东获得平等待遇的监督机制；董事会、监事会、经理层之间的责权利分配监督实施机制和激励约束机制；监事会对公司相关人员和业务的监督职能执行机制；经理层和员工之间的监督管理机制的实施和保证机制；公司企业文化的渗透以及监督机制等。

——公司外部利益相关者的利益保证和监督机制。包括上下游产品市场链条的利益制衡监督和协调机制；机构投资者、债权人等资本市场的运作机制和风险监管制度；公司的社会责任承担机制。

——信息披露和透明度的执行监督机制。包括公司目标、绩效目标、经理层的薪酬政策、重大关联交易、内部交易、担保活动、交叉持股、并购、合并以及重组等重要信息的披露制度执行保证机制；公司战略实施以及部门职能执行的保障监督制度；准确、及时、公正报告公司财务信息的保障机制；内部审计制度的独立性及有效性保障机制；所有利益相关者的激励约束机制等。

——与公司治理相关的法律法规约束执行机制。包括与公司治理内容有关的国际、国内的公司法、证券法、会计法、监管法规，社会舆论监督机制以及确保公司内外部利益协调的其他相关法律法规等。

从公司内部利益相关者、公司外部利益相关者、信息披露和透明度以及与公司治理有关的法律法规约束等四个方面，附录A给出了公司治理风险识别的示例。

5.3.3 公司治理风险分析

公司治理风险分析是对识别出的公司治理风险，考虑发生风险的原因和风险源、风险事件发生的可能性及风险事件的正面和负面的后果、影响后果和可能性的因素、不同风险及其风险源的相互关系，还要考虑现有的管理措施及其效果和效率，以及公司治理风险的其他特性，并对其进行定性和定量分析，为风险评价和风险应对提供支持。

在公司治理风险分析中，应考虑公司的风险承受度及其对前提和假设的敏感性，并适时与公司的决策者以及其他利益相关者有效地沟通。另外，还要考虑可能存在的重要参与人的观点的分歧及数据和模型的局限性。

公司治理风险发生的可能性和后果可采用定性、半定量、定量或以上方法的组合的方式，通过专家意见确定，或通过对事件或事件组合的结果建模确定，也可通过对调查分析或实验研究可获得的数据的推导确定。对后果的描述可以表达为有形或无形的影响，如所有股东的基本权利得到有效保障或公司声誉的提升。在某些情况下，可能需要多个指标来确切描述不同时间、地点、类别或情形的后果。

公司治理风险事件发生的可能性和后果，可以系统化和结构化地根据专家意见得出；也可以利用相关历史数据来识别那些在过去发生的事件或情况，借此推断出它们在未来发生的可能性；还可以利用故障树和事件树等方法来预测。

表1给出了公司治理风险事件发生的可能性评价的一种示例。

表 1　公司治理风险的可能性评价示例

等级	风险事件发生的可能性	备　注
1	很小	风险事件几乎不会发生
2	不太可能	风险事件很少发生
3	可能	风险事件在某些情况下发生
4	很可能	风险事件在较多情况下发生
5	基本确定	风险事件几乎肯定会发生或常常发生

表2是根据上述方法和角度得出的公司治理风险事件后果的一种示例。

表 2　公司治理风险影响或后果示例

后果等级		确定公司治理风险的影响或后果	
		绩效以及利益均衡	备　注
1	极低	极小或没有影响，正面绩效很好，利益均衡效果很好	对关键职责、目标和绩效标准以及利益相关者的利益影响极小或没有影响，所以关键职责完成得很好，达成的目标比预期要好，出现了高水平的绩效，利益分配很合理，极少出现利益倾斜
2	低	影响较小，但会降低正面绩效表现，利益均衡能够维持	对关键职责、目标和绩效标准以及利益相关者的利益有较小影响，但是能够较好地完成关键职责，达成目标，实现绩效标准，利益相关者的利益能够达到均衡，只是偶尔会出现利益倾斜
3	中	影响一般，但会大大降低正面绩效表现，从一定程度上，利益均衡有些被破坏	对关键职责、目标和绩效标准以及利益相关者的利益有一定程度的影响。关键职责基本完成，目标基本达成，绩效标准也基本实现，利益均衡有些被破坏，存在利益倾斜问题，但是并不能或偶尔引发利益相关者的冲突
4	高	影响较大，会导致无正面绩效表现，利益均衡破坏较严重	对关键职责、目标和绩效标准以及利益相关者的利益有较大影响。关键职责完成得不太好，有些目标没有达成，有些绩效标准也没有实现，利益均衡受到较严重的破坏，从较大程度上引发利益相关者之间的利益冲突
5	极高	影响很大，绩效很差，利益均衡受到极大破坏	对关键职责、目标和绩效标准以及利益相关者的利益影响重大。关键职责没有完成，目标没有达成，绩效标准也没有实现，利益均衡受到特别大的破坏，引发利益相关者之间的利益冲突很严重

公司治理风险发生的可能性和后果，可通过一个公司治理风险评估矩阵表示出来，如表3所示。

表 3　公司治理风险评估矩阵过程示例

可能性等级	后果等级 极低 1	 低 2	 中 3	 高 4	 极高 5
基本确定　5	5(5×1)	10(5×2)	15(5×3)	20(5×4)	25(5×5)
很可能　4	4(4×1)	8(4×2)	12(4×3)	16(4×4)	20(4×5)
有可能　3	3(3×1)	6(3×2)	9(3×3)	12(3×4)	15(3×5)
不太可能　2	2(2×1)	4(2×2)	6(2×3)	8(2×4)	10(2×5)
很小　1	1(1×1)	2(1×2)	3(1×3)	4(1×4)	5(1×5)

在公司治理风险分析的实际应用中，要将根据表 1 和表 2 得到的公司治理风险事件发生的可能性和后果与表 3 相对照，确定此风险事件的相应分值。

5.3.4 公司治理风险评价

公司治理风险评价是指将风险分析所确定的结果与公司治理风险管理准则比较，或者在各种风险的分析结果之间进行比较，确定风险等级，并结合公司管理层的风险偏好或者风险态度，做出风险应对的决策。

在对公司治理风险事件进行评价时，首先要根据公司治理风险分析得出的结果——分值，与表 4 对照，找到对应风险事件的风险区域；或者根据分值，与表 5 对照，获得风险事件的相应风险等级。以便根据风险区域或者风险等级做出对风险事件的应对策略。

根据表 3 的风险评估矩阵，公司治理风险等级分类如表 5 所示：

表 4 公司治理风险评估矩阵示例

可能性等级		后果等级				
		极低 1	低 2	中 3	高 4	极高 5
基本确定	5	5	10	15	20	25
很可能	4	4	8	12	16	20
有可能	3	3	6	9	12	15
不太可能	2	2	4	6	8	10
很小	1	1	2	3	4	5

在公司治理风险评估矩阵中，红色的颜色区域代表公司治理风险问题很严重，属于高危区。黄色的颜色区域代表公司治理风险问题其次，绿色的颜色区域代表公司治理风险问题要轻一些甚至有些可以忽略，具体如何看待要根据每个公司的具体情况而定。

表 5 给出了公司治理风险等级划分的一种示例。

表 5 公司治理风险等级表示例

风险等级	分值	备　　注
低度	1～2	风险很小，日常工作中极少关注或忽略
较低	3～4	风险较小，日常工作中偶尔关注
中度	5～10	一般风险，需要引起一般关注
高度	12～16	风险较大，需要引起高度关注
很高	20～25	风险很大，需要引起极大关注

对识别出的每一个公司治理风险事件进行风险分析和风险评价，并通过逐级加权，即可获得相应的风险等级。

公司治理风险评价的结果应满足公司治理风险应对的需要，否则，应做进一步分析。有时，根据已经制定的公司治理风险准则，公司治理风险评价使公司做出维持现有的公司治理风险应对措施，不采取其他新的措施的决定。

5.4 公司治理风险应对

5.4.1 概述

公司治理风险应对是根据公司治理风险评价的结果，对需要应对的风险，选择并执行一种或多种改变公司治理风险事件发生的可能性或后果的措施。公司治理风险应对决策应当考虑各种环境信息，包括内外部利益相关者的利益诉求、风险承受度、绩效目标以及法律、法规和其他方面的要求等。

风险应对策略包括风险规避、风险优化、风险转移和风险自留等。公司应根据风险应对策略，制定适当的应对措施。

公司治理风险应对措施的制定和实施是一个递进的过程，包括：

——根据评估得到的公司治理风险等级，制定相应风险应对措施；

——实施风险应对措施后，应评估剩余风险是否可以承受；

——如果剩余风险不可承受，应调整或制定新的风险应对措施；

——实施新的风险应对措施；

——评估新的风险应对措施的效果，直到剩余风险可以承受。

执行公司治理风险应对措施会引起公司治理风险的改变，需要跟踪、监督和了解风险应对的效果和公司治理的有关环境信息，并对变化的风险进行评估，必要时重新制定公司治理风险应对措施。

表6是公司治理风险应对的一个示例。

表6　公司治理风险应对示例

风险等级	备　　注
低度	风险很小，不采取额外的应对措施，可能定期的风险监控措施即可
较低	风险较小，只需要根据风险状况采取常规的风险监控措施
中度	属于一般风险，是否采取额外的风险应对措施当视具体情况而定，但需采取定期的积极的风险监控措施，防止突发风险事件影响公司可持续发展
高度	风险较大，需要对风险进行持续的监控，采取积极的措施，以降低风险或转移风险
很高	风险很大，需要立即采取措施将风险降低到可接受的程度

5.4.2　选择风险应对措施

公司治理风险的具体应对措施可包括但不限于：

——建立完善的定期公司治理风险报告制度，重大风险要及时报告；

——加强公司治理的制度建设；

——明确公司从董事会、监事会、经理层到每个员工的责、权、利的分配；

——各种奖惩制度的完善；

——内部审计制度的建立；

——完善信息披露制度，特别是财务信息的及时准确披露；

——选择具有公信力的外部审计和律师等中介机构；

——防止过度担保行为的发生；

——防止非公允关联交易、内部交易的出现；

——逐步建立公司治理风险管理文化；

——及时制止其他违规行为等。

公司治理风险应对措施在实施过程中可能会失灵或无效。因此，要把监督作为公司治理风险应对措施的实施计划的有机组成部分，以保证应对措施持续有效。

公司治理风险应对措施可能引起公司治理次生风险，对公司治理次生风险也需要评估、应对、监督和检查。在原有的公司治理风险应对计划中要加入这些公司治理次生风险的内容，而不应将其作为新的公司治理风险而独立对待。为此，需要识别并检查原有公司治理风险与公司治理次生风险之间的联系。当公司治理风险应对措施影响到公司其他方面的风险或影响到其他利益相关者时，要评估这些影响，并与有关利益相关者沟通，必要时调整公司治理风险应对措施。

公司治理风险的决策者和其他利益相关者应当清楚在采取公司治理风险应对措施后剩余风险的性质和程度。

5.4.3 制定公司治理风险应对计划

确定公司治理风险应对措施之后，需要制定相应的公司治理风险应对计划，而且公司治理风险应对计划要与公司治理的管理过程相融合。公司治理风险应对计划中应包括但不限于以下信息：

——公司治理风险应对的范围；

——公司治理风险应对方案的选定；

——公司治理风险应对的实施安排，包括预选方案的优先顺序；

——公司治理风险应对中评价指标的确定及其考核方法；

——实施公司治理风险应对措施后的预期效果；

——公司治理风险应对计划的制定人、负责人、审核人、批准人和执行人；

——公司治理风险应对的报告和监督、检查的要求；

——公司治理风险应对的资源需求，包括应急机制的资源需求；

——执行时间表等。

5.5 公司治理风险监督和检查

监督和检查是公司治理风险管理过程中重要的组成部分，贯穿于整个过程之中。公司应根据公司治理风险管理应对措施、应对计划以及引起公司治理风险的内外部环境的变化，明确界定公司治理风险管理流程中相应的监督和检查的责任，并且应适时监督和检查公司治理风险管理运行的情况的有效性，以便持续改进公司治理风险管理。监督和检查的内容可包括但不限于：

——跟踪了解在不采取新措施的情况下可以接受的风险后果；

——监测、分析公司治理风险因素的变化、发展趋势；

——发现公司治理内部和外部环境信息的变化，包括与公司治理有关的法律法规变更、股权结构和董事会以及其他管理层的人员变动、公司章程的变更、公司战略的方向改变、非公允关联交易和重组等重大事项的变化、债权人的变更、机构投资人投资战略变化等；

——监督并记录公司治理风险应对措施实施后的剩余风险，评估其影响程度，以便在适当时做进一步处理；

——对照公司治理风险应对计划，检查工作进度与计划的偏差并定期报告，保证公司治理风险应对措施的设计和执行有效；

——实施公司治理风险管理绩效评估等；

——发现新的公司治理风险，在需要时根据情况做相应处理。

监督和检查活动包括常规检查、监控已知的风险、定期或不定期检查。定期或不定期检查都应被列入公司治理风险应对计划。应真实公正地记录监督和检查的结果，并适时对内或对外报告，以保证公司的利益相关者及时了解公司治理风险管理的执行情况，确保公司治理风险管理的有效性和持续性。

5.6 沟通和记录

5.6.1 沟通

公司在公司治理风险管理过程的每一个阶段都应当与内部和外部利益相关者有效沟通和协商，以保证公司利益相关者能够理解公司治理风险管理决策的依据，以及需要采取某些行动的原因。

沟通的内容可包括但不限于：

——公司治理的内外部环境信息；

——与公司治理有关的重大事项；

——公司治理的重大风险情况；

——利益相关者的利益诉求和风险偏好；

——公司治理风险识别、分析、评价的情况；

——公司治理风险应对措施、应对计划的原因、依据及预期效果等。

5.6.2 记录

在公司治理风险管理过程中，要把与公司治理风险管理有关的事项进行记录，它是实施和改进整个公司治理风险管理过程的基础。

公司治理风险管理的记录的目的包括但不限于：

——信息重复使用的需要；

——进一步分析公司治理风险和调整公司治理风险应对措施、应对计划的需要；

——公司治理风险管理活动的可追溯要求；

——沟通的需要；

——法律、法规和操作上对记录的需要；

——公司治理本身持续提高和改善的需要等。

公司治理风险管理的记录内容包括但不限于：

——公司治理结构的基本信息；

——与公司治理有关的股东大会、董事会、监事会等决议以及相关职能部门的会议内容；

——与公司治理有关的重大事项信息，如关联交易、内部交易、交叉持股、交叉担保、并购、重组等；

——与公司治理有关的公司目标、公司战略、绩效目标、风险管理策略、财务信息以及审计信息等重要信息；

——公司治理风险的识别、分析和评价的方法及结果；

——公司治理风险的应对措施，应对计划及取得的效果；

——监督和检查的相关内容；

——利益相关者之间的沟通信息等。

6 公司治理风险管理的实施

6.1 概述

为保证公司治理风险管理过程的有效实施，需要建立公司治理组织结构职能、工作程序、资源配置、信息沟通机制以及相关的技术手段和基础设施，并将其贯穿到公司治理的各个层次和各种活动之中，在实践中持续改进和提高。

6.2 公司治理风险管理政策

公司治理风险管理政策应明确下列事项但不限于：

——公司治理风险管理理念；

——公司治理风险管理政策与公司的目标及其他政策之间的关系；

——公司治理的风险管理目标；

——公司治理风险管理的职责分配；

——管理公司治理风险的程序和方法；

——公司治理风险管理的资源配置；

——测量和报告公司治理风险管理绩效的方式；

——建立公司治理风险管理的计划；

——持续改进的承诺等。

公司应就公司治理风险管理政策同内部和外部利益相关者进行充分沟通和协调。

6.3 公司治理风险管理工作程序

公司应当设计适当的制度和行为规范，建立公司治理风险管理工作程序，特别是整个公司层面的公司治理风险管理计划，以保证公司治理风险管理嵌入到公司治理的所有活动和过程之中，尤其是公司治理的战略规划、运营过程以及变革管理之中。

6.4 公司治理风险管理相关组织职能

公司治理风险管理组织机构，如股东(大)会、董事会、总经理、监事会以及相关职能部门在公司治理风险管理的过程中都应承担各自的职责。

公司治理风险管理的组织结构为公司治理活动提供计划、执行、控制和监督职能的整体框架。它界定了与公司治理相关的各级部门和人员的职责和责任的关键范围，规范了授权制度，确立了报告的途径，并且根据公司治理的规模和活动的性质来做相应调整，从而使得公司治理风险管理更加有效。

公司可通过但不限于以下方法保证公司治理风险管理的责任认定和授权，从而能够执行公司治理风险管理过程，并保证公司治理风险管理的充分性和有效性：

——明确公司治理风险管理方案的制定、实施、监督和维护等人员的职责；

——明确执行公司治理风险应对措施、应对计划、维护公司治理风险管理政策和报告相关风险信息等人员的职责；

——建立批准、授权制度以及监督和检查制度；

——建立绩效测量及相应适度的奖励、惩罚制度；

——建立内外部利益相关者之间的沟通协调机制；

——建立对内对外的报告机制等。

6.5 公司治理风险管理的资源配置

公司应根据公司治理风险管理计划，制定可行的方法，恰当地为公司治理风险管理分配所需资源。具体应考虑但不限于下列各项：

——影响到公司控制风险和编制相关文件的内部方案；

——与公司治理风险管理相关的历史信息；

——公司治理风险管理相关的人员、技术、经验和能力要求；

——公司治理风险管理过程每一阶段所需要的资金及各种资源；

——与公司治理风险有关的国际国内的法律法规及标准。

6.6 公司治理风险管理的沟通和报告机制

6.6.1 建立内部信息沟通和报告机制

公司要建立公司治理风险管理的内部沟通和报告机制，以保证：

——公司治理风险管理的关键组成部分及其调整得到适当有效的沟通；

——在公司内部的利益相关者之间充分报告公司治理风险应对措施和应对计划实施的效果和效率；

——在适当的层次和时机提供公司治理风险管理的相关信息；

——建立与内部利益相关者协商的程序。

内部沟通和报告机制还包括在考虑到公司治理本身特点的基础上，适当整合从各内部渠道得到的风险信息的程序。

6.6.2 建立外部信息沟通和报告机制

公司需建立与外部利益相关者沟通的机制，以保证：

——公司的对外报告符合法律、法规和公司治理要求；

——公司与外部利益相关者保持有效的信息沟通；

——在外部利益相关者中建立对公司的信心；

——在发生突发事件、危机和紧急状况时与外部利益相关者沟通；

——为公司提供外部利益相关者的报告和反馈。

公司治理风险管理信息的沟通和报告机制要考虑与其他风险信息报送的衔接关系，以保证相关部门信息的互动有效及时准确地沟通，有助于对风险信息的整合，提高工作效率。

附　录　A
（资料性附录）
公司治理风险识别示例

表 A.1 为公司治理风险识别示例。

表 A.1　公司治理风险识别示例

一级风险要素	二级风险要素	三级风险要素	四级风险要素	备注
公司内部利益相关者	股东	股东权利	所有权登记办法	
			股份转让权	
			任免各级管理层的权利	
			公司重大信息知情权和参与决策权	
			公司剩余财产分配权	
			公司重整申请权	
			公司控制权的相关信息	
			对公司经营的建议与质询权	
		股权结构	国有股持股比例	
			机构投资者持股比例	
			经理层持股比例	
			员工持股比例	
			流通股比例	
			控制权与现金流权偏离系数	
			前三大股东持股比例	
			交叉持股比例	
		股东大会	累计投票制实施状况	
			股东表决权回避制度实施情况	
			年度股东大会出席股份占总股份比例	
			股东大会召开次数	
			关联股东表决回避率	
			股东大会决议	
		平等对待股东	同类同级的所有股东的同等待遇	
			内部交易以及自我交易	
			董事和其他相关管理层卷入特定交易或事务的决策	
		……	……	

表 A.1（续）

一级风险要素	二级风险要素	三级风险要素	四级风险要素	备注
公司内部利益相关者	董事会	董事会构成	执行董事比例	
			独立非执行董事比例	
			控股股东提名董事比例	
			员工代表比例	
		董事会运作	专业委员会完备性	
			董事会议事规则	
			独立董事会发表意见的质量	
			员工代表发言的质量	
			董事会议召开次数	
			董事会记录	
		胜任能力	董事兼职率	
			董事高级职称所占比例	
			独立董事的资质	
			员工代表的独立性以及本身资质	
			董事责任	
			董事会责任	
		董事激励与约束	董事长以及独立董事的薪酬水平以及处罚	
		……	……	
	经理层	经理层激励与约束	经理层薪酬水平与处罚	
			经理层薪酬与公司业绩的相关度	
			经理层持股比例	
			经理层在任期内股份的可转让性	
		任免制度	董事长与总经理是否兼职	
			总经理的选聘方式	
			经理层责任	
			离任审计	
		执行保障	经理层董事人数占董事会总数比例	
			高管层为董事会提供信息的性质和渠道	
		……	……	
	监事会	监事会构成	股东代表比例	
			员工代表比例	
			非公司监事比例	
			内部审计代表比例	

表 A.1（续）

一级风险要素	二级风险要素	三级风险要素	四级风险要素	备注
公司内部利益相关者	监事会	监事会运作	定期监督审查	
			近三年监事会议召开次数	
			近三年来行使监督权的有效性	
			内、外部审计的独立性	
			公司治理实施的监督	
			对管理层和员工的责权利分配的监督	
		监事胜任能力	监事的品行	
			监事的专业知识水平	
			监事的独立性	
			监事责任	
			监事会责任	
		监事激励与约束	监事主席及非公司监事的薪酬水平与处罚	
		……	……	
	员工	员工的激励与约束	员工薪酬水平	
			员工奖惩措施与公司业绩的相关度	
			员工持股比例	
		上岗制度	员工责任	
			员工的素养	
			员工的选聘方式	
			员工的培训	
		参与公司治理	定期提交公司发展建议情况	
			参与决策层的决策程度	
		……	……	
公司外部利益相关者	生产要素市场	销售市场	产品寿命周期、产品的研制开发、品质与消费市场的相合度	
			与客户的沟通	
			横向竞争者	
		供应商市场	供应商的产品品质	
			供应商素质	
		……	……	
	债权人市场	债权人权利	公司债券	
			债权人参与公司治理的程度	
			债权人剩余索取权	
		执行能力	民事权利保障	
			公司对债权人的义务	
			债权人的综合素质	
		……	……	

表 A.1（续）

一级风险要素	二级风险要素	三级风险要素	四级风险要素	备注
公司外部利益相关者	控制权市场	内部控制权市场	内部股权收购	
			关联交易	
			股东股份比例	
			重组	
			经理层的不对称信息管理	
		外部控制权市场	机构投资者	
			股票、期权收购以及要约收购、接管、兼并等并购	
			合并	
		……	……	
	信用中介市场	中介机构的内在因素	中介机构发言的独立性	
			中介机构职员的职业素质	
			披露信息的质量	
			中介机构的责任	
		中介市场的外在因素	权力执行保障	
			市场环境	
		……	……	
	社区环境	社区环境	社区文化与公司文化的相容性	
			社区政治环境	
			社区经济环境	
		……	……	
信息披露和透明度	信息披露和透明度	营运能力	公司治理结构和绩效以及政策的信息	
			应收账款周转率、主营业务利润率和全部资产现金回收率	
			财务部门的信息透明度	
			内部审计部门的信息质量	
			各级职工的薪酬与绩效挂钩程度	
			可预见风险信息	
		内部人控制	经营费用与销售收入的比值	
			资本性支出与长期资产的比值	
			财务部门的独立性	
			内部审计部门信息以及它的独立性	
		非公允关联交易及担保	关联交易报告	
			担保率	
			资产负债率、财务费用占主营业务收入比重、其他应收款占流动资产比重、关联交易额占主营业务收入的比例	

表 A.1（续）

一级风险要素	二级风险要素	三级风险要素	四级风险要素	备注
信息披露和透明度	信息披露和透明度	财务信用风险	（当期收益＋折旧费用）/总债务	
			自由现金流量/总债务	
			利息保障倍数	
		……	……	
与公司治理有关的法律法规约束	与公司治理有关的法律法规约束	法律法规	投资者法律保护	
			国内法律法规	
			政府及市场监管	
			国际法律法规	
		舆论监督	社会公众舆论监督及媒体监督	
		……	……	
……	……	……	……	

参 考 文 献

[1] 证监发[2002]1 号.上市公司治理准则

[2] 国资发改革[2006]108 号.中央企业全面风险管理指引

[3] GB/T 24420—2009 供应链风险管理指南

[4] 铁建设[2007]200 号.铁路隧道风险评估与管理暂行规定

[5] Organization for Economic Co-operation and Development, Using the OECD Principles of Corporate Governance: A Boardroom Guide, OECD 2008.

[6] British Standards Institution(BSPD 6668:2000), Managing Risk for Corporate Governance

ICS 03.100.01
A 02

中华人民共和国国家标准

GB/T 26318—2010

物流网络信息系统风险与防范

Logistics network information systems risk and prevention

2011-01-14 发布 2011-05-01 实施

中华人民共和国国家质量监督检验检疫总局
中国国家标准化管理委员会 发布

前　言

本标准按照GB/T 1.1—2009给出的规则起草。

本标准由中华人民共和国商务部提出并归口。

本标准起草单位:浙江双马国际货运有限公司、深圳市联合纵横国际货运代理有限公司、新景程国际物流有限公司、中国国际电子商务有限公司、全国国际货运代理标准化技术委员会、中外运长航集团有限公司、中国海运(集团)总公司、中国中钢集团公司、锦程物流(集团)公司、北京交通大学、中钢国际货运有限公司、上海宝霖国际危险品物流有限公司、福建金航国际货运代理有限公司厦门分公司、上海港虹信息科技有限公司、厦门通程物流有限公司、内蒙古安快物流集团、新时代保险经纪有限公司、新疆德鲁亚国际物流有限公司、新疆托木尔货运代理有限责任公司。

本标准主要起草人:林忠、王喜富、蒋寒松、胡荣、杨爽、陈峥、冯建萍、杨旭、景洪德、张海峰、陈智勇、李莉丽。

引　　言

本标准通过对物流信息资产、面临的威胁、资产存在的脆弱性以及脆弱性被威胁利用后所产生的实际负面影响等进行识别、分析，从而得到资产、威胁和脆弱性相映射的资产价值、威胁等级和薄弱点等级等，转化成以提示的形式给出了物流基础数据风险、实体风险、硬件风险、软件风险和管理风险五个方面的主要风险来源和相应的防范措施，以对付威胁、减少脆弱性、限制意外事件影响，实现以下一种或多种功能：预防、延迟、阻止、检测、限制、修正、恢复、监控以及意识性提示或强化。

当前，由于我国中、小物流企业占多数，而企业规模、服务水平、人员素质、地域等差异不一，导致企业在信息化建设和技术运用与其实际的经营规模、业务范围、流程和管理之间发展不平衡，制约了企业和行业的信息化的发展，加大了企业的运营风险。本标准旨在提高中、小物流企业的物流网络信息风险防范的能力。

物流网络信息系统风险与防范

1 范围

本标准规定了物流网络信息系统的风险评估、安全防范措施和安全管理要求。

本标准适用于我国物流企业对信息系统或物流信息系统公共服务平台进行规范与管理，并可作为相关机构对物流网络信息系统进行安全评价的依据。

2 规范性引用文件

下列文件对于本文件的应用是必不可少的。凡是注日期的引用文件，仅注日期的版本适用于本文件。凡是不注日期的引用文件，其最新版本(包括所有的修改单)适用于本文件。

GB/T 20984—2007 信息安全技术 信息安全风险评估规范

3 术语和定义

下列术语和定义适用于本文件。

3.1

资产 asset

对组织具有价值的信息或资源，是安全策略保护的对象。

[GB/T 20984—2007，定义 3.1]

3.2

资产价值 asset value

资产的重要程度或敏感程度的表征。资产价值是资产的属性，也是进行资产识别的主要内容。

[GB/T 20984—2007，定义 3.2]

3.3

威胁 threat

可能导致对系统或组织危害的不希望事故潜在起因。

[GB/T 20984—2007，定义 3.17]

3.4

薄弱点 vulnerability

资产或资产组中能被威胁利用的弱点。

3.5

风险 risk

特定的威胁利用资产的一种或一组薄弱点，导致资产的损害的潜在的可能性，即特定威胁事件发生的可能性与后果的结合。

3.6

信息系统的风险 information system risk

特定的威胁利用信息资产的漏洞或弱点从而造成对资产的一种潜在损害，包括信息资产、威胁和自身的漏洞或弱点三个组成部分。

注：信息系统风险的严重程度可用资产受损害的程度与威胁发生的概率的乘积来衡量。

3.7

物流网络信息系统 logistics network information system

以计算机技术和通信技术结合为基础，通过对物流相关信息的收集、加工、处理、存储和传递来达到对物流活动的有效控制管理，并为企业提供信息分析和决策支持的人机系统。

3.8

风险评估 risk assessment

对信息和信息处理设施的威胁(threat)、影响(impact)和薄弱点(vulnerability)及三者发生的可能性的评估。

注：风险评估是网络安全防御中的一项重要技术，其原理是采用模拟攻击的形式对目标可能存在的已知安全漏洞进行逐项检查(目标可以是工作站、服务器、交换机、数据库应用等各种对象)，然后根据扫描结果向系统管理员提供周密可靠的安全性分析报告，为提高网络安全整体水平产生重要依据。

3.9

风险管理 risk management

以可接受的费用识别、控制、降低或消除可能影响信息系统的安全风险的过程。风险管理是一个识别、控制、降低或消除安全风险的活动，通过风险评估来识别风险大小，通过制定信息安全方针，采取适当的控制目标与控制方式对风险进行控制，使风险被避免、转移或降至一个可被接受的水平。在风险管理方面应考虑控制费用与风险之间的平衡。

4 物流网络信息系统技术原则和风险分类

4.1 物流网络信息系统示例

物流网络信息系统是物流实体网络的重要支撑，伴随物流基础设施网络、实体服务网络而相应收集、加工、处理、存储和传递有关用户需求信息、市场动态、物流服务、企业内部业务处理情况等各类信息，有效地管理物流服务的各个环节，能够提供诸如结算功能、实时的客户查询功能以及各种接口模块等，并为企业提供信息分析和决策支持。由于物流基础设施网络、实体服务网络、服务技术、服务范围、服务层次、服务程度、服务区域等的不同，物流网络信息系统也因此根据不同企业的需求，以有不同层次、不同程度的应用和不同子系统构成，诸如以下示例中不同功能的系统有着不同的构成。

示例1：跨境、跨区域贸易物流商务协同平台，对贸易物流流程中需要进行交换的数据进行整理、分析和归类，增强各类数据的继承性，最大程度降低手工数据填写工作，提高信息交换的效率和准确性，并实现与生产方，采购方，物流服务提供方，承运人、港口、海关、检验检疫等业务平台的数据交互，见图1。

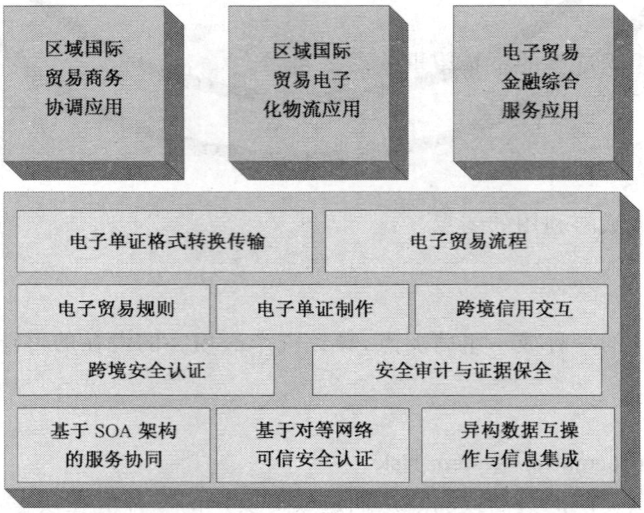

图1 跨境、跨区域贸易物流商务协同平台

示例2:综合管理应用平台,为货主、承运人、物流服务提供方提供货物运输的执行、监控、追踪功能,是支持多网点、多机构、多功能作业的综合管理物流网络信息系统,见图2。

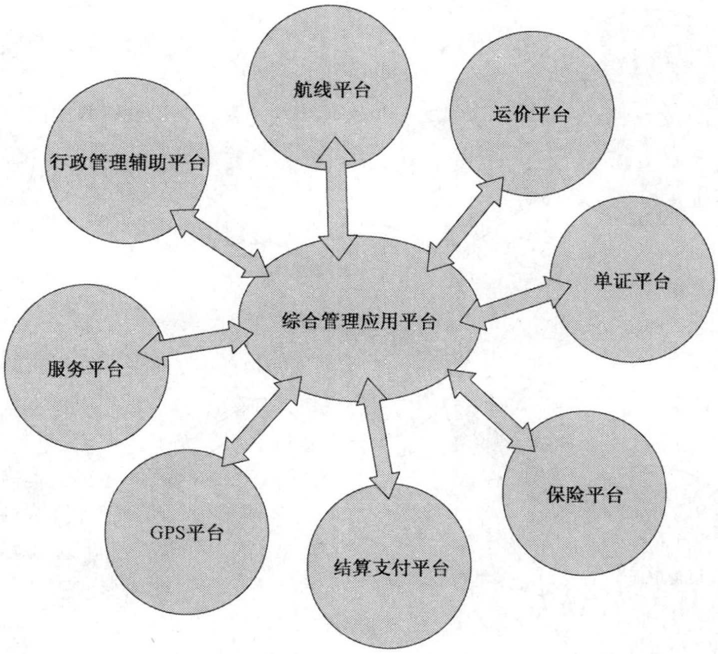

图2 综合管理应用平台

示例3:航线运价平台,从多方面、多角度、多形式地提供起运港、目的港、承运人、航线、箱型/数量、运价整合的物流网络信息的子系统,见图3。

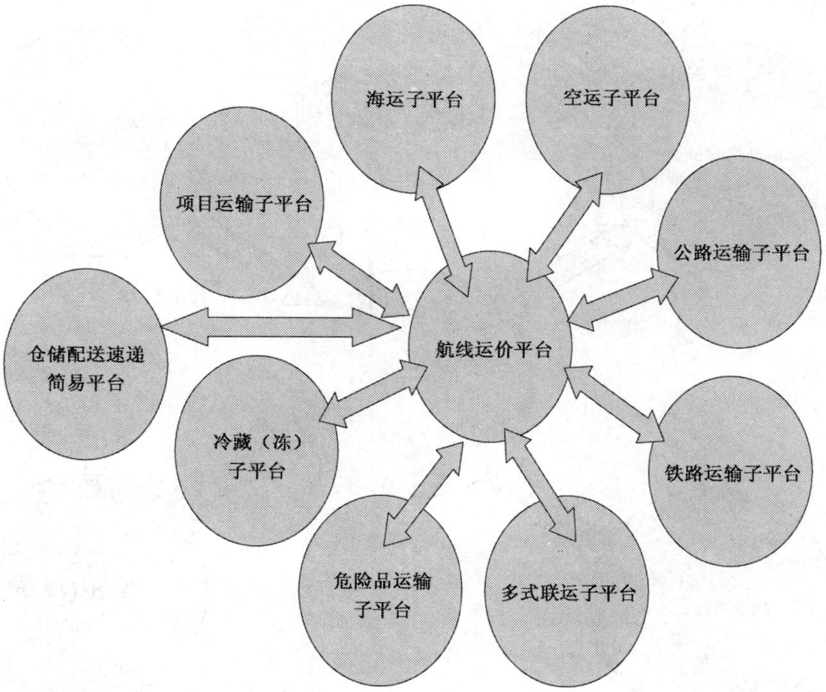

图3 航线运价平台

示例 4：单证管理平台，对整个贸易物流环节中所涉及到单证进行综合管理及信息化处理的物流网络信息子系统，见图 4。

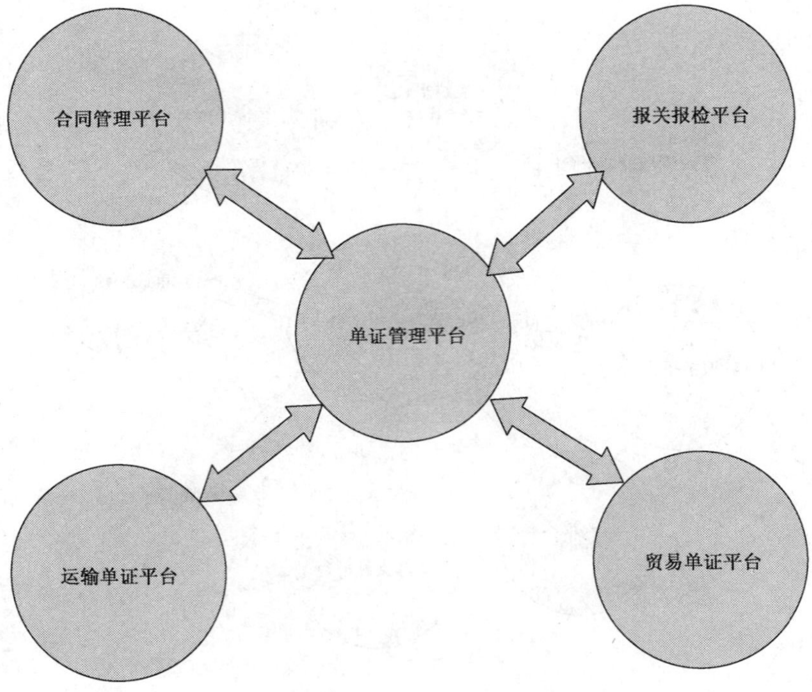

图 4 单证管理平台

示例 5：保险管理平台，涵盖承运人责任保险、物流责任保险、货运代理责任保险、提单责任保险辅以货物运输保险、财产保险的物流网络信息子系统，见图 5。

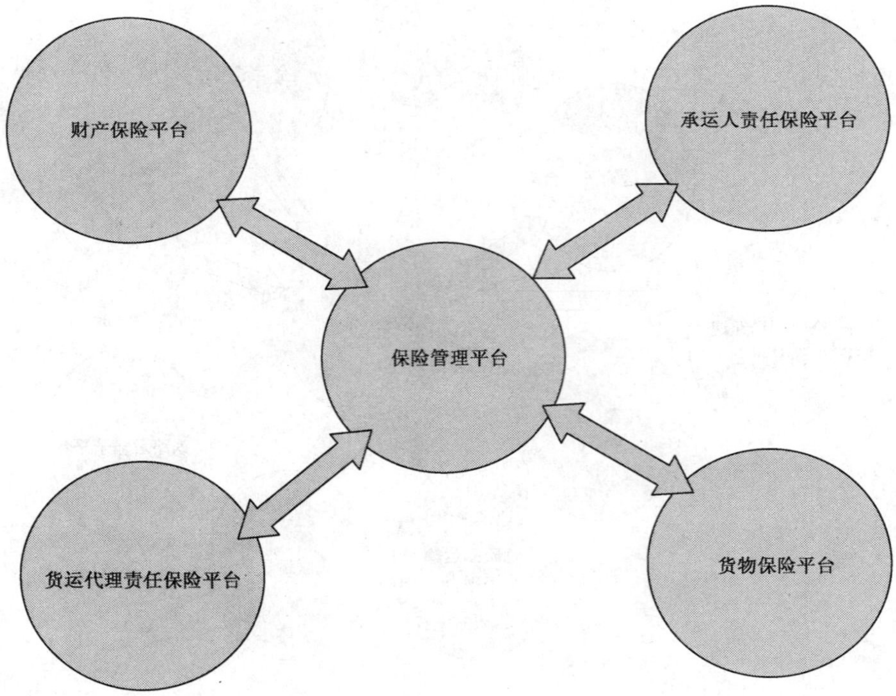

图 5 保险管理平台

示例 6:结算支付管理平台,缩短资金在途时间及简化支付文件的处理及提供融资担保的物流网络信息子系统,见图 6。

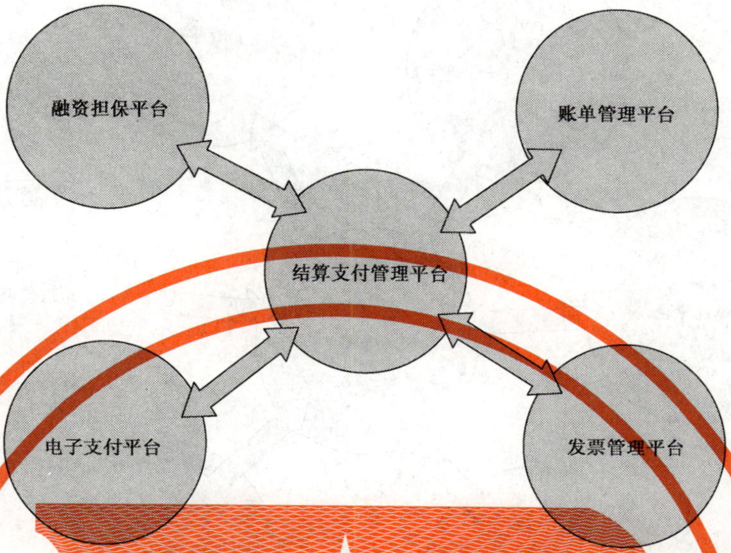

图 6　结算支付管理平台

示例 7:GPS 管理平台,将多品牌、多技术、多标准的 GPS 设备及系统进行充分集成并应用于运输工具及货物的一站式跟踪定位的物流网络信息子系统,见图 7。

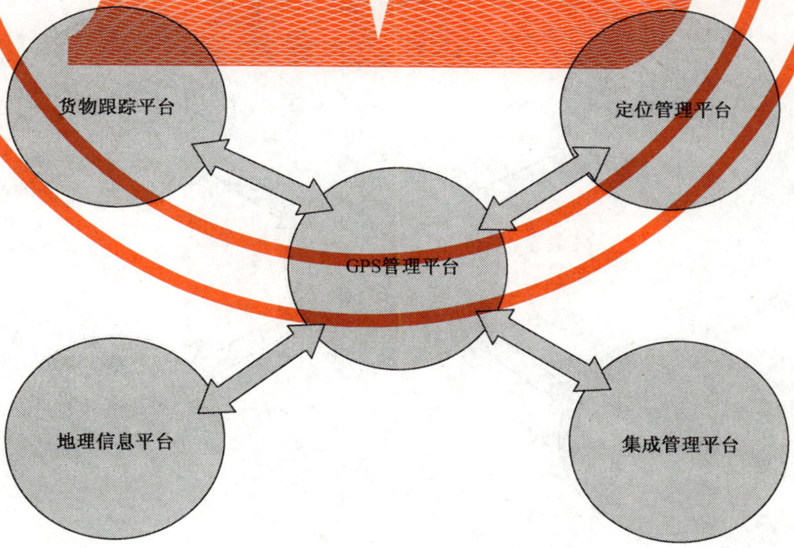

图 7　GPS 管理平台

示例 8:服务管理平台,对电话、传真、短信等进行管理的物流网络信息子系统,见图 8。

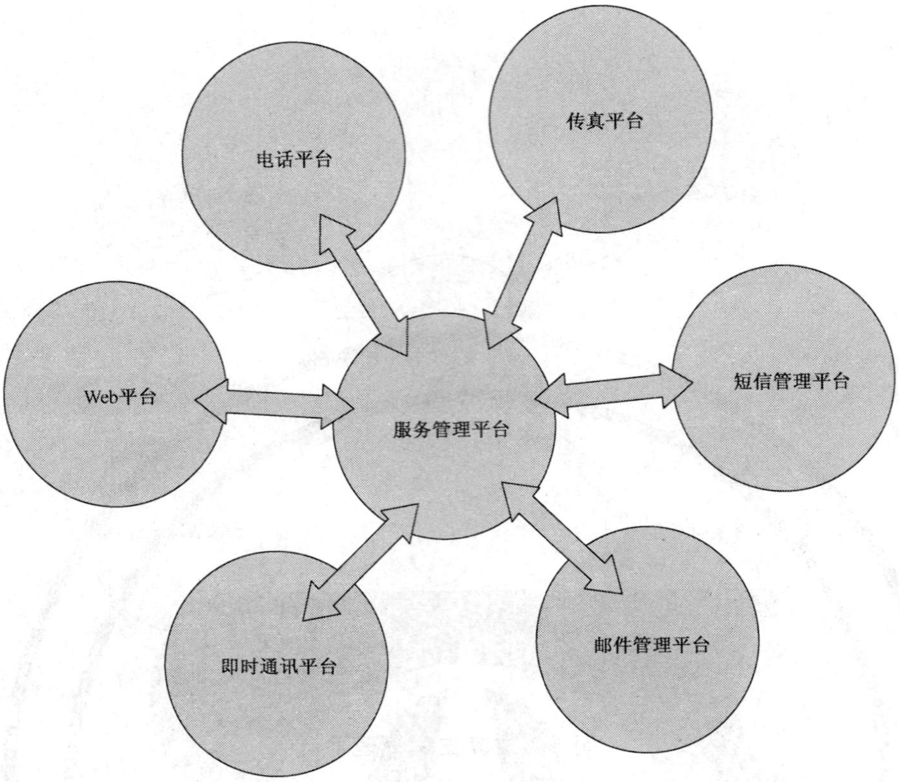

图 8 服务管理平台

示例 9:行政管理辅助平台,处理单证签发、认证、查询、传递、单证签发方资格确认等的物流网络信息子系统,见图 9。

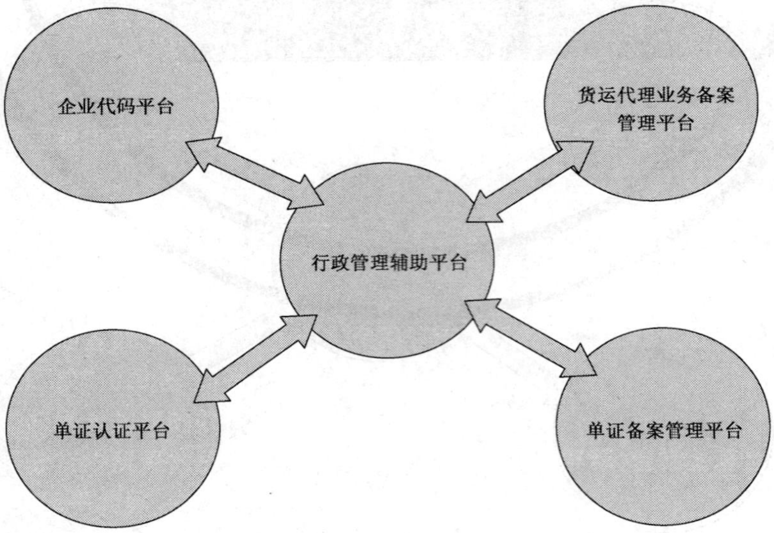

图 9 行政管理辅助平台

示例 10:库存信息系统,利用收集到的物流信息,制定出最优库存方式、库存量、库存品种以及安全防范措施等。

示例 11:配送信息系统,将商品按配送方向、品类,制定科学、合理、经济的运输工具调配计划和配送路线等。

示例 12:订单处理系统,订单准备、订单录入、订单传输、订单履行、订单状况报告等订单流程处理的物流网络信息子系统。

4.2 技术原则

4.2.1 先进性

物流业务涉及跨区域(跨境)业务协同、流程协同、管理协同,系统宜采用国际先进的网络技术模式和软件体系结构,使系统具有一定的前瞻性,支持系统可持续发展的需要。

4.2.2 实用性

物流业务涉及的业务范围广,应结合企业的个性化服务需要,在实用性系统设计过程中应考虑与原有的业务应用系统之间无缝、平滑接入。

4.2.3 可靠性

物流业务具有多元化的特点,业务环节多,流程复杂,服务链长,系统应具备可靠性和容错性,能不间断和有足够的延时来处理突发事件。

4.2.4 安全性

物流业务涉及单证制作、递交、审核,流转交换;货权转移;货币结算等,应构建完整的安全体系,包括安全基础设施以及传输安全、网络安全、数据安全、信息安全、应用安全以及系统安全。系统在安全等级、交叉验证、CA认证系统、网络安全等各个环节应采取有力的安全保证措施。

4.2.5 标准规范性

物流业务涉及多个参与方,系统建设应符合一定的规范要求,以达到互联互通,统一管理的目的。

4.2.6 扩展性

随着现代物流业务的日益发展,系统应满足长期、可持续发展的需要,具有良好的扩展性,适应未来信息量与业务量增长的需要。系统应为各业务系统及整体应用系统的接入预留接口,以增强系统的弹性、通用性与可替换性。

4.3 风险分类

4.3.1 物流基础数据风险

数据的收集和输入、信息的存储、信息的传输、信息的处理和信息输出过程中,如因不及时、不真实、不准确、丢失、外泄等引发的风险。

4.3.2 实体风险

包括参与方的风险、未经授权的操作风险或人为地对设施、设备进行攻击和破坏等。

4.3.3 硬件风险

由于计算机及网络设备因各种突发灾害或因运行环境或因硬件本身及相关元器件的技术缺陷、故障导致系统不能正常工作而带来的风险;物流信息技术运用或系统配置不当或使用未经授权或不符合标准的设备引发的风险等。

4.3.4 软件风险

网络层、应用层、系统层的风险以及由于各种程序开发、使用过程中包含的潜在错误导致系统不能正常工作而带来的风险。

4.3.5 管理风险

由于管理体制的偏差、管理制度的不完善导致具体管理过程中出现漏洞而带来的风险，主要分为技术管理风险和组织管理风险。技术管理包括物理和环境安全、通信与操作管理、访问控制、系统开发与维护等。组织管理包括安全策略、组织安全、资产分类与控制、人员安全等。

5 物流基础数据风险与防范措施

5.1 数据的收集和输入风险与防范措施

5.1.1 主要风险来源

5.1.1.1 物流业务所需要的数据类型繁多，来源复杂，发生、处理地点和扩散范围各不相同，使得物流信息的采集、分类、统计、分析的难度加大。

5.1.1.2 大量新信息不断更新原有的信息。

5.1.1.3 初始静态数据和业务输入数据、业务输出数据不完全或不正确。

5.1.1.4 基础数据采集的技术实现手段差异大，且未完全实现自动化，尚需依靠人工录入。

5.1.1.5 物流客体在物流信息系统中的逻辑位置或状态表达存在二义性，无法根除。由于物流客体编码、数据格式、数据采集技术不统一而导致物流数据采集、共享和交换难于进行。

5.1.2 主要防范措施

5.1.2.1 信息收集是保证整个物流网络信息系统得以进行的基础和前提，直接关系到整个物流过程管理的质量。为了保证所获取的信息的质量，应遵循以下原则：

a) 准确性原则。对收集到的信息应反复核实、校验，力求把误差减少到最低限度，确保所收集到的信息真实可靠。
b) 全面性原则。要求做到所搜集到的信息要广泛，全面完整。
c) 时效性原则。物流信息动态性强，信息价值衰减和更新快，应保证信息采集的及时性和信息加工处理的快速性。

5.1.2.2 在数据输入前做好合理的人员分组和组内分工。

5.1.2.3 加强数据格式设计与数据输入人员或部门之间的沟通与协调。

5.1.2.4 简化作业流程，提升员工的操作技能水平，提高了数据输入的效率与效果，保证数据的完整一致。

5.1.2.5 保证收集到的数据本身的准确性，没有遗漏、重复、过时、失实。

a) 定义关键的数据元素，如物料代码、项目类型和损耗率等。
b) 在数据输入系统前，将系统的信息需求与信息使用者的需求进行核对。
c) 定义系统的全部信息和信息来源，识别关键信息与非关键信息。
d) 对经常变化的数据，保证系统能实时反映其变化情况，并应定期检查，如有必要应及时修改。
e) 设立合理的数据输入的逻辑顺序。

5.1.2.6 依照公共标准.设置了合理的、准确的代码体系和数据格式，保证数据输入格式的准确性。

5.1.2.7 选择合适的数据格式转换程序，既保证数据录入的效率又保证数据格式的正确性。

5.1.2.8 保证数据关系安全性。

5.2 信息的存储风险与防范措施

5.2.1 主要风险来源

数据整理不当，数据的丢失、外泄、失真。

5.2.2 主要防范措施

5.2.2.1 存储功能保证已得到的物流信息不丢失、不走样、不外泄，整理得当、适时可用。

5.2.2.2 应考虑信息存储量、存储方式、存储时间、信息格式、使用方式、安全保密等因素。

5.3 信息的传输风险与防范措施

5.3.1 主要风险来源

5.3.1.1 数据传输方式不统一。

5.3.1.2 数据传输不及时。

5.3.1.3 数据传输不准确。

5.3.2 主要防范措施

5.3.2.1 传输格式要符合公共标准。

5.3.2.2 要充分考虑物流信息传输的时效性。

5.3.2.3 要充分考虑所要传递的信息种类、数量、频率、可靠性要求等因素。

5.4 信息的处理风险与防范措施

5.4.1 主要风险来源

5.4.1.1 信息处理技术。

5.4.1.2 信息处理时效。

5.4.1.3 信息处理不当。

5.4.2 主要防范措施

5.4.2.1 统一源数据，如字段的同名异义、异名同义、单位不统一、字长不一致等。

5.4.2.2 进行有效数据综合和计算，避免因程序逻辑错误、计算错误、处理非法数据、重复输入等造成信息处理错误。

5.4.2.3 采取各种技术手段，对处理数据的准确性进行校验。

5.4.2.4 准确捕获由于数据的插入、修改等操作而引发的数据改变。

5.4.2.5 确保经过综合、重构、筛选、重新格式化等操作，生成同样的、能有效支持决策分析的分析型数据。

5.5 物流信息输出风险与防范措施

5.5.1 主要风险来源

输出信息与输入信息不一致，出现差异、失真；信息输出缺乏时效性；输出的对象错误、格式不符等。

5.5.2 主要防范措施

5.5.2.1 加强对输出信息的内容、格式和传送过程的控制，确保输出信息的正确性、可靠性、及时性和保密性。

5.5.2.2 输出信息的结构与格式,易读易懂,直观醒目。

5.5.2.3 确保输出信息的接触者是经过授权的人员。

6 实体风险与防范措施

6.1 参与方的风险与防范措施

6.1.1 主要风险来源

6.1.1.1 在物流服务过程中,随着参与方增多,对其掌控、管理、协调的难度和风险增大。

6.1.1.2 信息不对称引起的信用风险;参与方越权对物流数据进行处理、访问、修改等。

6.1.1.3 参与方的误操作,导致数据丢失、被破坏。

6.1.1.4 非法占用网络资源,切断或阻断网络通讯,使信息无法传递。

6.1.1.5 参与方管理不善,造成信息丢失、损坏或泄密等。

6.1.1.6 信息错误、丢失、外泄的风险。

6.1.1.7 信息缺乏准确性、及时性和可靠性。

6.1.1.8 多环节、多通道容易发生一些突发事件。

6.1.2 主要防范措施

6.1.2.1 加强协调、监管,保证信息的准确性、及时性、可靠性、实时性和有效性。

6.1.2.2 在最大范围内实现信息资源的共享、管理与监督,防止客户信息、核心技术、商业机密等泄露。

6.1.2.3 保证参与各方在信息共享的同时做到相互保密,避免因泄露对方的商业机密而承担相应的法律责任。

6.1.2.4 可预先制定应变措施,制定应对突发事件的工作流程。

6.1.2.5 将参与各方的目标融为一个整体,建立相互信任、良好沟通、协调一致的合作机制。

6.1.2.6 建立有效的绩效评价考核体系和冲突处理机制,对预见性的潜在问题进行分析,及时化解矛盾。

6.1.2.7 签订具有约束力的合作协议。

6.2 工作人员的风险与防范措施

6.2.1 主要风险来源

6.2.1.1 工作人员的可靠性不足。

6.2.1.2 工作人员的恶意破坏。

6.2.1.3 工作人员的失职。

6.2.1.4 工作人员缺乏责任心。

6.2.1.5 工作人员缺乏培训,专业技能不足。

6.2.1.6 关键操作监控和责任制度的不完善。

6.2.1.7 管理权限模糊和系统操作人员责任不明确。

6.2.1.8 超越权限访问网络资源。

6.2.1.9 滥用自己的职权,做出破坏信息系统的行为。

6.2.1.10 人事管理上的漏洞。

6.2.2 主要防范措施

6.2.2.1 建立岗位责任制度和授权制度，要求对关键岗位的人员实施严格的背景调查和管理控制，切实落实最小特权原则和分权制衡原则，关键安全事务要求双人共管。
6.2.2.2 确定人员的资质标准、考核和评估制度。
6.2.2.3 所有人员对管理规定和要求的充分理解和有效执行。
6.2.2.4 确定人员背景的调查程序。
6.2.2.5 所涉及的工作人员，应签署保密协议。
6.2.2.6 建立和实施用户管理制度。
6.2.2.7 建立操作系统变更控制制度。
6.2.2.8 签署针对用户的授权和安全协议。
6.2.2.9 建立和实施针对用户访问情况的审计和检查制度。
6.2.2.10 建立和实施针对非授权访问的违规操作的调查、取证和惩罚制度。
6.2.2.11 建立和实施针对离岗人员可能威胁的评估制度和防范措施。
6.2.2.12 与关键管理人员签订安全责任书。

6.3 内部用户未经授权的操作风险与防范措施

6.3.1 主要风险来源

6.3.1.1 安全保卫意思淡薄，缺乏保密意识。
6.3.1.2 包括以前的员工故意破坏的行为，或者目前现有员工故意或疏忽而破坏服务设备或信息设备的行为。
6.3.1.3 机房设计简陋，防护装置达不到规定标准，人为助长了计算机实体风险。

6.3.2 主要防范措施

6.3.2.1 机房设计、防护装置达到规定标准。
6.3.2.2 实施物理安全区域管理。
6.3.2.3 建立物理安全规章制度。
6.3.2.4 建立系统关键物理设施登记制度。
6.3.2.5 建立出入人员授权书制度。
6.3.2.6 加强设备接触人员的认证管理。
6.3.2.7 应用系统开发人员与审计工作的隔离，操作系统管理人员与应用系统安全管理工作的隔离。
6.3.2.8 实施安全区域标记管理和安全区域隔离管理。
6.3.2.9 加强安全保卫措施，对安全区域活动实施实时监控。
6.3.2.10 物理安全保障的持续改善。

6.4 关键操作的风险与防范措施

6.4.1 主要风险来源

关键操作监控和关键操作责任制度的不完善。

6.4.2 主要防范措施

6.4.2.1 对用户在关键操作系统上的使用情况进行登记和监视。
6.4.2.2 建立责任明确的人员管理制度。

6.4.2.3 签订与关键管理人员约定的安全责任书。

6.5 物理盗窃风险与防范措施

6.5.1 主要风险来源

主要风险来源包括物理硬件/软件被盗、被毁造成数据丢失或信息泄露。

6.5.2 主要防范措施

6.5.2.1 完善门禁控制系统，防止内部失窃。
6.5.2.2 加强设备周边环境安全控制，防止外部盗窃。
6.5.2.3 设备自身安全防护，例如，加锁，报警设备等。

7 硬件风险与防范措施

7.1 物理和环境风险与防范措施

7.1.1 主要风险来源

7.1.1.1 由于不可抗力，如火灾、水灾、地震、雷击等突发性自然灾害引发事故造成的损失。
7.1.1.2 由于断电、电磁干扰、静电、灰尘、潮湿、温度、鼠蚁虫害等引发事故造成的损失。
7.1.1.3 由于设备本身及元部件的短路、断线、接触不良、老化、超期服役或人为减少运行寿命带来的风险。

7.1.2 主要防范措施

7.1.2.1 加强基础设施和运行环境的建设，在设计、安装上应达到国家规定的计算机执行安全运行环境的有关标准。如计算机房环境应干净、整洁，装置必要的电磁屏蔽设施，保持特定的温度和湿度，采取防静电、防尘、防雷、防电磁辐射、防鼠和防水措施；采用UPS不间断电源供电；供电、通信线路的布线、连接要符合规范要求。
7.1.2.2 建立健全安全管理内控制度，杜绝内部安全隐患。
7.1.2.3 安排专人负责应急计划和实施灾难恢复计划的管理工作。
7.1.2.4 制定应急计划和灾难恢复计划全面管理细则。
7.1.2.5 制定灾难恢复及事故处理、紧急响应策略及相应的定期测试。
7.1.2.6 对不同等级的应用系统，制定不同的备份计划和应急计划。
7.1.2.7 实施应急计划和灾难恢复计划的独立审计。
7.1.2.8 对应急计划和灾难恢复计划进行定期评估和持续评估。
7.1.2.9 制定系统信息和文档备份制度，对不同的信息等级，制定不同备份策略。
7.1.2.10 制定对备份信息介质的标记制度。

7.2 物流信息技术运用的风险与防范措施

7.2.1 主要风险来源

7.2.1.1 设备或硬件选配不当或选配的质量低劣、功能欠缺、性能落后、工作不稳定、配合不当等，导致其功能发挥不充分，软件无法运行或运行不稳定，制约网络运行和数据传输的速度甚至造成部分或全部数据的丢失或出错。
7.2.1.2 网络的传输介质或其他介质可能存在缺陷。

7.2.1.3 设备或硬件安装不规范、线路不畅通、接触不良等。
7.2.1.4 设备或硬件的工作环境达不到要求。
7.2.1.5 数据传输格式、频率等的技术规范未达到要求。

7.2.2 主要防范措施

7.2.2.1 数据(信息)集成能保证系统中每个部分,在运行的每个阶段,将正确的数据(信息),在正确的时间、正确的地点,以正确的方式,传送给需要该数据(信息)的人,实现不同系统的数据交换与共享。
7.2.2.2 应用系统集成要实现不同系统之间,各种分立的设备、单元技术的互操作,实现不同应用系统之间数据和方法的共享。
7.2.2.3 业务流程集成能在完成数据集成的基础上,使在不同应用系统中的流程能进行无缝连接,实现业务流程之间的协调运作和流程信息的充分共享。
7.2.2.4 对业务过程进行集成时,应在各种业务系统中定义、授权和管理各种业务信息的交换,以改进操作,提高响应速度。
7.2.2.5 按国际惯例和国家标准规范进行物流标准化改造,在每个环节中实行统一的技术标准和技术管理标准。
7.2.2.6 使有关联的软件与技术功能能互相发出对方能理解的指令,激活相应的功能,共享或修改公共数据和信息。
7.2.2.7 数据定义和格式应符合标准要求。
7.2.2.8 保证信息通过接口后能被识别和认同。
7.2.2.9 对不同企业、不同地区、不同行业的技术标准、运作规范、管理制度等进行无缝化连接,保证物流运作机制的畅通。
7.2.2.10 选择符合要求、合格的设备。

7.3 系统配置风险与防范措施

7.3.1 主要风险来源

管理人员对系统配置不当造成的风险。

7.3.2 主要防范措施

7.3.2.1 建立对系统工具标记的管理制度。
7.3.2.2 针对系统内置角色、操作系统安全管理人员,分别配制权限。

7.4 未经授权或不符合标准的设备风险与防范措施

7.4.1 主要风险来源

7.4.1.1 未经授权的设备:试图连接到网络上的设备未被认可或授权,包括未经授权的设备或用户,也包括授权的用户错误地把无线接入点连接到网络中,使得设备能够通过该连接点进入网络,其可能会引起潜在的安全漏洞。
7.4.1.2 不符合标准的设备(如配置错误的系统):系统没有使用厂商最新发布的安全修复程序或相应的防病毒文件进行升级。

7.4.2 主要防范措施

7.4.2.1 物理隔断:可信网和不可信网要物理隔断,使可信网络上的计算机不能访问不可信网络。
7.4.2.2 可选择数据交换:两个网络能够有选择地交换数据。

7.4.2.3　在隔离区(DMZ)进行内容检测:所有交换数据在允许通过之前在一个独立的隔离区(DMZ)进行检测。

7.4.2.4　及时更新设备的安全防护文件,调整相关设置。

7.5　基础设备风险与防范措施

7.5.1　主要风险来源

软硬件可靠性和稳定性,包括电源的稳定性、端口的可用性、网络的可用性等。

7.5.2　主要防范措施

7.5.2.1　制定设施、设备的配置计划、安装、运行、操作流程。

7.5.2.2　加强设备的日常维护保养。

7.5.2.3　强化定期例行检查及记录制度。

7.5.2.4　配备足够的备用电源、线路等设备。

7.6　电磁安全风险与防范措施

7.6.1　主要风险来源

包括利用侦听技术以及不断增强的计算机处理能力导致的电磁波被人窃听。

7.6.2　主要防范措施

7.6.2.1　防电磁信息辐射泄漏技术。

7.6.2.2　防止线路截获。

7.6.2.3　抗电磁干扰技术。

7.7　终端安全风险与防范措施

7.7.1　主要风险来源

因为典型的多业务终端是一个计算机,与传统的专用傻终端,例如电话相比,智能终端故障率以及配置难度都大大提高。

7.7.2　主要防范措施

7.7.2.1　终端机性能的检测与评价。

7.7.2.2　终端机的日常维护与检测。

7.7.2.3　终端机故障保修系统的建立。

8　软件风险与防范措施

8.1　网络层风险与防范措施

8.1.1　黑客攻击风险与防范措施

8.1.1.1　主要风险来源

主要风险包括:

a)　IP 欺骗类攻击;

b) IP 重放或重演类攻击；
c) 拒绝服务攻击和分布式拒绝服务攻击；
d) 入侵者寻找防火墙背后可能敞开的后门；
e) 入侵者在防火墙内；
f) 利用防火墙不能提供实时的入侵检测；
g) 利用企业自身保护措施不完善。

8.1.1.2 主要防范措施

应建立完善的安全网络入侵检测系统，并具有以下功能：

a) 在网络环境下实现实时、分布、协同的入侵检测。全面检测可能的入侵行为，及时识别各种黑客攻击行为；发现攻击时，应阻断、弱化攻击行为，并能详细记录、生成入侵检测报告，及时向管理员报警。
b) 进行多个层次的扫描，按照特定的时间、广度和细度的需求配置多个扫描。
c) 支持大规模并行检测，可对大型网络同时执行多个检测。
d) 所采用的入侵检测产品和技术不会被绕过或旁路。
e) 检测和扫描行为不影响正常的网络连接服务和网络的效率。
f) 检测的特征库应全面及时更新。
g) 设定完整的安全检测策略，根据不同需求选择相应的检测策略；对检测强度和风险程度进行分级管理。
h) 制定实际的、可强制执行的网络安全策略。

8.1.2 恶意软件风险与防范措施

8.1.2.1 主要风险来源

如蠕虫风险、木马风险等。

8.1.2.2 主要防范措施

主要防范措施包括：

a) 制定病毒防护系统使用管理制度；没有得到许可，不私自终止病毒防护系统的运行，并对病毒防护系统的使用建立日志；
b) 建立应用软件安全管理制度；
c) 实行应用软件采购批准制度；
d) 建立应用软件使用授权制度；
e) 集中实施病毒防护管理制度；
f) 实现在系统所有终端有效防范病毒或恶意代码引入；
g) 安装完整的系统防火墙；
h) 定期或不定期检查杀毒软件；
i) 实时监控。

8.1.3 恶意的移动代码和远程登录程序风险与防范措施

8.1.3.1 主要风险来源

主要风险来源包括：

a) 移动代码可以在不需要用户指示的情况下实现远程系统在本地系统上的执行；

b) 攻击者常常使用SSH(Secure Shell,安全外壳)和telnet(用于远程联接服务的标准协议或者实现此协议的软件)远程登录其他系统;
c) 键盘记录器:键盘记录器用来监视和记录键盘的使用记录;
d) Rookits:指一些安装到系统中的文件,采取恶意的和偷窃的方式替代系统的正常功能;
e) 网络浏览器插件、电子邮件生成器等。

8.1.3.2 主要防范措施

管理人员随时留意系统文件变化,及时检查系统进程,同时使用网络设备安全增强技术,包括:
a) 超时配置:配置VTY、Console的超时来增加系统访问安全性;
b) 访问控制配置:通过配置VTY端口的Access List来增加系统访问的安全性;
c) VTY访问配置:配置VTY的访问方式,如SSH来增加系统访问的安全性;
d) 用户验证配置:配置用户验证方式以增强系统访问的安全性;
e) AAA方式配置:配置AAA方式来增加用户访问安全性;
f) 路由命令审计配置:配置AAA命令记账来增强系统访问安全性。

8.1.4 混合攻击风险及防范措施

8.1.4.1 主要风险来源

混合攻击使用多种感染或是攻击方式,主要风险来源如:
a) 电子邮件;
b) Windows共享;
c) 网络客户端;
d) 通过即时通讯和点对点文件共享软件传播。

8.1.4.2 主要防范措施

主要防范措施包括:
a) 电子邮件打开前的杀毒;
b) 安全检查后再开启Windows共享设置;
c) 网络客户端的安全使用,例如下机退出,记录删除;
d) 接受陌生文件时的杀毒检查。

8.1.5 数据传输风险与防范措施

8.1.5.1 主要风险来源

包括数据丢失,数据失密和数据延迟。

8.1.5.2 主要防范措施

主要防范措施是使用VPN保证数据传输安全。

VPN的信息透明加解密功能:支持网络IP数据包的机密性保护,网络密码机串联在以太网中,凡是流经的IP报文无一例外地都要受到它的分析和检查,根据需要进行加解密和认证处理。

8.1.6 各类攻击性扫描器风险与防范措施

8.1.6.1 主要风险来源

网络攻击者可能使用多种工具扫描、攻击系统漏洞,如:

a) 信息包探测器：信息包探测器用来监视网络流量和获取信息包；
b) 端口扫描器：端口扫描器远程扫描系统中开放的端口；
c) 漏洞扫描器：漏洞扫描器用来寻找本地或是远程系统上的漏洞；
d) 密码破解器：使用密码破解器破解操作系统和应用程序密码。

8.1.6.2 主要防范措施

应安装标准的防火墙并具备以下功能：
a) 基于状态检测的分组过滤；
b) 多级的立体访问控制机制；
c) 内置一定的入侵检测功能或能与入侵检测设备联动；
d) 一次性口令认证机制。

8.2 应用层风险与防范措施

8.2.1 应用系统功能风险与防范措施

8.2.1.1 主要风险来源

包括 DNS 服务器的风险、E-mail 服务器的风险、Web 服务器的风险等。

8.2.1.2 主要防范措施

主要防范措施包括 DNS 服务器安全性增强方案、E-mail 服务器安全性增强方案和 Web 服务器安全性增强方案。

a) DNS 服务器安全性增强方案包括：
   1) 限制域传输；
   2) 设置堆栈不可执行；
   3) 配置主备服务器间认证；
   4) 修改版本信息；
   5) 防止 DNS 欺骗；
   6) 禁止转发查询；
   7) 设置 Allow Query；
   8) 设置重试查询次数。
b) E-mail 服务器安全性增强方案包括：
   1) 邮件系统自身安全；
   2) 邮件加密与签名；
   3) 邮件系统配置安全；
   4) 执行邮件安全配置；
   5) 邮件覆盖问题；
   6) 远程命令执行配置；
   7) POP3 及 IMAP 服务安全配置。
c) Web 服务器安全性增强方案包括：
   1) Web 服务器自身安全；
   2) Web 服务器参数配置；
   3) Web 服务器权限配置；
   4) Web 服务器配置安全；

5） 网络信息加密配置；

6） Web应用代码审计。

8.2.2 应用系统自身风险与防范措施

8.2.2.1 主要风险来源

攻击者熟悉系统的网络结构和系统应用模式，采取的针对性攻击。这类攻击主要来源于企业内部，包括通过授权使用应用系统的员工、开发和维护这些应用系统的员工以及开发商等。如：

a） 非法用户获取应用系统的合法用户账号和口令，访问应用系统；

b） 用户通过系统的合法用户账号，利用系统的BUG，获取其授权范围以外的信息；

c） 攻击者通过应用系统存在的后门和隐通道（如隐藏的超级用户账号、非公开的系统访问途径等），访问应用服务器或数据库服务器；

d） 在数据传输过程中，通过窃听等方式获取数据包，通过分析、整合，获取企业的机密信息。

8.2.2.2 主要防范措施

主要防范措施是加强身份认证（PKI）技术，主要包括：

a） 确认发送方的身份；

b） 保证发送方所发信息的机密性；

c） 保证发送方所发信息不被篡改；

d） 发送方无法否认已发该信息的事实；

e） 加强文件传输保密性，不定期更换传输方式。

8.2.3 网络病毒攻击风险与防范措施

8.2.3.1 主要风险来源

网络存在的各种类型的病毒，这些病毒会攻击应用系统和各个服务器。

8.2.3.2 主要防范措施

主要防范措施包括：

a） 能够配置成分布式运行和集中管理，由防病毒代理和防病毒服务器端组成；

b） 防病毒客户端安装在系统的关键主机中，如关键服务器、工作站和网管终端；

c） 在防病毒服务器端能够交互式地操作防病毒客户端进行病毒扫描和清杀，设定病毒防范策略；

d） 能够从多层次进行病毒防范，第一层工作站、第二层服务器、第三层网关都能有相应的防毒软件提供完整的、全面的防病毒保护。

8.3 系统层风险评估与防范措施

8.3.1 操作系统自身风险与防范措施

8.3.1.1 主要风险来源

企业采用的各种操作系统都有一定的漏洞和缺陷，使得系统成为黑客攻击的目标。

8.3.1.2 主要防范措施

a） 数据库服务器安全应采用服务器版本的操作系统，数据库服务器安全内容包括：

1） 自主访问控制（DAC）：DAC用来决定用户是否有权访问数据库对象；

2） 验证:保证只有授权的合法用户才能注册和访问；
3） 授权:对不同的用户访问数据库授予不同的权限；
4） 审计:监视各用户对数据库施加的动作；
5） 数据库管理系统应提供与安全相关事件的审计能力；
6） 系统应提供在数据库级和记录级标识数据库信息的能力；
7） 网管终端、办公终端可采用通用图形窗 VI 操作系统。

b） 系统定期功能具有全面、智能化检测。
c） 管理员应及时跟踪、安装操作系统漏洞补丁。

8.3.2 入侵感染风险与防范措施

8.3.2.1 主要风险来源

包括文件感染,引导区感染,混合体感染,内存感染等。

8.3.2.2 主要防范措施

主要防范措施包括：

a） 管理人员应随时留意系统文件变化,对可疑系统变化进行原因查找；
b） 及时更新杀毒软件,进行内存、引导区、硬盘杀毒；
c） 对感染的文件或区段,应及时隔离和杀毒。

8.3.3 系统认证风险与防范措施

8.3.3.1 主要风险来源

主要风险包括：

a） 口令强度不够；
b） 过期账号；
c） 登录攻击。

8.3.3.2 主要防范措施

主要防范措施包括：

a） 身份认证、授权和权限分布管理制度的制定；
b） 账号设定制度的建立；
c） 完善账号的认证制度；
d） 可疑 IP 端口的认证管理。

8.3.4 系统授权风险与防范措施

8.3.4.1 主要风险来源

主要风险包括：

a） 账号权限；
b） 登录时间超时。

8.3.4.2 主要防范措施

主要防范措施包括：

a) 完善账号授权制度；
b) 不同IP端口的登陆授权时长限制；
c) 可疑IP端口的授权管理。

9 管理风险与防范措施

9.1 制度风险与防范措施

9.1.1 主要风险来源

9.1.1.1 安全制度不健全。
9.1.1.2 安全操作原则未建立。
9.1.1.3 岗位职责不明。
9.1.1.4 操作规章不明确。
9.1.1.5 操作流程不合理。
9.1.1.6 监督作用未发挥。
9.1.1.7 审计不力。
9.1.1.8 评估考核体系和奖惩制度不合理。
9.1.1.9 从业人员职业资格未达到要求。

9.1.2 主要防范措施

9.1.2.1 确立风险防范的目标

风险防范的目标包括：
a) 保护网络系统的可用性；
b) 保护系统服务的连续性；
c) 防范网络资源的非法访问及非授权访问；
d) 防范入侵者的恶意攻击与破坏；
e) 保护信息在存储、处理、传输等过程环节上的机密性、完整性；
f) 防范病毒的侵害；
g) 实现网络的安全管理。

9.1.2.2 制定安全管理要求

安全管理要求包括：
a) 设立安全管理机构，保证系统安全管理的正确性和有效性；
b) 建立健全各项规章制度；
c) 制定、执行总体安全策略，要有完整安全策略的覆盖范围，既要符合现实业务状态，又要满足业务发展要求；
d) 确定负责安全策略制定及实施的人员与组织结构，人员组织中的每个角色和职责分配合理、明确，保证既定的信息安全策略的执行，不允许违反安全策略的行为存在；
e) 确定人员组织中具有要保护的关键数据的实体；
f) 制定系统设施、配置的计划、安装、运行和安全操作规程；
g) 实施全面质量管理，保证安全管理在生命周期中的贯穿实施；
h) 按风险管理计划和使用规范的操作规程，确定安全风险量化和估价方法，分析施加在业务资产上的威胁，评估和确定与每个威胁相关联的风险和影响。风险评估应包括但不仅限以下内容：

1) 对安全策略、操作规程、规章制度和安全措施的程序化、周期化的评估；
2) 系统安全性的定期和不定期评估；
3) 对关键系统资源的定期风险分析和评估；
4) 对关键控制措施的失效风险测试和评估；
5) 对明显的风险变化进行及时风险评估；
6) 对所有变更的安全评估；
7) 对安全事件记录进行例行评估；
8) 对网络连接、网络安全措施、网络设备进行定期评估；
9) 与外部网络接口的安全边界确定并进行定期的评估；
10) 对全面安全事务一致性的检查和评估。

i) 建立风险管理质量管理体系文件；
j) 信息系统生命周期各阶段的安全管理工作有明确的目标、明确的职责，并对信息系统生命周期管理建立质量控制体系文件；
k) 针对所有计划和制度执行情况的定期或不定期监督、检查；
l) 建立和执行对设备、操作系统、数据库、应用系统、人员、服务、内外风险等变更控制制度，保证变更后的信息系统能满足既定的安全目标；
m) 定期或不定期对所有计划和制度执行情况进行监督检查，并对安全策略和管理计划进行修订；
n) 针对所有变更的安全评估和应对措施的建立和执行；
o) 基于变更带来的各种规章制度的修订和完善；
p) 列出支持业务操作的应用程序，并对其规划、设计、行动、改进、优化、监督、检查等各个环节进行有效控制。

9.1.2.3 制定安全审计制度

安全审计制度包括：

a) 健全内部审计机构；
b) 加强内部审计监督；
c) 保证内部审计机构具有相应的独立性，并配备与履行内部审计职能相适应的人员和工作条件；
d) 内部审计人员应当具备内审人员从业资格，拥有与工作职责相匹配的道德操守和专业胜任能力；
e) 内部审计机构依照法律规定和企业授权开展审计监督，其工作范围不应受到人为限制；
f) 安全审计的内容应包括但不仅限于以下内容：
1) 对风险管理过程的审计；
2) 对安全措施落实情况的审计；
3) 对网络使用情况的审计；
4) 对系统安全的自动监视和审计；
5) 对操作系统配置、使用情况的审计；
6) 对系统工具使用情况的审计；
7) 操作系统管理过程的可审计性保证；
8) 对系统生命周期管理的审计；
9) 信息访问控制机制的安装、授权和审计；
10) 针对用户访问情况的审计和检查；
11) 针对标记信息访问的授权和审计；
12) 建立外部访问接入点的审计制度；

13） 制定应用软件安全管理和授权管理制度，未获明确验证的软件不得装入运行的操作系统，并对应用软件的使用进行审计；
14） 周期更短的安全审计和检查；
15） 网络安全事件、事故报告制度，及相应可审计性的保证；
16） 对应急计划和灾难恢复计划的审计。

9.1.2.4 管理文档

运行过程中，应建立管理文档并做好记录。

9.1.2.5 制定全面的应急计划和灾难恢复计划管理

制定全面的应急计划和灾难恢复计划管理应包括：

a） 制定全面的应急计划和灾难恢复计划管理细则，以及相应的实施规程，进行必要验证和实际测试；
b） 要求有专人负责应急计划和灾难恢复计划的管理工作，保证应急计划和灾难恢复计划重点突出、有效执行；
c） 对应急计划涉及的人员进行培训，达到具备执行应急计划的能力；
d） 对需借助外部资源的应急计划，要与有关各方签署正式合同，合同中应规定服务质量，并包括安全责任和保密条款；
e） 制定系统的信息和文档的备份制度，对关键设备和数据应采取可靠的备份措施；
f） 指定专人负责备份管理，保证自动备份和人工备份的准确性、可用性。

9.1.2.6 访问控制管理

应在以下方面加强访问控制管理：

a） 建立访问控制安全管理制度；
b） 制定连接资源授权制度；
c） 对从内部网络向外发起的连接的资源进行控制；
d） 对外部访问接入点进行控制；
e） 建立第三方访问的安全管理制度，对第三方访问进行监视、风险分析、安全评估和控制；
f） 建立和实施对非授权访问和违规操作的调查、取证和惩罚制度；
g） 与外部服务方签署不违背总的安全策略的安全保密合同。

9.2 安全意识教育和培训风险与防范措施

9.2.1 主要风险来源

9.2.1.1 安全意识淡薄。

9.2.1.2 各部门合作乏力，配合不畅。

9.2.1.3 培训内容不合理。

9.2.1.4 教育方式不得当。

9.2.2 主要防范措施

提高人员的安全意识，树立安全观念。针对不同层次、不同岗位、不同等级的需要，制定合理的教育和培训计划。计划制定和实施可遵循以下过程：

a） 需求分析：复查信息安全策略及程序，根据人员的安全意识和技能状况，确定教育和培训的目标受众。

b） 制定程序：根据需求分析的结果，制定不同的教育和培训程序，以确定教育和培训的计划、组织、实施、方法、主题、资料等内容。

c） 获取支持：要进行有效的安全培训和教育，应取得全体人员的支持，使其能够有效地完成任务并承担责任。

d） 合格师资：指定合格的培训教师。

e） 组织和实施：按教育和培训程序进行安全意识教育和技能培训。

f） 维护程序：根据实际情况，应对教育和培训程序进行更新。

g） 监督检查：通过定期绩效考核或其他方式，监督检查所有人员对信息安全策略和操作规程的认知程度。

h） 安全意识成为所有人员的自觉存在。

参 考 文 献

[1] GB 17859 计算机信息系统 安全保护等级划分准则

[2] GB/T 17900 网络代理服务器的安全技术要求

[3] GB/T 17901.1 信息技术 安全技术 密钥管理 第1部分:框架

[4] GB/T 17902.1 信息技术 安全技术 带附录的数字签名 第1部分:概述

[5] GB/T 17903.1 信息技术 安全技术 抗抵赖 第1部分:概述

[6] GB/T 17963 信息技术 开放系统互连 网络层安全协议

[7] GB/T 18336.1 信息技术 安全技术 信息技术安全性评估准则 第1部分:简介和一般模型

[8] GB/T 18336.2 信息技术 安全技术 信息技术安全性评估准则 第2部分:安全功能要求

[9] GB/T 18336.3 信息技术 安全技术 信息技术安全性评估准则 第3部分:安全保证要求

[10] GB/T 20008 信息安全技术 操作系统安全评估准则

[11] GB/T 20009 信息安全技术 数据库管理系统安全评估准则

[12] GB/T 20010 信息安全技术 包过滤防火墙评估准则

[13] GB/T 20011 信息安全技术 路由器安全评估准则

[14] GA 370 端设备隔离部件安全技术要求

[15] GA/T 387 计算机信息系统安全等级保护网络技术要求

[16] GA/T 404 信息技术网络安全漏洞扫描产品技术要求

[17] GA/T 483 计算机信息系统安全等级保护工程管理要求

[18] YZ/Z 0031 邮政储蓄计算机网络系统安全保密技术体制

[19] YD/T 1163 IP网络安全技术要求——安全框架

[20] YDN 126 增值电信业务网络信息安全保障基本要求

ICS 03.100.01
A 02

中华人民共和国国家标准

GB/T 26319—2010

国际货运代理单证标识符编码规则

Coding rules for international freight forwarding documents' identifier

2011-01-14 发布 2011-05-01 实施

中华人民共和国国家质量监督检验检疫总局
中国国家标准化管理委员会 发布

前　　言

本标准按照 GB/T 1.1—2009 给出的规则起草。

本标准由中华人民共和国商务部提出并归口。

本标准起草单位：新景程国际物流有限公司、深圳市联合纵横国际货运代理有限公司、上海港虹信息科技有限公司、中国国际电子商务有限公司、全国国际货运代理标准化技术委员会、中外运长航集团有限公司、中国海运(集团)总公司、中国中钢集团公司、锦程物流(集团)公司、浙江双马国际货运有限公司、北京交通大学、中钢国际货运有限公司、上海宝霖国际危险品物流有限公司、福建金航国际货运代理有限公司厦门分公司、厦门通程物流有限公司、内蒙古安快物流集团、新时代保险经纪有限公司、新疆德鲁亚国际物流有限公司、新疆托木尔货运代理有限责任公司。

本标准主要起草人：林忠、王喜富、蒋寒松、沈剑、胡荣、杨爽、陈峥、冯建萍、杨旭、景洪德、张海峰、陈智勇、李莉丽。

引　言

随着电子商务日益发展，电子单证信息交换成为国际货运代理企业与其业务关联方之间业务联系的必不可少的技术手段。由于国际货运代理行业目前尚未对众多的单证标识符的编码进行统一的规范，企业自定义代码差异性大，直接影响和降低单证信息交换的畅通和效率；单证的真实性难以确认，加大了业务操作成本和风险。本标准的制定，旨在规范行业单证标识符，为单证的信息交换和信息共享、业务统计、单证管理、交易管理等提供技术支持和保障。

国际货运代理单证标识符编码规则

1 范围

本标准规定了国际货运代理的单证标识符的代码结构和编写规则。

本标准适用于国际货运代理行业及与行业有关的企业单证管理和单证信息交换，亦可作为对单证标识符进行规范和管理的依据。

2 规范性引用文件

下列文件对于本文件的应用是必不可少的。凡是注日期的引用文件，仅注日期的版本适用于本文件。凡是不注日期的引用文件，其最新版本(包括所有的修改单)适用于本文件。

GB/T 2260 中华人民共和国行政区划代码

GB/T 2659 世界各国和地区名称代码

GB/T 10113—2003 分类与编码通用术语

GB 11714 全国组织机构代码编制规则

GB/T 14393—2008 贸易单证中代码的位置

GB/T 14805.1—2007 行政、商业和运输业电子数据交换(EDIFACT)应用级语法规则(语法版本号:4,语法发布号:1) 第1部分:公用的语法规则

GB/T 15191—1997 贸易数据元目录 标准数据元

GB/T 16963 国际贸易合同代码规范

GB/T 17710 信息技术 安全技术 校验字符系统

GB/T 22152 国际货运代理业务统计导则

GB/T 26321 国际货运代理业务数据元

UN/ECE 第19号推荐标准 运输方式代码(UN/ECE Recommendations No. 19 Code for Modes of Transport)

3 术语和定义

GB/T 10113—2003、GB/T 14393—2008、GB/T 14805.1—2007 和 GB/T 15191—1997 界定的术语和定义适用于本文件。

4 标识符分类

本标准采用 GB/T 26321 中的规定，按照选定的属性(或特征)区分分类对象，将代码位数相同或相近的参考号、顺序码、系列顺序码的单证标识符分为字母数字型和数字顺序型。

5 代码编写规则

5.1 字母数字型

5.1.1 字母数字型代码结构

采用 GB/T 26321 的规定，字母数字型的标识符为35位代码不等长(即总长度不超过35位)的字

母数字型代码组成，代码分为 9 部分，具体结构如下：

×× ×× ×× ×× × × ×××…× ×××…× ×

- 校验码(1 位)
- 企业自定义代码(16 位不等长)
- 全国组织机构代码(8 位)
- 货物流向代码(1 位)
- 运输方式代码(1 位)
- 企业所在地区的行政区划代码(2 位)
- 签发单证、签订合同的贸易国家或地区代码(2 位)
- 企业签发单证、签订合同月份代码(2 位)
- 企业签发单证、签订合同年份代码(2 位)

5.1.2 字母数字型代码编写规则

5.1.2.1 按 GB/T 16963 规定，代码的第 1、2 位为签发单证、签订合同的年份代码，用年份的后两位数字表示。如：2009 年签订的合同，年份代码为 09。

5.1.2.2 按 GB/T 16963 规定，代码的第 3、4 位为签发单证、签订合同的月份代码，用两位数字表示月份。如：1 月份签订的合同，月份代码为 01。

5.1.2.3 按 GB/T 16963 规定，代码的第 5、6 位为签发单证、签订合同的贸易国家或地区代码，用 GB/T 2659 中的两位字母代码表示。如：与美国签订的合同，该国家或地区的代码为 US。

5.1.2.4 按 GB/T 16963 规定，代码的第 7、8 位为企业所在地区的行政区划代码，用 GB/T 2260 中的前两位数字代码表示。如：北京地区的代码为 BJ。

5.1.2.5 代码的第 9 位为运输方式代码，用 6.1 规定的代码。

5.1.2.6 代码的第 10 位为货物流向代码，用 6.2 规定的代码。

5.1.2.7 代码的第 11～18 位为企业的全国组织机构代码，用 GB 11714 中规定的本体代码。

5.1.2.8 代码的第 19～34 位为企业自定义代码，字母数字型，不定长。即：企业自定义的代码的总长度不超过 16 位。其中，数字编号放在代码中的最后几位，字母放在代码中的最前面。为了避免和其他的企业或单证混淆，可用企业名称缩写、登记号及不同的字母区分不同的单证，如订舱单用 BKG 表示，借记通知单用 DBN 表示。

5.1.2.9 代码的第 35 位为校验码。校验码采用 GB/T 17710 规定的 ISO/IEC 7064，MOD 11-2 计算法。

5.2 数字顺序型

5.2.1 数字代码结构

按 GB/T 26321 的规定，数字顺序型标识符代码分别为 4 位和 5 位不等长(即总长度不超过 4 位和 5 位)、数字顺序型代码。

5.2.2 4 位的代码组成结构

××××

- 企业自定义代码(4 位不等长)

5.2.3 4位的代码编写规则

代码的第1～4位为企业自定义代码，数字顺序型，不定长。即：企业自定义的代码的总长度不超过4位。

5.2.4 5位的代码组成结构

×××××

└── 企业自定义代码(5位不等长)

5.2.5 5位的代码编写规则

代码的第1～5位为企业自定义代码，数字顺序型，不定长。即：企业自定义的代码的总长度不超过5位。

6 单证标识符中相关代码的定义

6.1 与货运代理业务相关的运输方式代码

采用UN/ECE第19号推荐标准，按不同运输方式分为10种并用0～9数字表示，各种运输方式的代码定义见表1：

表1 运输方式的代码定义

代码	名　称	描　述
0	未指定运输方式(Transport mode not specified) 运输方式不明或在签发相关单证时无运输方式信息，使用此代码	没有指定运输方式
1	海上运输(Maritime transport)	经海上运输货物和/或人员
2	铁路运输(Rail transport)	经铁路运输货物和/或人员
3	道路运输(Road transport)	经公路运输货物和/或人员
4	航空运输(Air transport)	经航空运输货物和/或人员
5	邮递(Mail)	通过邮寄的方式运送货物
6	多式联运(Multimodal transport)	通过多式联运的方式运送货物
7	固定式运输设施(Fixed transport installation) 本代码适用于连续运输的设施，如管道、缆车和电力线路	运输项目是经固定式运输设施
8	内陆水上运输(Inland water transport)	经内陆水路运输货物和/或人员
9	运输方式不适用(Transport mode not applicable)	运输方式不适用

6.2 与国际货运代理业务相关的货物流向代码

按照GB/T 22152规定，货物流向分为进口、出口、国内、内支线、第三国，各自的代码定义见表2：

表 2　货物流向的代码定义

代码	货物流向	描　述
I	进口	从境外进口运至境内的货物运输
E	出口	从境内出口运至境外的货物运输
D	国内	内贸货物在国内港口或江河之间的运输
B	内支线	外贸货物在国内港口或江河之间的运输
T	第三国	在境外开展的货物运输

7　与货运代理业务相关的字母数字型标识符的常用单证

与货运代理业务相关的字母数字型标识符的常用单证见表 3。

注：此类常用单证不仅限于表 3 中所列的单证，根据需要还可用相关的同类型单证。

表 3　与货运代理业务相关的字母数字型标识符的常用单证

序号	单证中文名称	单证英文名称	数据元标记	数据元中文名称	数据元英文名称	代码长度
1	总提运单号	Master Bill of Lading/ Waybill Number	1188	运输合约文件　标识符	Transport Contract Document. Identifier	an..35
2	COA 号	COA (Contract of affreightment) Number	1274	货运组织合同　标识符	Conference Contract Document. Identifier	an..35
3	运输合同号	Contract Number For Freight	1274	货运组织合同　标识符	Conference Contract Document. Identifier	an..35
4	合同号	Contract Number	1296	合约文件　标识符	Contract Document. Identifier	an..35
5	合同附件号	Contract Addendum Number	1318	合约文件附件　标识符	Contract Document Addendum. Identifier	an..35
6	单证/报文号	Document/Message Number	1004	单证　标识符	Document. Identifier	an..35
7	装运参考号	Shipment Reference Number	1065	装运　标识符	Shipment. Identifier	an..35
8	舱单号	Manifest Number	1037	舱单　标识符	Manifest Document. Identifier	an..35
9	分提运单号	House Bill of Lading/ House Waybill Number	1039	分运单　标识符	House Waybill Document. Identifier	an..35
10	报价号/招标号	Quote Number/ Bid Number	1332	报价单　标识符	Quotation Document. Identifier	an..35

表 3（续）

序号	单证中文名称	单证英文名称	数据元标记	数据元中文名称	数据元英文名称	代码长度
11	装箱单号	Packing List Number	1014	装箱单　标识符	Packing List Document. Identifier	an..35
12	提货单号	Delivery Note Number	1033	提货单　标识符	Delivery Note Document. Identifier	an..35
13	发运通知书号	Despatch Advice Number	1035	发运通知书　标识符	Despatch Advice Document. Identifier	an..35
14	装运许可证号	Certificate of Shipment Number	1109	装运许可证　标识符	Certificate Of Shipment Document. Identifier	an..35
15	运送指示单号/托运委托书号	Freight Forwarding Instruction (FFI)、Shippers Letter of Instruction (SLI)	1121	装运指示单　标识符	Shipping Instruction Document. Identifier	an..35
16	装运通知单号	Shipping Note Number	1123	装运通知单　标识符	Shipping Note Document. Identifier	an..35
17	交付指示号	Delivery Instruction Number	1174	交付指示　标识符	Delivery Instruction. Identifier	an..35
18	包裹附单单号	Despatch Note Number	1128	包裹附单　标识符	Despatch Note Document. Identifier	an..35
19	收讫号	Received Number	1150	托运物　收讫　标识符	Consignment. Receipt. Identifier	an..35
20	拒收报告号	Rejection Report Number	1246	拒收报告　标识符	Rejection Report Document. Identifier	an..35
21	危险品申报书号	Dangerous Goods Note Number	1115	危险品申报文件标识符	Dangerous Goods Declaration Document. Identifier	an..35
22	拼装货装载图号	Consolidation Load Plan Number	1045	拼装货物　装载图　标识符	Consolidation. Load Plan. Identifier	an..35
23	额外运输服务号	Excess Transport Movement Service Number	1041	额外运输活动　服务　标识符	Excess Transport Movement. Service. Identifier	an..35
24	货运代理参考号	Freight Forwarder's Reference Number	1460	托运物　货运代理人指定　标识符	Consignment. Freight Forwarder Assigned. Identifier	an..35
25	装运预定号	Reservation Number of Shipment	1016	托运物　承运人指定　标识符	Consignment. Carrier Assigned. Identifier	an..35
26	分（批）交货物托运号	Part Consignment Number	1310	分批装运　标识符	Partial Shipment. Identifier	an..35

表 3（续）

序号	单证中文名称	单证英文名称	数据元标记	数据元中文名称	数据元英文名称	代码长度
27	借记单号	Debit Note Number	1117	借记单 标识符	Debit Note Document. Identifier	an. . 35
28	发票号	Invoice Number	1334	发票凭证 标识符	Invoice Document. Identifier	an. . 35
29	收款通知书号	Collection Advice Number	1030	收款通知书 标识符	Collection Advice Document. Identifier	an. . 35
30	佣金单号	Commission Note Number	1111	佣金单 标识符	Commission Note Document. Identifier	an. . 35
31	贷记单号	Credit Note Number	1113	贷记单 标识符	Credit Note Document. Identifier	an. . 35
32	参考号	Reference Number	1154	参考 标识符	Reference. Identifier	an. . 35
33	工程变更号	Engineering Change Number	1376	工程变更 标识符	Engineering. Change. Identifier	an. . 35
34	工作号	Job Number	1043	工作 标识符	Job. Identifier	an. . 35
35	事件参考号	Event Reference Number	1007	事件 标识符	Event. Identifier	an. . 35
36	状态报告号	Status Report Number	1125	状态报告文件 标识符	Status Report Document. Identifier	an. . 35
37	状态请求号	Status Request Number	1127	状态请求文件 标识符	Status Request Document. Identifier	an. . 35
38	承运人指定的代理人账号	Carrier Assigned Agent's Account Number	1142	承运人代理人 承运人指定的标识符 标识符	Carrier Agent. Carrier Assigned Identifier. Identifier	an. . 35
39	税款支付号	Tax Payment Number	1168	税款 支付 标识符	Tax. Payment. Identifier	an. . 35
40	托运单号	Consignment Note Number	1121	参考 标识符	Reference. Identifier	an. . 35
41	设备交接单号	Equipment Interchange Receipt (EIR) Number	1121	参考 标识符	Reference. Identifier	an. . 35
42	集装箱预配清单号	Container Preloading List Number	1121	参考 标识符	Reference. Identifier	an. . 35

8 与货运代理业务相关的数字顺序型标识符的常用单证

8.1.1 与货运代理业务相关的数字顺序型单证标识符(5 位代码)的常用单证见表 4。

注:此类常用单证不仅限于表 4 中所列的单证,根据需要还可用相关的同类型单证。

表 4 与货运代理业务相关的数字顺序型标识符(5 位代码)的常用单证

序号	单证中文名称	单证英文名称	数据元标记	数据元中文名称	数据元英文名称	代码长度
1	拼装货物项号	Consolidation Item Number	1490	托运物 序列 标识符	Consignment. Sequence. Identifier	n..5
2	运输设备序号	Transport Equipment Sequence number	1492	运输设备 序列 标识符	Transport Equipment. Sequence. Identifier	n..5
3	货物项目号	Goods Item Number	1496	货物项目 序列 标识符	Goods Item. Sequence. Identifier	n..5
4	装箱单项序列号	Packing List Item Sequence	1012	装箱单 项序列 标识符	Packing List Document. Item Sequence. Identifier	n..5
5	运费号	Freight Charge Number	1236	运费 顺序 标识符	Freight Charge. Sequence. Identifier	n..5

8.1.2 与货运代理业务相关的数字顺序型单证标识符(4 位代码)的常用单证见表 5。

注:此类常用单证不仅限于表 5 中所列的单证,根据需要还可用相关的同类型单证。

表 5 与货运代理业务相关的数字顺序型标识符(4 位代码)的常用单证

序号	单证中文名称	单证英文名称	数据元标记	数据元中文名称	数据元英文名称	代码长度
1	托运物装载顺序号	Consignment load sequence number	1312	托运物 装载顺序 标识符	Consignment. Loading Sequence. Identifier	n..4

参 考 文 献

［1］ GB/T 7027 信息分类和编码的基本原则与方法
［2］ GB/T 14393 贸易单证中代码的位置(GB/T 14393—2008,ISO 8440:1986,IDT)
［3］ GB/T 20001.3 标准编写规则 第3部分:信息分类编码

ICS 03.100.01
A 02

中华人民共和国国家标准

GB/T 26320—2010

国际货运代理信息交换规范

Codex of information interchanges for international freight forwarding operation

2011-01-14 发布 2011-05-01 实施

中华人民共和国国家质量监督检验检疫总局
中国国家标准化管理委员会 发布

前　言

本标准按照 GB/T 1.1—2009 给出的规则起草。

本标准由中华人民共和国商务部提出并归口。

本标准起草单位：浙江双马国际货运有限公司、深圳市联合纵横国际货运代理有限公司、新景程国际物流有限公司、中国国际电子商务有限公司、全国国际货运代理标准化技术委员会、中外运长航集团有限公司、中国海运（集团）总公司、中国中钢集团公司、锦程物流（集团）公司、北京交通大学、中钢国际货运有限公司、上海宝霖国际危险品物流有限公司、上海港虹信息科技有限公司、福建金航国际货运代理有限公司厦门分公司、厦门通程物流有限公司、内蒙古安快物流集团、新时代保险经纪有限公司、新疆德鲁亚国际物流有限公司、新疆托木尔货运代理有限责任公司。

本标准主要起草人：林忠、王喜富、蒋寒松、胡荣、杨爽、陈峥、冯建萍、杨旭、景洪德、张海峰、陈智勇、李莉丽。

引　言

在信息交换中，数据通信网络是实现信息交换的基础，数据的标准是实现信息交换的保证，业务处理的计算机化是实现信息交换的条件，这构成了信息交换运行环境的三要素。同时，网络互联技术给信息交换提供了安全可靠、高效的通信基础。因此，对信息交换的要求相应地从通信要求、规范性（标准化）要求、安全性要求上作相应的规定。本标准重点规定了信息交换规范应用方面的要求，以促进中、小国际货运代理企业通过计算机通信网络将贸易、运输、保险、银行和海关等具有一定结构特征的标准经济信息，按照统一的标准格式，实现与各有关部门或企业之间的数据交换与自动处理，并完成以货运代理业务为中心的计算机、通信和现代管理技术相结合的全部过程。

国际货运代理信息交换规范

1 范围

本标准规定了国际货运代理及其相关企业之间各类信息系统数据共享、业务信息交换的规范,提供统一业务信息存取、访问、平台化的对外接口和安全等业务交换规范。

本标准适用于国际货运代理行业和与行业有关的企业,亦可作为对信息交换进行规范和管理的依据。

2 规范性引用文件

下列文件对于本文件的应用是必不可少的。凡是注日期的引用文件,仅注日期的版本适用于本文件。凡是不注日期的引用文件,其最新版本(包括所有的修改单)适用于本文件。

GB/T 14392 国际贸易单证样式

GB/T 14805(所有部分) 行政、商业和运输业电子数据交换的应用级语法规则

GB/T 14814 信息处理 文本和办公系统 标准通用置标语言(SGML)

GB/T 15634 行政、商业和运输业电子数据交换 段目录

GB/T 15635 行政、商业和运输业电子数据交换 复合数据元目录

GB/T 15947 用于行政、商业和运输业电子数据交换的报文设计规则

GB/T 16833 用于行政、商业和运输业电子数据交换的代码表

GB/T 17298 国际贸易单证格式标准编制规则

GB/T 17629 电子数据交换的国际商用交换协议样本

GB/T 17703.1 国际物流政府管理报文 第1部分:联合国标准国际物流政府管理报文

GB/T 17703.2 国际物流政府管理报文 第2部分:一般原产地证明书报文

GB/T 17703.3 国际物流政府管理报文 第3部分:普惠制原产地证明书报文

GB/T 17784.1 货运和集拼汇总报文 第1部分:联合国标准货运和集拼汇总报文

GB/T 17784.2 货运和集拼汇总报文 第2部分:货运和集拼汇总报文子集——货物/运费舱单报文

GB/T 18793 信息技术 可扩展置标语言(XML)1.0

GB/Z 18812 EDI对象的MIME封装

GB/T 19254 电子数据交换报文实施指南

GB/T 19256.1 基于XML的电子商务 第1部分:技术体系结构

GB/T 19256.2 基于XML的电子商务 第2部分:协同规程轮廓与协议规范

GB/T 19256.3 基于XML的电子商务 第3部分:消息服务规范

GB/T 19256.4 基于XML的电子商务 第4部分:注册系统信息模型规范

GB/T 19256.5 基于XML的电子商务 第5部分:注册服务规范

GB/T 19256.6 基于XML的电子商务 第6部分:业务过程规范模式

GB/T 19256.8 基于XML的电子商务 第8部分:报文设计规则

GB/T 19256.9 基于XML的电子商务 第9部分:核心构件与业务信息实体规范

GB/T 19709 用于行政、商业和运输业电子数据交换 基于EDI(FACT)报文实施指南的

XMLschema(XSD)生成规则

GB/T 26321—2010　国际货运代理业务数据元

联合国用于行政、商业和运输业电子数据交换语法实施指南换语法实施指南(UN/EDIFACT Syntax implementation guidelines)(SIG)

电子贸易数据交换统一实施规则(Uniform Rules of Conduct for the Interchange of Trade Data by Teletransmission,UNCID) (UN/EDIFACT DRAFT DIRECTORY PART 2)

联合国用于行政、商业和运输业电子数据交换的报文设计规则 (UN/EDIFACT messages Design rules for EDI)

联合国标准报文(UNITED NATIONS STANDARD MESSAGE (UNSM))

电子数据交换的国际商用交换协议样本(UN/ECE 第 26 号推荐标准)(Model interchange agreement for the international commercial use of electronic data interchange,UN/ECE Recommendation 26)

联合国用于行政、商业和运输业电子数据交换第五章第六部分代码表(UNCL)(UN/EDIFACT PART 5 CHAPTER 6 CODE List)(UNCL)

ISO:7372　贸易数据元目录——标准数据元 (TDED)(ISO:7372 Trade data elements directory—Standard data elements)(TDED)

联合国用于行政、商业和运输业电子数据交换——数据元目录 (EDED)(UN/EDIFACT—Date element directory)(EDED)

联合国用于行政、商业和运输业电子数据交换——复合数据元目录 (UN/EDIFACT—Composite data elememts directory)

联合国用于行政、商业和运输业电子数据交换——段目录 (UN/EDIFACT—Segment directory)

3　术语和定义

下列术语和定义适用于本文件。

3.1

业务　business

一系列过程,每个过程都有清晰易解的目的、涉及多个组织、通过信息交换实现、直接面向某些共同商定的目标,并延续一段时间。

[GB/T 14805.1—2007,定义 4.7]

3.2

信息交换　information interchange

参与方之间的信息流按共同商定的业务规则和语义组织信息,并按定义的数据交换的协议和协定进行交换信息。

3.3

信息交换类型　information interchange type

主要分为基础信息交换、管理信息交换、单证信息交换、报文信息交换、通信信息交换、安全保密信息交换、编码信息交换。

3.4

数据元　data element

在数据元规范中描述的数据单元。

注:数据元有两类:简单数据元和符合数据元。

[GB/T 14805.1—2007,定义 4.28]

3.5

复合数据元　composite data element

按照复合数据元规范中的说明，已标识、命名和结构化的，在功能上相互关联的成分数据元的集合。

注：在传送中，复合数据元是符合复合数据元规范的一个或多个成分数据元的有序集合。

[GB/T 14805.1—2007，定义 4.19]

3.6

段　segment

一个已经标识、命名和结构化的，在功能上相互关联的复合数据元和(或)独立数据元的集合，它在段规范中描述。段用段标记开始，用段终止符结束。

注：在传送中，段是一个具体的、符合段规范的一个或多个复合数据元和(或)独立数据元的有序集合。

[GB/T 14805.1—2007，定义 4.91]

3.7

段组　segment group

报文中已标识的若干个段和(或)段组的层次化的集合。

[GB/T 14805.1—2007，定义 4.93]

3.8

段标记　segment tag

通过引用段目录来唯一标识一个段的简单数据元。

[GB/T 14805.1—2007，定义 4.95]

3.9

报文　message

一个已标识、命名和结构化的在功能上相互关联的段的集合，它涵盖某一特定交易类型的需求(如发票)，并在报文规范中说明。一个报文用报文头开始，用报文尾结束。

注：在传送中，报文是一个具体的、符合报文规范的段的有序集合。

[GB/T 14805.1—2007，定义 4.66]

3.10

报文设计　message design

在报文总体规则指导下，依据语法规则，使用某一报文格式的标准层次结构和表示法。它涵盖某一特定交易类型的需求，并在报文规范中加以说明。

3.11

报文结构　message structure

主要包含报文定义、报文目录、报文头、数据段、报文规范和报文尾等。

3.12

报文名称　message name

报文定义　message difinition

报文规范中的一个组成部分，用于描述报文功能并使其区别于其他所有报文。

3.13

报文类型　message type

标识报文类型的代码。

[GB/T 14805.1—2007，定义 4.72]

3.14

报文体　message body

一个已标识、命名和结构化的，在功能上与段相关联的集合，它涵盖某一特定交易类型的需求(如发票),不包括报文头和报文尾,并在报文规范中说明。

[GB/T 14805.1—2007,定义 4.67]

3.15

报文目录　message directory

已标识和命名的报文及报文规范的清单。

[GB/T 14805.1—2007,定义 4.68]

3.16

报文规范　message specification

在报文目录中对报文的说明,它包括对组成该报文的各个段和段组的位置、状态和出现最大次数的说明。

[GB/T 14805.1—2007,定义 4.70]

3.17

数字签名　digital signature

附加在数据单元上的一些数据,或是对数据单元所作的密码变换。这种数据或变换允许数据单元的接收者用以确认数据单元的来源和数据单元的完整性,并保护数据,防止被人(例如接收者)进行伪造。

[GB/T 14805.1—2007,定义 4.43]

3.18

模块　module

单独命名并能独立地完成一定功能的程序语句的集合。

3.19

机密性　confidentiality

数据所具有的特性,即表示数据所达到的未提供或泄露给非授权的个人、过程或其他实体的程度。

[GB/T 20984—2007,定义 3.5]

4　信息交换一般原则和要求

4.1　一般原则

合法性、规范性、安全性、真实性、可靠性、有效性、时效性。

4.2　合法性要求

确保网络用户的合法性,使信息交换的合法性得到保障。

4.3　规范性要求

信息交换的本质特征是规范化,是信息交换能在不同国家和地区、不同行业、不同企业间开展和实现信息资源共享和交换的重要前提。

4.4　安全性要求

包括信息交换的保密性、完整性、不可否认性、可认证性等。

4.5　真实性要求

各种信息数据要如实反映生产现场的真实情况。

4.6 可靠性要求

数据传输过程中，如遇到网络故障或系统出现异常的情况，要保证数据的安全，可靠地继续传输，确保信息交换的准确、完整和一致。

4.7 有效性要求

选择最有价值的信息和最适合的传递工具以及路线，用最经济的办法传递尽可能多的信息。

4.8 时效性要求

要及时反映生产现场的真实情况，不拖延、不滞后，即要求信息的获取、收集和交换要适应信息的动态变化要求，更新后的信息能及时得到获取和反馈。

5 信息交换规范基本构成和运用要求

5.1 基本构成

通信要求、规范性要求（标准化要求）、安全性要求是信息交换规范的基本构成。

5.2 通信要求

5.2.1 网络的拓扑结构

5.2.1.1 集中式信息交换网络拓扑结构

在这种结构下，可设置若干个信息交换中心，每个信息交换中心由1个信箱系统和1个服务中心组成，信息交换中心间采用全互联。在信息交换中心的计算机系统中为用户所开设的用以存取电子报文的存储单元为信箱系统。每个信息交换中心下设通信节点，企业通过节点访问信箱系统，1个节点可以同时接入2个以上不同的信息交换中心。信息交换中心和通信节点间的数据传输通路，根据业务量大小而设定。

5.2.1.2 分布式信息交换网络拓扑结构

在这种结构中，可以设置若干个一级信息交换中心，其间实现全互联。下级的二级信息交换中心，其间采用不完全互联。二级信息交换中心可以按省市或部门设置。

二级信息交换中心下设通信节点，企业通过节点访问二级中心的信箱系统。二级信息交换中心之间的通信可以直接进行，也可经由一级信息交换中心转发。一级信息交换中心和二级信息交换中心之间采用高速数据传输通路。二级信息交换中心和通信节点之间的数据传输通路，根据业务流量大小而设立。

5.2.2 体系结构通信要求

体系结构通信要求建立在一个可靠的、有连接的、基于流的广域网络协议的基础之上。该广域网络协议应当满足：

——具备点对点的寻址能力。

——能够进行连接和断开操作。

——能够有序地进行信息内容的传送。

——具有透明的流分割传送机制。

——具有这些特征的广域网络协议包括但不限于TCP/IP，X.25，ATM。也可以基于具有某些安全特性的可靠连接之上，例如 SSL(Secure Socket Layer)等。

5.2.3 体系结构通信模式

所有通信都应基于某个通信模式，即说明通信双方协同工作的方式。本标准涉及的通信模式共有三种：

——对话通信模式；

——私有通信模式；

——广播通信模式。

注 1：对话通信模式是指由下一级端口主动发起的通信请求。该请求被接收和处理，并给予响应。例如报单、查询等。这种通信模式与普通的客户/服务器模式相同。

注 2：私有通信模式是指上一级端口主动向某个特定端发出的信息。

注 3：广播通信模式是指上一级端口主动向所有下一级端口都发出相同的信息。例如公告、通知等。

通信模式和网络的连接不一定存在简单的一对一的关系。即，一个网络连接中可能传送多种不同通信模式的报文，一种通信模式的报文也可以在多个不同的连接中传送。通信模式与连接的关系应由各个终端决定。

无论哪种通信模式，都应先发出连接请求，在得到连接确认后发出身份认证请求；得到正确的身份认证响应后，开始执行上述通信模式中的报文传送；报文传送完成以后，发出断开请求，得到断开确认响应后，才真正断开物理连接。

还有两种特殊的断开连接的情况如下：

——网络发生故障时，直接发生断开连接。

——根据实际情况，要求所有的或者指定终端断开连接。此时系统将主动发出强制退出报文，然后主动断开物理连接。

5.3 规范性要求

5.3.1 信息交换基础数据规范性要求及组成

5.3.1.1 数据元目录

已标识和命名的简单数据元及简单数据元规范的清单。数据元目录对每个数据元的标识、名称、说明、数据类型和长度等都予以具体的描述。数据元标识由四个数字字符组成。

数据元是构成 EDIFACT 报文的最小单位也称为简单数据元，它等效于一个语句中的一个字或一个词，它由唯一的四位数字标记、数据元名称、数据元描述及表示方式来标识。

5.3.1.2 复合数据元目录

已标识和命名的复合数据元及其规范的清单。复合数据元目录对复合数据元标识、名称和说明，以及成分数据元标识、名称、说明、数据类型和长度等都予以具体的描述。复合数据元标识由大写字母“C”或“S”加上 3 个数字字符组成，由简单数据元组成的复合数据元等效于一个词组。

5.3.1.3 段目录

已标识和命名的段及段规范的清单。段目录给出段标识名称、功能、组成该段的简单数据元名称和代号、复合数据元名称和代号。段标识由 3 个大写字母组成的代码构成，它标识一个段。

段目录中的段是 EDIFACT 报文中的中间信息单位，它等效于一个句子。它是由预先定义的、功能上相关的数据元集合即复合数据元组成，这些数据元由其在集合中序列位置来定义。

5.3.1.4 代码表

代码型简单数据元的数据元值的完整集合。代码表目录给出已标识和规定的代码表的清单。代码可为国际标准代码、国家标准代码或用户协商定义代码。

5.3.2 信息交换描述语言规范要求及组成

5.3.2.1 应用级语法规则

应用级语法规则是用于对用户数据进行结构化处理以生成报文的基本规则，主要是包含省略规则、循环规则及数据源字符的压缩规则。

5.3.2.2 语法实施指南

帮助用户使用信息交换语法规则。包括对指南的总体介绍、交换协议、专用名词术语、交换字符集的定义，对电子数据交换的元素——数据元、段和报文的要求，以及对报文标准版本的规定；规定了基本语法规则、报文的结构、功能段组的结构和功能段组的功能，介绍了段的构成、段的结构，并阐明了段压缩和嵌套的规则；介绍标准相互转换的必要程序和标准的支持与维护的手段。

5.3.3 信息交换电子单证格式规范要求及组成

5.3.3.1 报文设计指南与规则

报文设计指南与规则介绍了语法规则，为开发不同类型的报文提供一种统一的方法，为开发新报文，修订已有的报文提供一种持续性的方法，推荐使用一种信息交换报文格式的标准层次结构和表示法。

5.3.3.2 报文目录

报文目录是指已标识和命名的报文及报文规范的清单。报文目录和相关的信息在独立的文件中出版。该文件的电子文本为一系列独立的文件。不同的文件的内容和名称包含在目录的目次中。

5.3.4 信息交换注册与维护

5.3.4.1 技术评审指南

对信息交换报文和支持目录的数据维护请求进行评估，使其符合信息交换语法规则、报文设计指南与规则和语法实施指南的过程。

5.3.4.2 数据维护请求评审程序

数据维护请求评审包括新标准报文请求，0 状态报文请求，1 状态报文请求，2 状态报文请求。程序包括报文结构请求，报文审核。

5.3.5 信息交换管理要求

对信息交换标准、数据的保密性、完整性及交换协议样本等进行规定，使其符合信息交换管理要求。

5.4 安全性要求

5.4.1 信息交换应用系统中的安全性

5.4.1.1 信息的完整性。数据在传输或储存的过程中不会受到非法的修改、删除或重放，要确保信息的顺序完整性和内容的完整性。

5.4.1.2 信息的可认证性(可鉴别)。需要确认发出信息者的身份,防止假冒者和伪造信息的进入。

5.4.1.3 信息的保密性。数据在传送过程中不被泄露且数据不为他人读懂。

5.4.1.4 信息的不可否认性(不可抵赖性)。发送方对已发出的信息不可抵赖,收取方对已收到的信息不可否认。

通过使用一些基本的安全技术,如:加密、数字签名、内容完整性检查和序列号完整性等,在信息交换应用系统中实现上述安全服务。

应针对信息交换系统的安全保密要求,保证信息交换系统信息交换的有效性、防止非法企业的介入和非法存取的实施、维护系统安全可靠的运行等安全机制。

5.4.2 信息交换应用系统中的安全性要求

5.4.2.1 身份认证要求

对于身份认证要求,可采用多种身份认证方式混合的方法。

5.4.2.2 传送加密要求

数据在传送过程中不被非授权的读、拷贝或者泄露。

5.4.2.3 权限设置要求

信息交换权限设置分为三个等级:完全可交换、部分交换和不准交换。信息交换的权限可以针对客户设置,也可以针对合约设置。对于特定客户特定合约的信息交换权限,取二者中较低的权限。

5.4.2.4 其他设置要求

a) 为保证物理的数据链路安全可靠,客户之间采用专线直联;

b) 为保证指令数据的私密性、不可篡改和不可抵赖,可引入第三方安全认证机构颁发的证书,并使用数据签名/校验签名机制;

c) 为防止第三方恶意制造非法交易指令,认证机构校验客户证书 DN 域、保存交易方的数字签名,并对客户方的 IP 地址进行校验。

5.4.3 信息交换的安全性级别

安全性级别要符合国家信息系统安全等级保护的管理规范和技术标准要求。

5.5 运用要求

5.5.1 基础数据运用要求

5.5.1.1 数据元目录

EDIFACT 报文中所使用的全部数据元均收入 GB/T 26321—2010,并在其相关环境(适用范围)的属性中以指示符[B]或[I]或[C]标注,将根据 EDIFACT 报文的需要进行相应的增加、修改和删除。信息交换的参与方应首先从中选用数据元来设计所需要的 EDIFACT 报文,并根据 ISO:7372 和《联合国用于行政、商业和运输业电子数据交换——数据元目录》进行修订。

5.5.1.2 复合数据元目录

信息交换的参与方应按照 GB/T 15635,并根据《联合国用于行政、商业和运输业电子数据交换——复合数据元目录》进行修订。

5.5.1.3　段目录

信息交换的参与方应按照 GB/T 15634，并根据《联合国用于行政、商业和运输业电子数据交换——段目录》进行修订。

5.5.1.4　代码表

信息交换的参与方应按照 GB/T 26321—2010 中给出部分数据元值域，在使用 GB/T 16833 时应根据《联合国用于行政、商业和运输业电子交换代码表》进行修订。

附录 A 提供与货运代理业务相关的代码标准明细，信息交换的参与方可根据业务需要进行选择。

5.5.2　描述语言运用要求

5.5.2.1　运用级语法规则

信息交换的参与方在准备报文和进行电子数据交换时，应遵守 GB/T 14805(所有部分)的规定。

5.5.2.2　语法实施指南

信息交换的参与方在进行电子数据交换时，应遵守《联合国用于行政、商业和运输业电子数据交换语法实施指南》。

5.5.3　电子单证格式运用要求

5.5.3.1　报文设计指南运用规则

信息交换的参与方，在单证格式、报文设计、报文实施以及以电子邮件方式传输 EDI 对象等方面，应遵循以下标准：

——GB/T 14392、GB/T 17298、GB/T 15947、GB/T 19254、GB/T 19709；

——GB/T 14814、GB/T 18793、GB/Z 18812。

在进行 ebXML 商务交易方面，应遵循以下标准：

——GB/T 19256.1、GB/T 19256.2、GB/T 19256.3、GB/T 19256.4、GB/T 19256.5、GB/T 19256.6、GB/T 19256.8、GB/T 19256.9。

5.5.3.2　报文目录

信息交换的参与方应使用标准报文。

联合国标准报文(UNITED NATIONS STANDARD MESSAGE (UNSM))为信息交换企业提供了标准报文。这些报文使用统一的格式和报文设计规则，其内容涉及有关贸易活动的各个领域。如 GB/T 17703.1、GB/T 17703.2、GB/T 17703.3 系列标准适用于商业经营者与国家管理机构之间对进出口物品所需的证书、许可和授权书等进行申请和签发的电子数据交换的国际物流政府管理报文(SANCRT)；GB/T 17784.1、GB/T 17784.2 为货运和集拼汇总报文及货运和集拼汇总报文子集。

附录 B 提供与货运代理业务相关的单证、报文标准。

5.5.4　信息交换管理运用要求

5.5.4.1　信息交换企业在信息交换管理上应遵守《电子贸易数据交换统一实施规则》。

5.5.4.2　信息交换企业以及其他的参与方经协商达成一致时，可按照 GB/T 17629 签署电子数据交换的国际商用交换协议，以便增加它们贸易关系上的法律安全。对法律法规进行修改时，应考虑交换协议样本的术语和条款，以便使这些修改在交换协议的内容上与业务惯例一致。

6 信息交换规则

6.1 信息交换以互联互通、资源共享为根本原则，提供一种发送数据及接收数据的各方都可以使用的语言，这种语言所使用的语句是无二义性的。

6.2 信息交换的一方为已建立的国际货运代理企业单位实体。

6.3 实名原则，并具有真实有效的联系方式。

6.4 有明确的信息交换对象，不用代称或简称。

6.5 在使用其他实体发布的交换信息时，不得对非特定对象公开传播，需要对特定对象传播时，应当加注秘密级和提示保密条款，法律和法规另有规定的除外。

6.6 未经业务信息交换方书面许可，不得将交换信息做为诉讼或相关活动的证据，与该信息内容直接相关的企业实体除外。

6.7 应遵守电子数据传输的安全要求；明确系统各责任域所应承担的责任，对报文提交、传送、投递等过程以及发生时间有精确、完整和不可更改的记录和审计。

6.8 遵循诚信原则，不得含有违法、污蔑性的语言，对所传输的电子信息的真实性以及法律后果负责。

7 校验

为了保证信息接收方能正确接收处理报文，对文件进行格式校验是十分必要的。信息传输应在经过语法检查等前提预知性校验步骤后，通过嵌套压缩等技术手段转换为标准的传输格式。

信息传输的发送方采用自动格式校验功能，可在发送时校验报文格式的正确性，并给出明确的错误定位：行、列、节点名，出错信息，正确填制规范等。

校验功能根据信息传输双方当事人不同要求进行不同的配置，满足信息传输报文的要求，减少信息传输报文格式的出错率。

附 录 A
（资料性附录）
与货运代理业务相关的代码标准和文件

GB/T 1836	集装箱代码、识别和标记
GB/T 2260	中华人民共和国行政区划代码
GB/T 2659	世界各国和地区名称代码
GB/T 6512	运输方式代码
GB/T 7407	中国及世界主要海运贸易港口代码
GB/T 7408	数据和交换格式　信息交换　日期和时间表示法
GB/T 10302	中华人民共和国铁路车站代码
GB 12268/XG1	危险货物品名表
GB/T 12406	表示货币和资金的代码
GB/T 12462	世界海洋名称代码
GB/T 14945	货物运输常用残损代码
GB/T 15419	国际集装箱货运交接方式代码
GB/T 15420	国际航运货物装卸费用和船舶租赁方式条款代码
GB/T 15421	国际贸易方式代码
GB/T 15514	中华人民共和国口岸及相关地点代码
GB/T 16472	货物类型、包装类型和包装材料类型代码
GB/T 16833	用于行政、商业和运输业电子数据交换的代码表
GB/T 16962	国际贸易付款方式代码
GB/T 16963	国际贸易合同代码规范
GB/T 17152	运费代码(FCC) 运费和其他费用的统一描述
GB/T 17272.1	集装箱在船舶上的信息　箱位坐标代码
GB/T 17272.2	集装箱在船舶上的信息　电传数据代码
GB/T 17273	集装箱　设备数据交换(CEDEX)一般通信代码
GB/T 17295	国际贸易计量单位代码
GB/T 18804	运输工具类型代码
GB/T 18126	国际贸易付款条款的缩略语——PAYTERMS
GB/T 18127	商品条码　物流单元编码与条码表示
GB/T 18366	国际贸易运输船舶名称与代码编制原则
GB/T 19251	贸易项目的编码与符号表示导则
GB/T 19583	涉外收支交易分类与代码
GB/T 23831	物流信息分类与代码
JT/T 19	运输货物分类和代码
JT/T 24	中国港口代码
JT/T 470	海上运输航线代码
MH/T 1027.1	运输文件和电报中使用的装载信息代码　第1部分:普通代码
MH/T 1029	货物航空运输代码

MH/T 5001　　民航设备分类与代码

TB/T 1945　　中华人民共和国铁路线路名称代码

世界海关组织商品名称及编码协调制度（WCO Harmonized Commodity Description and Coding System）

中华人民共和国进出口税则

中国邮政总局邮政代码

附 录 B
（资料性附录）
与货运代理业务相关的单证、报文标准

GB/T 14393	贸易单证中代码的位置
GB/T 15191	贸易数据元目录 标准数据元
GB/T 15310.1	国际贸易出口单证格式 第1部分：商业发票
GB/T 15310.2	国际贸易出口单证格式 第2部分：装箱单
GB/T 15310.3	国际贸易出口单证格式 第3部分：装运通知
GB/T 15310.4	外贸出口单证格式 中华人民共和国出口货物原产地证明书
GB/T 15311.1	中华人民共和国进出口许可证格式 第1部分：进口许可证格式
GB/T 15311.2	中华人民共和国进出口许可证格式 第2部分：出口许可证格式
GB/T 16561	集装箱设备交接单
GB/T 17184	船图 积载图报文
GB/T 17231	订购单报文
GB/T 17232	收货通知报文
GB/T 17233	发货通知报文
GB/T 17302.1	中华人民共和国进出口许可证报文 第1部分：进口许可证报文
GB/T 17302.2	中华人民共和国进出口许可证报文 第2部分：出口许可证报文
GB/T 17303.1	发票报文 第1部分：联合国标准发票报文
GB/T 17303.2	发票报文 第2部分：国际贸易商业发票报文
GB/T 17305	一般商品和机电产品进口管理证明格式
GB/T 17536	订购单变更请求报文
GB/T 17537	订购单应答报文
GB/T 17703.1	国际物流政府管理报文 第1部分：联合国标准国际物流政府管理报文
GB/T 17703.2	国际物流政府管理报文 第2部分：一般原产地证明书报文
GB/T 17703.3	国际物流政府管理报文 第3部分：普惠制原产地证明书报文
GB/T 17705	销售数据报告报文
GB/T 17706	销售预测报文
GB/T 17707	报价报文
GB/T 17708	报价请求报文
GB/T 17709	库存报告报文
GB/T 17784.1	货运和集拼汇总报文 第1部分：联合国标准货运和集拼汇总报文
GB/T 17784.2	货运和集拼汇总报文 第2部分：货运和集拼汇总报文子集——货物/运费舱单报文
GB/T 18016.1	实际订舱报文 第1部分：联合国标准实际订舱报文
GB/T 18016.2	实际订舱报文 第2部分：实际订舱报文子集 订舱报文
GB/T 18017.1	订舱确认报文 第1部分：联合国标准订舱确认报文
GB/T 18017.2	订舱确认报文 第2部分：订舱确认报文子集 订舱确认报文
GB/T 18124	质量数据报文
GB/T 18125	交货计划报文
GB/T 18128	应用错误与确认报文

GB/T 18129	价格/销售目录报文
GB/T 18130	参与方信息报文
GB/T 18156	海上国际集装箱货物交付单证
GB/T 18157	装箱单报文
GB/T 18715	配送备货与货物移动报文
GB/T 18716	汇款通知报文
GB/T 18785	商业账单汇总报文
GB/T 18933	国际货物销售合同报文(XML 格式)
GB/T 19255	运输状态报文
GB/T 19947	运输指示报文 XML 格式
GB/T 19948	运输计划及实施信息报文 XML 格式
GB/T 20525	运输设备堆存报告报文 XML 格式
GB/T 20526	运输设备进场/出场报告报文 XML 格式
GB/T 20534	基于 XML 的运输工具到达通知报文
GB/T 20535	基于 XML 的运输工具驶离通知报文
GB/T 20536	基于 XML 的托运通知报文
GB/T 20537	基于 XML 的海运提单报文
GB/T 22430	集装箱运输电子数据交换　进/出门报告报文
GB/T 22431	集装箱运输电子数据交换　船舶离港报文
GB/T 22432	集装箱运输电子数据交换　挂靠信息报文
GB/T 22433	集装箱运输电子数据交换　堆存报告报文
GB/T 22434	集装箱运输电子数据交换　运输计划及实施信息报文
JT/T 466	集装箱船装/卸报告报文
JT/T 656	基于 XML 的货物装卸和搬移报告报文
JT/T 725	集装箱多式联运电子数据交换　基于 XML 的装/卸报告报文
JT/T 726	集装箱多式联运电子数据交换　基于 XML 的舱单报文
SN/T 0782.1	一般原产地证明书报文
SN/T 0782.2	普遍优惠制原产地证明书报文
YZ/T 0119	国际邮件总包应答报文
YZ/T 0121	国际邮件托运单预告报文
YZ/T 0122	国际邮件托运单应答报文
YZ/T 0123	国际特快专递邮件跟踪报文
YZ/Z 0057	国际邮件总包预告报文
YZ/Z 0060	国际邮政汇兑报文

中国海关进出境运输工具报文